高等学校专业教材

烹饪学导论

冯玉珠　主　编

中国轻工业出版社

图书在版编目（CIP）数据

烹饪学导论／冯玉珠土编. —北京：中国轻工业
出版社，2022.7
高等学校专业教材
ISBN 978-7-5184-0604-3

Ⅰ.①烹… Ⅱ.①冯… Ⅲ.①烹饪理论－高等学校－
教材 Ⅳ.①TS972.11

中国版本图书馆CIP数据核字（2015）第207005号

责任编辑：史祖福　秦　功
策划编辑：史祖福　　　责任终审：唐是雯　　封面设计：锋尚设计
版式设计：锋尚设计　　责任校对：吴大鹏　　责任监印：张京华

出版发行：中国轻工业出版社（北京东长安街6号，邮编：100740）
印　　刷：三河市国英印务有限公司
经　　销：各地新华书店
版　　次：2022年7月第1版第6次印刷
开　　本：787×1092　1/16　印张：15.25
字　　数：347千字
书　　号：ISBN 978-7-5184-0604-3　定价：33.00元
邮购电话：010-65241695
发行电话：010-85119835　传真：85113293
网　　址：http://www.chlip.com.cn
Email：club@chlip.com.cn
如发现图书残缺请与我社邮购联系调换
220897J1C106ZBW

前　言

烹饪学是研究人类烹饪活动产生、发展一般规律的科学。其研究内容广泛，既有技术性，又有理论性；既有科学性，又有艺术性；既涉及自然科学，又涉及社会科学。它以人类的烹饪活动为出发点，以研究烹饪活动的基本要素及其相互关系为核心，通过烹饪现象的历史演进与发展现状，探讨烹饪发展的基本规律，阐述烹饪活动与人民饮食生活、餐饮业发展和社会经济发展的关系。

《烹饪学导论》是高职院校烹饪、餐饮类专业的一门核心课程。通过学习，要求学生了解烹饪科学的博大精深，掌握烹饪学的主要概念、基本理论和基本技能，接受科学的烹饪思想，培养学生分析问题解决问题的能力，为后续课程的学习和职业生涯发展打下坚实的基础。

本教材结构清晰，内容实用、丰富、具体。内容共十章：第一章讲述烹饪及其相关概念，探讨烹饪学的研究内容、学科性质和基本体系；第二章为烹饪现象的历史考察，介绍烹饪活动的产生、发展、类型、属性和影响；第三章介绍烹饪活动的主体，包括厨师、餐饮企业、烹饪行业协会、政府部门和烹饪学校；第四章讲授烹饪活动的客体，包括烹饪原料、烹饪设备器具、烹饪环境（厨房）；第五章讨论烹饪工艺的要素、原理和烹调方法的分类；第六章介绍烹饪产品的种类、属性和命名等；第七章简述烹饪非物质文化遗产的概念、项目和保护方法；第八章讲授烹饪风味流派的内涵、成因和特点；第九章介绍世界烹饪概况；第十章探讨中外烹饪交流、中西烹饪差异和中国烹饪的振兴之路（见图）。

本书由河北师范大学旅游学院冯玉珠教授任主编，酒泉职业技术学院边振明老师任副主编，河北师范大学旅游学院王亚坤、王会然、刘鑫峰、王莉，云南旅游职业学院韩昕葵，河南牧业经济学院孙耀军，新疆应用职业技术学院王泽盛，广东省韩山师范学院张旭，江苏省泗洪中等专业学校陈勇，甘肃定西工贸中等专业学校张涛参编。本书在编写过程中，吸取了以往同类教材的某些成果，参考了有关专家教授的相关著述。同时，得到了河北师范大学和中国轻工业出版社有关领导、编辑的大力支持。在此一并致以衷心的感谢！

愿使用本书的所有学生能从中受益。书中不妥之处，恳请读者批评指正。

编者

2015年5月

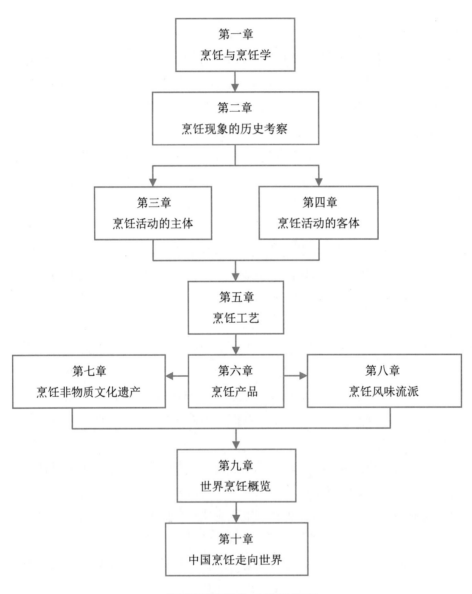

《烹饪学导论》内容结构图

目录
Contents

第四章　烹饪活动的客体/71

第五章　烹饪工艺/91

第十章 中国烹饪走向世界/215

第一章
烹饪与烹饪学

■ 学习目标

（1）理解烹饪的概念，了解烹调、料理、食品工业、饮食的基本含义。

（2）领会烹饪学的内涵，把握烹饪学的研究内容。

（3）掌握烹饪学的学科性质和学科体系。

■ 核心概念

烹饪、烹调、料理、食品工业、饮食、餐饮业

■ 内容提要

烹饪及其相关概念，烹饪学的概念和研究内容，烹饪学的学科属性和体系。

第一节 烹饪及其相关概念

烹饪是一个历史概念，其含义随着社会、经济、文化的发展而变化。与烹饪相关的概念较多，比如烹调、料理、饮食、餐饮业等。

一、烹饪

"烹饪"一词是由"烹"和"饪"组合而成的。在古汉语里，"烹"作"烧煮"解释。《左传·昭公二十年》"水火醯醢盐梅以烹鱼肉"。"饪"即"煮到适当程度。"《论语·乡党》"失饪不食"。《易·鼎》出现了"以木巽（xùn）火，亨（烹）饪也"。"烹"和"饪"组合在一起，意思就是"烧煮熟食物"。然而，"烹"和"饪"一旦成为固定词组——烹饪，就具有相对独立的意义，不

等同"烹"和"饪"的词素意义相加。那么，烹饪一词的含义究竟是什么呢？

烹饪一词的含义是随着人类饮食文化的发展而变化的。在人类社会的早期，饮食生活水平极其低下，与此相适应，烹饪的含义是很简单的。这个时期烹饪的含义就是用火直接烧烤动物以供食用。

陶器的产生，为煮食物提供了物质条件，这时烹饪一词的含义就增加了一层内容——煮。至此，烹饪就具有"烧、煮"两层含义。

随着锅的产生和动物油的使用，烹饪一词的含义又增添了炸、炒的内容。中国饮食逐步区分主食和副食之后，烹饪就不单指副食（肉类、鱼类）的烧烤、煮炖、炸炒，也包括主食（如馒头、饼、点心等）的制作。盐的发现和运用，逐步形成了调味的概念，同时也产生了腌制菜肴。这时，烹饪又新添了一个内容——腌制。酿酒业的兴起、茶的饮用，又进一步丰富了烹饪的含义。茶既是饮料，又是配料和调味品。马王堆汉墓出土的食料中就有槚（jiǎ）。槚，茶也。《食宪鸿秘》有"奶子茶"的记载"粗茶叶可煎浓汁，木杓扬之，红色为度。用酥油及研碎芝麻滤入，加盐或糖"。《随园食单》也有"面茶"可证："熬粗茶叶汁，炒面兑入，加芝麻酱亦可，加牛乳亦可，微加一撮盐"。在欧美，咖啡、茶叶、可可更是占有重要地位，甚至连冰淇淋、奶油冰糕的制作也属烹饪范畴。

由此看来，烹饪这个概念的内涵和外延不是固定不变的，在不同历史阶段其含义和侧重也是不同的。

现代"烹饪"的概念有广义和狭义之分。广义的烹饪泛指各种食物的加工制作过程，诸如主食（面、饼、馒头、包子、米饭、面包等）、副食（鱼、畜、禽、蛋、蔬菜等）、饮料（酒、茶、可可、咖啡、冰淇淋、奶油冰糕等）等的制作过程。不论是手工制作的还是机械加工的，都属于广义的烹饪的范畴。

狭义的烹饪，仅指以手工制作为主将食物原料加工成餐桌饭食菜品的过程。我们现在通常所说的烹饪，一般都是狭义的烹饪。对于这个定义，应从以下几个方面理解。

第一，烹饪的直接目的和客观作用，都是满足人们在饮食方面的物质（生理）需求和精神（心理）享受。

第二，烹饪是一种生产劳动。烹饪者（如厨师）就是烹饪生产的劳动者；烹饪的生产资料就是烹饪的场地（如厨房）、设备、工具、食材等。烹饪生产需要一定的技术方法和手段，如焯水、过油、汽蒸、挂糊、上浆、勾芡、调味、烹调方法、盛装等。这些技术方法和手段可以是物理的、化学的，也可以是生物的；可以是加热的，也可以是非加热的。

第三，烹饪的最终产品是可供人们直接食用的成品。从其内容和形态看，主要包括菜肴和面点等食品。

知识链接

● **食品工业**

在人类社会初期，生产力水平低下，一切生产活动全靠手工来完成，这时的烹饪仍是指食品的手工制作过程。随着科学技术的进步，逐步形成了工业，在这个时期，烹饪过程就由手工制作向工业化生产过渡。比如面包，刚开始时是手工制作，后来逐渐被工业机械化生产所替代；再比如，我国的馒头，以前全靠手工制作，而现在出现了制作过程机械化和自动化等。随着社会分工的进一步细划，一些机械化程度较高的食品制作过程便从烹饪中分化出来，形成了相对独立的、机械化、专业化程度较高的食品加工行业——食品工业。因此，从广义角度讲，食品工业本质上仍属于烹饪的范畴。当然，我国由于食品工业还不很发达，所以烹饪一般多指手工制作过程。但是，从长远观点来看，随着家务劳动的不断社会化，食品的手工制作将越来越多地被食品工业（机械化）所取代。

现代食品工业指主要以农业、渔业、畜牧业、林业或化学工业的产品或半成品为原料，制造、提取、加工成食品或半成品，具有连续而有组织的经济活动工业体系。食品工业既是生产部门，又是工业化生产。其产品包括以下几类：一是直接供食用的食品，如糕点、面包、罐头以及可供食用的肉、蛋、乳等制品，这些食品大都可以通过烹饪的方式制作；二是烹饪原料，如米、面粉、油脂、调味品、肉制品、乳制品等；三是其他类产品，如酒类、糖果、饮料等，它们与烹饪没有多大关系。这就是说，食品工业可以为烹饪提供部分原料，食品工业中的某些产品的生产工艺是从传统烹饪中脱胎而来的，是烹饪工业化的结果。

现代烹饪已发展为一门独立的综合性学科，涉及生物学、物理学、食品风味化学、生理学、医学、营养卫生学、林学、农学、水产学、食品学、工艺学、营销学、历史学、哲学、民俗学、心理学、美学等多个学科。烹饪不仅生产物质资料，为人类提供生存所必需的生活资料，也进行着艺术、文化等的精神生产。烹饪对人类从蒙昧野蛮时期进入文明时期，具有重大的影响。在人类社会文化高度发展的今天，中国烹饪作为一门具有技术性、艺术性与科学性的学科，在不断改善和丰富人们的饮食生活以及开展交际的社会活动中，正发挥着越来越重要的作用。

二、烹调

按照食品制作发展的规律，人类首先发明烹饪技术，直至调味品出现，烹调才得以产生。烹饪的最初目的是熟食，烹调的最初目的是美食。只有当烹调出现后，人类饮食才具有了真正享受的意义。

据考证，"烹调"一词大约出现在宋代。如《新唐书·后妃传上·韦皇后》"光禄少卿杨均善烹调"。宋代陆游《种菜》诗"菜把青青间药苗，豉香盐白自烹调"。这里的"烹"即加热烹炒，"调"是配料调和。"烹调"就是烹炒调制。

正如"烹饪"的概念，"烹调"作为一个固定词语，其意义不等同"烹"和"调"词素意义的简单相加。

在相当长的一段时间内，人们把"烹调"中的"烹"理解为"加热"，把"调"解释为"调味"。实际上，"烹"的本义是"烧煮"，近代泛指食物原料用特定方式制作成熟的过程。关于"调"的意义，《现代汉语词典》的解释为"配合得均匀合适""使配合得均匀合适"。"调"不仅包括调味，还包括调香、调色、调质和调形等内容，是人们综合运用各种操作技能（其中也包括"烹"的技能）把食品制作得精美好吃的过程。张起钧先生在《烹调原理》中，把烹分为"正格的烹"（即用火来加热）和"变格的烹"（指一切非用火力方式制作食品的方式）。他认为"用种种方法和设计，把食物调制得精美好吃，而给人带来愉快舒畅的感受谓之调。""烹调"作为一个专业术语和整体概念，是指人们依据一定的目的，运用一定的物质技术设备和各种操作技能，将烹饪原料加工成菜肴的过程。

无论在古汉语，还是现代汉语中，烹饪和烹调这两个词往往是混用的。近半个世纪以来，随着烹饪事业的发展，烹调一词在实际应用中逐步分化出来，成为专指制作各类菜肴的技术与工艺的专用名词。

那么，"烹饪"和"烹调"究竟是什么样的关系呢？从逻辑学上讲，两者是从属关系，即烹饪是属概念，烹调则是种概念；后者从属于前者（图1-1）。用系统论的观点看，烹饪是一个母系统，而烹调则是其中的一个子系统。一般来说，烹饪系统包括面食制作系统、菜肴制作系统、饮料制作系统和其他辅助系统（图1-2）。从语法学角度看，"烹调""烹饪"本来都是动词，可名词化，但是"烹饪"的名词化程度更高，以致今天我们不能说"烹饪一个菜"，但可以说"烹调一个菜"。烹饪还常和"文化""艺术""美学"等词语结合形成"烹饪文化""烹饪艺术""烹饪美学"等词组。

图1-1 "烹饪"和"烹调"的关系

综上所述，"烹饪"与"烹调"是有区别的：烹饪是相对于食物加工制作，而烹调则是就菜肴的制作而言的。

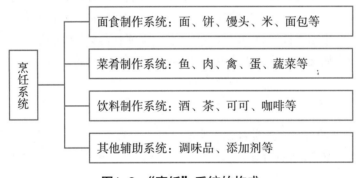

图1-2 "烹饪"系统的构成

三、料理

（一）"料理"一词最早出现在中国

"料理"一词产生于中国农耕文明。南北朝时期，北魏高阳太守贾思勰撰写的《齐民要术》（成书于533—544年），对烹饪技艺，从原料到技法、从菜点到食谱都作过详细的总结。其中的卷三和卷九里有多处提到"料理"。如《齐民要术·卷三·蔓青第十八》写道："其叶作菹者，料理如常法。"意思是，其叶供作腌菜的，"料理"（制作）如常规方法。"料理接奠，各在一边，令满"；"料理，半奠之"；"料理令直，满奠之"等。这里的"奠"，是"安置、摆放"的意思；"料理"是指做好的菜。

唐宋时期料理一词释义呈多样化。唐代《琵琶录》写道，内库有两面琵琶，因题头脱损"送崇仁坊南赵家料理"，这里的"料理"为"办理（修理）"之义。韩愈《饮城南道边古墓上逢中丞过》"为逢桃树相料理，不觉中丞喝道来"中的"料理"是"排遣""消遣"的意思。北宋文学家黄庭坚诗《催公静碾茶》"睡魔正仰茶料理，急遣溪童碾玉尘"。喝茶有提神的功效。这里的茶料理，意思是靠喝茶来排遣或驱逐瞌睡。韩愈、黄庭坚的诗句虽使用了"料理"，但与烹饪食物不相关。

（二）"料理"一词退出我国"餐饮""烹饪"之义

"料理"一词逐步退出我国"餐饮""烹饪"之义，是社会生活与文化的反映。其主要原因有以下三个方面。

第一，人们选择用词的习惯思维受经典作家遣词的影响。儒家学说促进了餐饮、烹饪等词语的使用，使人们对料理一词逐渐淡化。古人注重礼的培养，教导人们要规范餐桌礼仪。儒学经典《礼记》中说："夫礼之初，始诸饮食。"烹饪一词也被赋予政治智慧和哲学含义，老子《道德经》中有"治大国若烹小鲜"的句子，如果把其说成"治大国如料理小鲜"，就显得拗口、别扭。

第二，古代用语的避讳。"理"通吏，有使者之义，又有狱官之义，还是长达千年的封建司法制度的用词。大理寺、大理院是封建社会司法机关的中枢，好比现在的最高法院。"理"，又是封建伦理纲常。而宋元时期，理学（亦称道学）盛行，把"理"提到至高无上的地位。封建社会用语避讳，是导致宋元以后"料理"退出表述餐饮和烹饪义的重要因素。

第三，中国的古籍浩若瀚海，汉语有关餐饮烹饪的词汇十分丰富，可供选择的词语很多。比如，汉语烹饪相近的词有厨、炊、治庖等，表述餐饮店可以使用小吃店、火锅店、烧烤店、酒店、饭店、菜馆、面店、粥铺、汤铺、美味屋、餐厅、膳厅、食堂、伙房等，日本语则统一为料理店。"料理"一词逐渐淡出我国餐饮和烹调之义，并没有影响人们的表达和交流。

（三）日语的"料理"源自汉语

隋唐时期，日本大力学习中国先进的文化和制度，频繁遣隋使、唐使来到中国。607年，小野妹子等作为日本首批遣隋使到中国学习。小野妹子携带中国筷子（箸）返回日本，首先在日本宫廷使用箸，由此扩大并逐步普及到乡野民间，而且日本人用筷子也大都沿用中国的习俗。值得关注的是，小野妹子随行人员中有药师惠日、倭汉直福因。他们来到中国由此开启了日本向中国学习医术的历史。"料理"作为烹饪、菜肴的词义频频出现在中国唐代的医书、农书里。日本两位药师于623年学成回国，日本便兴起隋唐医方。于是"料理"一词开始在日本出现并逐渐增多，表明引进"料理"一词不仅填补了日语用词的空缺，而且得到相当程度的认同及流行。

日语"料理"保留了"很好地处理事物"的汉语词义，但更主要的意思是"把材料切好备齐调味，煮或烧做成食物，烹饪。"日语的"料理"中既有烹饪的释义，又有菜肴和就餐器皿的意思。"料理"一词在日本本土文化的融合过程中逐渐"和化"，丰富了"料理"一词的内涵。

四、饮食

"饮"，繁体字为"飲"，会意字，在甲骨文中，右边是人形，左上角是人伸着舌头，左下角是酒坛（酉），像人伸舌头向酒坛饮酒，其本义为喝。从《说文》的"饮，歠（chuò）也"以及段玉裁的"可饮之物，谓之饮"，可见"饮"既可指"饮"这一动作，又可指饮之物。"食"，会意字，从皂，入声，本义饭，饭食。从《说文》的食，"米也"，段玉裁的"集众米而成食也"以及《庄子·德充符》的"适见狁子食于其死母者"，可见"食"同样具有名词、动词的双重含义。但值得注意的是"饮食"早已见诸文献，如《宋史·司马光传》中就有"饮食所以为味也适口斯善矣"。由此可知，古汉语中能够同时表达"吃喝"的名词、动词综合含义的词语有两个，分别为"饮食"和"餐饮"。"餐饮"专指为"吃"这一活动而提供食物，出现较晚。而"饮食"由于"食"字意思的广泛，是指为保证生命延续而进食的所有"饭食"，且出现较早。

饮食与烹饪不同。烹饪是生产性的（即烧煮食物），核心是制作；饮食是消费性的（即吃喝），核心是享用。它们的关系如同建筑与居住，纺织与衣着的关系。烹饪活动包括烹饪原料、炊具、技艺的应用、厨师的操作、佳肴美馔的品种质量、烹饪理论的实践和总结、社会烹饪活动间的交流等内容。饮食活动包括食物的品种质量、餐具的使用、环境设施的布置安排，以及食客的口味偏好、服务、礼仪制度、饮食理论的作用和确立、饮食活动的影响等内容。

烹饪与饮食是对立统一的辩证关系。它们相互联系，相互作用，从低级到高级不断地发展变化着。烹饪的产生，引起了人类饮食的革命，火化熟食取代了茹毛饮血。从此，烹饪活动成了人类饮食活动的基础。可以说，烹饪活动对推动饮食活动的发展、进步起着决定性的作用。

同时，人类的饮食活动又反作用于烹饪活动。从人猿相揖别之后，人类在饮食上对美味及其质、色、形、品种的追求，始终是推动烹饪探索、实践和发展的永恒动力。纵观先秦经典至明清档案，把帝王饮食记录在案，甚至成为"礼"的一部分，一方面是为了满足统治者的口腹之欲，养生之需和明确等级观念；另一方面，就是对烹饪重要性的承认和接受，这有助于烹饪文化的继承和发扬。

五、餐饮业

在改革开放之前，中国的酒楼称饮食店，餐饮业称饮食业。随着饭店的增多，新词汇的丰富，诞生了"餐饮"一词。1987年后，国家统计局将饮食业改称为餐饮产业。顾名思义，"餐饮"，既区别于单纯的对菜点进行烹调制作，也不同于独立的对成品进行销售交易，它既包括有形的物质产品又包括无形的心理愉悦，是经营者生产劳动与消费者欲望满足的紧密结合。

按欧美《标准行业分类法》的定义，餐饮业是指以商业赢利为目的的餐饮服务机构。在我国，据《国民经济行业分类注释》的定义，餐饮业是指在一定场所，对食物进行现场烹饪、调制，并出售给顾客主要供现场消费的服务活动。

烹饪是餐饮业的重要组成部分。烹饪的产品质量、烹饪专业人才的水平直接影响餐饮业的发展。随着餐饮业的多元化和现代化的发展，对烹饪的产品质量、烹饪专业人才的水平，提出了更高要求。

一、烹饪学的概念和研究内容

（一）烹饪学的概念

"烹饪学"这个名词，现在还没有出现准确的定义。据文献检索，1976年武汉市第二商业学校编写的《烹饪学·试用教材》和天津市财贸学校、天津市饮食服务公司主编的《烹饪学教材·基础知识·修订本》较早使用了"烹饪学"一词。同样，在外国语言中"烹饪学"一词也没正式出现，如日语中有"料理"或"调理"，却没有"料理学"或"调理学"；英语中，作为名词形式的cook，可汉译为"烹调""煮熟"或"厨师""炊事员"，cooking可汉译为"烹调""烹饪"，cooker可汉译为"炊具""炉灶"，cookery可汉译为"烹调术""烹饪法"；美国英语中的cuisine，可汉译为"烹调""烹饪"或"厨房"等，在其他语种中也都如此。可以说，国内外都还没有承认（或公认）"烹饪学"这个学科名称，烹饪还只是一种技艺或方法。这对于新出现的"烹饪学"来说，主要是由于人们没有真正理顺它的学科体系，把它说成是无所不包的"通学"，结果反而丧失了它的个性，而没有个性的学问只是一大堆常识的机械凑合，也就不具备形成专门学科的条件。

其实，烹饪本是一项实实在在的技术，在经过一番系统地归纳、整理以后，完全是一门成熟的技术科学或应用科学。季鸿崐先生认为"烹饪学是研究烹饪劳动规律性的技术科学"而烹饪劳动又兼具文化属性和艺术属性，所以烹饪学的整体组成部分应包括烹饪文化（或饮食文化）、烹饪艺术和烹饪科学三部分。日本学者中尾佐助认为烹饪学可划分为三种体系：实用体系、认识体系、价值体系，而烹饪学就是由这三种体系构成的生活学。本书认为，烹饪学是研究人类烹饪活动产生、发展一般规律的科学。

（二）烹饪学的研究内容

烹饪学的研究内容可以从纵向横向、宏观微观各个方面阐述。从纵向观察，它宏观包含整个烹饪各个历史时期的发展规律，微观涵盖一年四季、一日三餐烹饪的各自特点；从横向观察，它宏观包含烹饪科学与自然科学、社会科学之间的关系，微观涵盖烹饪工艺流程中各个环节之间的关系，从各种错综复杂的变化发展中，各种因素的相互关系中，寻求烹饪发展的一般规律。

烹饪学的研究内容有广义和狭义之分。从广义上讲，烹饪学是从历史、现实和未来的角度全面审视烹饪活动的发展变化规律，总结历史、研究现实、展望未来，涵盖一切与烹饪相关的内容。从狭义来说，主要侧重于自然科学和技术科学方面的研究，如原料的选择加工与切配、风味的调制、加热成熟方式、火候的掌握控制、造型与装盘等方面的技术和营养、卫生方面的要求。涉及烹饪工艺学、烹饪原料学、烹饪调味学、饮食营养学、食品卫生学、烹饪微生物学、食疗学、烹饪器具与设备、食品化学、食品雕饰等分支。而这些分支，又涉及自然科学的多个学科，如生物学、化学、物理学、医学、农学等学科的基础理论，要运用这些理论来阐释烹饪现象。

二、烹饪学的学科属性

近几十年来，围绕烹饪学科属性问题的争论一直不断，有人说它属于文科，有人说它属于理科，有人认为它是工科，还有人说它是文、理、工综合学科。那么，烹饪的学科属性到底是什么呢？

（一）从系统论看烹饪学的学科归属和性质

据人类的知识研究，科学是关于自然、社会和思维的客观规律的知识体系。简言之，科学是客观世界规律的反映，是社会实践的总结，并在社会实践中得到检验和发展。人类科学是一个大的母系统，自然科学则是母系统下的子系统。自然科学中可分出基础科学和技术科学两个亚子系统。技术科学中还可以分出工程技术和工艺技术。我们所研究的烹饪，实际上正是工艺技术。

烹饪作为一种工艺技术，与社会科学有着密切的联系，但不属于社会科学范畴。在自然科学范畴内，它属于工科，但理科是它的理论基础。在技术科学的范畴内，它属于技艺而严格区别于工程技术（正因为此，才有人把它归属于艺术范畴）。我国目前笼统地称烹饪是科学、是文化、是艺术。但严格地讲，它只是与科学、艺术密切相关的一种技术。说烹饪是"文化"有些笼统，因为人类的一切生活都属于文化，烹饪当然也不例外，看不到这一点，将无法弄清烹饪学的归属和性质。

由以上的系统分析可以确定烹饪科学在人类科学系统中所处的地位（图1-3），同时，可以明确它的性质，明确它的基础理论和相关理论，不至于把表象当作本质，也不至于颠倒主从关系。

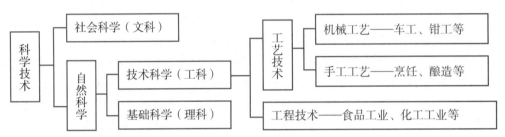

图1-3　烹饪科学的归属和性质

（二）从意识形态属性和社会功能看烹饪学的学科定位

任何一门学科都有自己的学科定位。从文、法、理、工、医、农等门类和不断出现的交叉边缘性的新兴应用学科来看，学科定位的主要根据是该学科的基本社会功能和该学科的基本意识形态属性。那么，烹饪学的学科定位，当然也应该从这方面考察。

从理论上讲，物质是基础，是第一性的，烹饪的基本社会功能无疑是为满足人们生理上的物质需求。从社会生活的实际讲，在人民生活达到小康水平以前，烹饪的基本社会功能是满足生理上的物质（饮食）需求。当人们生活水平达到小康程度以后，口红、香水、口香糖、唱片、磁带、光盘等可能和菜肴、面点是同类的生活必需品，甚至"韶乐"比"肉味"更重要，"居无竹"比"食无肉"更加不可忍受，那时，人们对烹饪的基本社会功能可能有新的看法。

从基本意识形态属性看，烹饪和建筑、纺织、医药、陶瓷，也和绘画、音乐、舞蹈一样，原是人类的感性艺术技能创造的，当然也含有所谓"形象思维"的理性因素。这种感性艺术技能创造延绵至今，在文化创造中起着无可替代的作用。但是，随着近现代科学的发展，越来越多的艺术技能项目，凡是能科学化的都逐步科学化了，其物质产品的生产，凡是能工业化的也都逐步工业化了。正如17世纪物理学家伽利略所说："我们要测量那些可以测量的东西，至于那些无法测量的，也要想办法加以测量。"《回忆马克思》的作者拉法格也说："按照马克思的观点，一切科学只有已成功地应用数学时，才真正达到完善的地步。"以上说明，烹饪在前科学时期，更确切地说，在工业革命以前，它的基本属性是艺术技能，但是，在有了食品工业以后，它日益转属于技术科学（即工程学）范畴。

人们常常把烹饪与医药、建筑、戏剧相提并论。俗话说，医食同源，中医药有自己悠久的实践经验和理论体系。1949年以后，医药学走中西医结合的道路，卓有成效。中医药在生产和管理上逐步实现科学化、现代化，它的学科定位问题已经解决：属于医学科。建筑和烹饪的可比性也很大。古人说，"一世长者知居处，三世长者知服食"。建筑本是木工和泥瓦匠的艺术技能创造，古代曾造就长城、金字塔、泰姬陵那样的伟大建筑，但是，如果建造几十层的高楼、巨型桥梁高塔，就必须依靠工程力学、材料力学的学科知识了。建筑的学科定位问题也早已解决：属于技术学科（工程学）。虽然美籍华人贝聿铭既被称为"建筑工程设计大师"也被称为"建筑艺术大师"，但没有谁由于建筑具有艺术性和起源于艺术创造而主张把它归属于艺术类学科。戏剧和传统烹饪都有很强的艺术技能。俗话说："唱戏的腔，厨师的汤。"中国戏剧的代表是京剧，京剧表演有唱、念、做、打四种艺术手法（也是京剧表演四项基本功），唱腔以二黄腔和西皮腔为主。二黄有正二黄与反二黄之分，板式有导板、迴龙、慢板、慢三眼、中三眼、快三眼、原板、散板、摇板、滚板等。西皮腔板式有导板、慢三眼、快三眼、原板、二六、流水、快板、散板、摇板等。厨师讲究刀工、火候、调味的基本功和蒸、煮、烤、炸的技法以及色、香、味、形要求。从艺术角度看，戏剧是视、听艺术，烹饪是味觉、视觉艺术。戏剧和烹饪还有两大不同点：一是戏剧的基本社会功能是满足人们的心理需求，提供的是精神产品，而烹饪的基本社会功能是满足人们的生理需求，提供的是物质产品。二是戏剧表演无法机械化、工业化，而烹饪技术及其产品则具有科学化、工业化的广阔前景。在（GB/T 13745—2009）《中华人民共和国学科分类与代码国家标准》中，中医药属于"中医学与中药学"，建筑属于"土木建筑工程"，戏剧、音乐则属于"艺术学"，烹饪没有门类归属。

从烹饪的基本社会功能和发展来看，它和医药、建筑比较接近。现在烹饪正处于由艺术技能向技术科学转变的过程中。如果让它停留在艺术技能阶段，那么，烹饪教育只是按"富连成社"那样，拜请宗师，苦练功夫，夏练三伏、冬练三九，若干年后满师，最后熬成"名角儿"。中国烹饪只停留在清末满汉全席鼎盛时代。这样的烹饪教育无疑会导致传统烹饪技艺日益萎缩甚至失传，切不可取。为了更好地继承和发扬我国传统烹饪技艺，把这门艺术技能转化为技术科学，转化为更加强大的社会生产力，应该把烹饪学科定位于技术科学类。首先做好饮食业名词术语的规范化工作和菜点制作技术的定性定量化工作。只有这样，才能把传统技艺又快又准地学到手，并传承下去，更好地配合餐饮业的规范经营和现代化管理，为广大人民提供大批量的、质量合格的中国菜点创造条件。

烹饪，是一个生产部门，属于技术科学的一个学科（当然，它还含有社会科学的众多内容），和工业、农业、医药等学科并列。鲁迅先生有一个看法："人们大体已经知道，一切文物，都是历史无名氏所逐渐的造成。建筑、烹饪、渔猎、耕种，无不如此；医药也如此。"（鲁迅《南腔北调集·经验》）这一段话虽非讨论分类，其实已将几个学科作为同类概念并列，分在同一层次中了。

烹饪学是一门技术科学，这是指烹饪学的本质属性。它的主要研究内容是烹饪的自然科学原理和技术理论基础，所用的方法通常是感官实验，研究场所一般在厨房和实验室。

（三）从宴席工艺看烹饪学的工科性质

中国烹饪的工艺性很强，具备工科性质，而最能体现这一归属和性质的莫过于宴席工艺。无论何种宴席的制作，从原料的初加工到菜肴的成形，从第一道菜开始到最后一道菜结束，每一环节都具备一套完整的工艺技术过程，具有典型的工艺技术性。每一道菜的主料、辅料及调料的配比，都体现出人们对饮食的三大基本需要——营养、卫生和美感。整个宴席工艺活动都以人为中心，人控制着各个环节，而各环节又组成了一个有机系统，共同完成宴席工艺的全部过程。

下面，通过对一份传统的湖北庆春席菜单（图1-4）的分析，来阐述中国烹饪学的工科性质。

这桌宴席的第一道菜是花色冷盘"飞燕迎春"。其操作过程是：选肉质肥润的鸡脯肉，斩成蓉垫底，香菜摆成树形，香菇拼成春燕，用红椒装饰成眼睛、嘴巴，青菜制成菜松备用。初加工完后，上笼蒸15～20分钟取出。菜松铺好以作草坪，用熟蛋黄和香菜摆成迎春花，用蛋白（熟）装饰成白云。整个画面简单、整洁、形象逼真。此菜从初加工、斩、切、摆、炸、蒸到拼摆装饰成形，全是手工制作出来的，是工艺技术的体现。从原料的组成看：鸡蓉、青菜、鸡蛋、食用菌等荤素搭配得当，营养结构合理。原料经初加工后，上火蒸制，起到了消毒杀菌的作用，符合卫生要求。从图案的颜色结构看：红、绿、白、黑、褐、黄等相互映衬，给人以清淡、优雅、和谐之美感。食用此菜，既能满足人体对营养的需要，又安全卫生，还能得到美的享受。这正是以人为中心，使人对饮食的三大基本需要得到满足的具体实例。

庆春席

一花碟：　飞燕迎春

六围碟：　白斩鸡、五香熏鱼、凉拌蜇皮
　　　　　麻辣肚丝、油焯芹菜、糖醋炙骨

四热炒：　油爆肝尖、双黄鱼片、酸辣鱿鱼、清炒虾仁

七大菜：　母子相会、鸽蛋扒海参、珍珠米圆、如意蛋卷
　　　　　菜薹炒腊肉、全家福、连年有余（鱼圆香菇汤）

二点心：　菊花酥、酱肉包

一甜汤：　银耳桂圆羹

一水果：　苹果

图1-4　湖北庆春席菜单

"飞燕迎春"周围是六个围碟。每个围碟都精心设计，菜形大小一致、厚薄均匀、长短相等、形状整齐的刀工技术，给人以工艺技术美的享受。

"四热炒"制作时首先要利用娴熟的刀工技术，将原料切成片、丁、丝、条，剞成十字花刀或麦穗花刀，其手工技术要求很强。这类热炒菜，要眼勤手快，有娴熟的技艺，才能达到宴席菜品标准。

"七大菜"的原料大部分是块状，因而特别讲究火功技术。如"珍珠米圆"的操作过程是：选长形糯米（糯性弱），经2～3小时浸泡，使其充分吸收水分后，再将其沥干；把制好的肉蓉挤成丸子，放入沥干的糯米中滚匀；蒸锅上火烧至水沸，盖严笼盖，用大火足气蒸制半小时，可用同样的方法制作鱼圆汤。注意，如果沸水下鱼圆，鱼圆质地老而不成形，入口如渣；如果冷水或温水下鱼圆，鱼圆质地鲜嫩且形状美观，这是由于在不同温度下蛋白质变性所致。

"菊花酥"和"酱肉包"两道点心，一甜一咸，一酥一蒸。酥点工艺性较强，和面、叠面、切面样样有技巧，叠不好，叠不对，难以起酥，无层次感，翻不成菊花型。当然，油温掌握不好也翻不起花来，只有将叠面、切面与油温密切配合，才能较好地完成酥点的制作过程。制作"酱肉包"要注重面的发酵，发酵过了，易失去其特有的香味和色泽；发酵不到位，则成品质差，色暗，无香味，达不到成形要求。

最后一道，是甜汤"银耳桂圆羹"，其技术表现在勾芡上，芡重则稠，不爽口，芡轻如水，口感差。所以，勾芡要恰到好处，不重不轻，使其达到适口解腻的目的。

从整个宴席的制作工艺看，具有以下几个特点：一是刀工衔接紧密。从"飞燕迎春"的蓉、

松，到六围碟的片、丝、条、块，刀工渐次递进，连成刀工一条龙；二是口味富于变化。从花碟和六围碟的清淡优雅、四热炒的鲜嫩清香、七大菜的醇厚，到二点心的甜香、一甜汤的软糯、水果果香，口味变幻无穷。三是烹调方法各具匠心。炝、拌、炒、烧、蒸、煮等，一菜一格，环环紧扣。而每个环节又各自独立，有自己的技术技巧，是典型的工艺技术。四是每个菜都由三个基本要素所组成：营养、卫生、美感，三者之间相辅相成，共同掌握在宴席烹饪者的手中。烹饪者根据饮食者的需要和客观条件可能，采取相应的烹调手段，对食物进行合理制作。整个宴席，以优美的旋律、明快的节奏、热烈的气氛，把烹饪技艺美展现在人们眼前，使人首先感到了美，把美的情感融于美味佳肴之中，使人感到精神上的享受和生理的满足。

总之，宴席工艺活动把各个密切关联的要素组成了一个有机系统，它以手工工艺为基础，以营养、卫生、美感为三大要素，综合了理科、工科等诸多知识，并将此凝聚于烹饪技艺之中，借工艺技术得以实现。

由此可见，烹饪是一门工艺极强的科学，它属于工艺技术性的工科。

（四）烹饪学是食品科学的一个分支

季鸿崑先生认为，烹饪学是食品科学的一个分支，菜肴点心的文化附加和艺术特点始终处于次要的从属地位。当然，完全从自然科学的角度来对烹饪做出评价，也是不公正的，甚至是不可能的，但烹饪的科学属性是主要的。这是因为：首先，从烹饪的技术体系看，传统的烹饪有刀工、火候和调味三大技术要素，这也正是现代一般食品制作过程中的主要技术要素，但所不同的是烹饪操作至今仍以手工工艺为主，而食品制作技术中机器作业已占主要地位。我们都知道，机器及其相关功能不是人们的空想，而是人体器官及其功能合理延伸和扩大。今天所有的各种各样的食品机械，都是从手工演化来的，把烹饪的手工技术要素提高到食品工程的单元操作，不是烹饪技术的退化，而是手工技艺的科学化和现代化。所以说，近代食品工程是传统烹饪工艺发展的高级形态，而且食品工程所涉及的知识领域比烹饪更广，所以烹饪学只是食品科学的一个分支。

其次，从烹饪的理论体系看，长期以来中国烹饪只是一种技艺，没有形成完整的理论体系。在今天，我们要为烹饪学（包括中国烹饪学）建立理论体系，像近代食品科学那样，在分子生物学、现代化学和现代营养科学的指导下，建立起以各种营养素在人体内新陈代谢过程的平衡原理为基础的、以保障人体健康为主要目的的、适合现代社会人类饮食活动现状的烹饪理论体系。这个体系，当然包括"中医营养"的若干积极成果。从这个意义上讲，烹饪学只能是食品科学的一个分支。任何艺术理论和文化理论，或者其他科学的理论，都不能成为烹饪的理论体系。因为烹饪的核心就是食品的制造技术，食品的首先功能是营养功能。

总之，烹饪学是食品科学的一个分支，在本质上属于技术科学，具有工科性质。另外，它还包含有丰富的社会科学内容。例如，中国烹饪中就包含艺术的内容。烹饪生产，特别讲究以味之美为核心的色、香、味、形、滋（口感）的综合的美。它们对技术做出了规定，又由技术来完成。它们既是饮食生理的必需，又是饮食享受的必需。因此，这种社会科学的内容不是游离的，而是必然的，和自然科学、技术科学水乳交融而不可分的。当然不只是艺术，还包含社会科学的其他若干内容在内。

三、烹饪学的学科体系

烹饪学是以研究烹饪的技艺原理和技术规范为主干和核心，以原料学、营养学、卫生学、风味化学和食品生物化学为基础理论的一门综合性的应用科学。由于烹饪技艺原理的应用和技术规范受人文因素的制约，所以烹饪学的学科体系大体上如图1-5所示。

下面，简要介绍几门学科的主要内容。

（一）烹饪史学

烹饪史学是以人类烹饪活动的发生发展过程为研究对象，以烹饪活动诸要素及其相互关系、发展规律为研究内容的学科。通过对烹饪史的研究，可以展示我国历代烹饪活动各方面的状况，分辨不同时期的特点，总结烹饪发展的成功经验与失败教训。发现烹饪发展的内在动力和外在条件，从而揭示烹饪发展的规律，推动烹饪活动健康的发展。

（二）烹饪化学

烹饪化学是从普通化学和食品生物化学中衍生而来的一门新型的学科，主要研究和讨论烹饪原料的化学成分和烹饪过程中相互反应和变化的化学现象，是进一步了解烹饪加工制作、烹饪营养与饮食安全的重要基础。烹饪化学是烹饪原料学、烹饪营养学、烹饪安全学、烹饪工艺学的重要基础，是促进烹饪技术科学化的前提。

（三）烹饪营养学

烹饪营养学是烹饪学科的一个重要的组成部分，也是营养学科的一个分支。它是应用现代营养科学的基本原理指导烹饪过程的一门应用性学科，是随着烹饪科学和营养科学的不断发展、研究领域的不断拓宽发展而来的。其研究范围包括：各类烹饪原料的营养价值；烹饪加工方法造成原料营养素的变化及规律；烹饪工艺对食物营养价值的影响；合理烹饪；合理膳食与健康；烹饪工作方法等。在烹饪专业开设烹饪营养学课程是营养科学社会实践性的重要体现，也是传统中国烹饪与现代科学相结合的迫切需要。

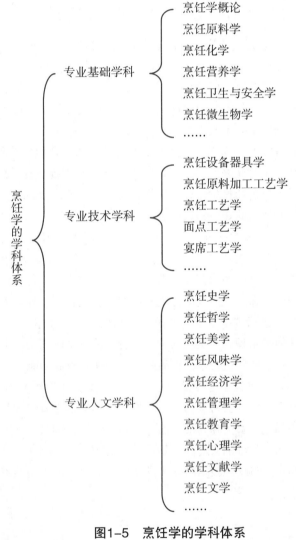

图1-5　烹饪学的学科体系

（四）烹饪卫生与安全学

烹饪卫生与安全学是一门新兴的边缘学科，它运用食品卫生安全的基础理论、基本原理，从餐饮业加工和经营实物的实际出发，研究与烹饪有关的影响食品卫生安全质量的各种因素和控制措施，以保护食用者的健康。烹饪卫生与安全学是食品卫生与安全科学的一个分支学科，也是烹饪科学的重要组成部分。其研究内容包括三个方面：一是食品卫生与安全基础知识，包括食品生物性污染危害分析及其控制，食品化学性污染风险分析及其控制，食物中毒、食源性传染病、寄生虫病及其预防及有关的食品安全与卫生法规。它为研究烹饪过程中的卫生问题和餐饮业卫生管理作必要的知识铺垫。二是烹饪原料与工艺的卫生安全，包括烹饪原料的卫生与安全、烹饪工艺的安全性，如原料的卫生质量检验、合理存放方法，使用过程中可能出现的卫生问题及处理；原料初加工过程中的卫生要求，各种烹调方法对有害因素的作用效果及其评价；确保烹饪制品卫生安全的措施。它是烹饪卫生与安全学这一学科的精髓。三是餐饮业卫生管理，此部分内容从餐饮业卫生管理的作用、卫生管理组织机构入手，阐明从事卫生管理应遵循的法律法规，卫生管理工作应接受的监督指导，卫生工作计划的制订与实施，餐饮业卫生管理质量认证。它为烹饪的卫生要求在餐饮业落到实处服务。

（五）烹饪原料学

烹饪原料学是以烹饪中使用的原料为研究对象，以原料的分类、具体品种的特性、品质鉴定方法、保管方法以及所适用的加工方法、烹调方法为研究内容的学科。如何科学地使用原料，充分发挥原料的作用是烹饪原料学研究的目的和任务。

（六）烹饪美学

烹饪美学是研究人对食物形态美的要求以及烹饪活动如何满足人的这一要求，及其原理、原则和方法的学科。追求美是人的天性，人类在通过食物满足生理需求的同时，也要求食物能够提供感官的美的享受。味觉要求适口，嗅觉要求馨香，触觉要求爽滑，视觉要求悦目。食物美的形成，贯穿于选料、烹制、调味、盛装等全部烹饪工艺过程中，也体现在菜肴之间的搭配上。因此，烹饪美学是研究烹调中刀工、造型、色彩运用的原理、原则和方法。

（七）烹饪工艺学

烹饪工艺学是以菜点烹饪的工艺过程为研究对象，以工艺过程中的初加工、加热、调味等的具体环节和方法，菜点盛装方式，其中的原理、原则等为研究内容的学科。

任何菜点都经过一定的工艺过程才能够加工出来，虽然烹饪化学、营养卫生学、原料学、美学等提供了一般的科学原理和原则，但如何去实现，还是要由具体的烹饪工艺来完成。因此烹饪工艺学要研究具体切配、造型，每一种烹饪方法的必要环节、技巧，不同传热介质、加热时间长短对菜点色、香、味、形、质的影响，调味中使用调味品的种类、相互之间搭配的效果以及投放时间的先后、数量多少等，达到可食的最佳状态。另外，还要对传统工艺进行整理和研究，做到继承与创新的有机结合。

（八）面点工艺学

面点工艺学是研究各种面点品种制作的原料、面团调制、馅心调制、成品面坯成形、熟制和装盘等一系列工艺过程的原理和技术的知识体系。面点工艺学和烹调工艺学一样，都是从手工技艺中提升成功的具体的学科知识，因此它们必须具备相关的理论基础。从基础学科的角度而言，化学、生物学和物理学的基本原理是这两门工艺学的底层基础；近代食品科学、营养科学和卫生科学是中层指导；而食品机械、食品生物化学和食品微生物学则是它们的直接运用。如果要从自然科学的角度对它们进行更深层次的研究，生物工程技术和食品分析化学是必不可少的研究手段，还有各种学科前进时都少不了的信息科学技术。再有，饮食作为一种文化现象，饮食文化学和烹饪美学，对面点工艺学和烹饪工艺学都有强烈的辅助烘托作用。面点工艺学和烹饪工艺学是烹饪工艺学知识体系中并列的两大主要课程。

■ 思考题

1. 如何理解烹饪一词的基本内涵？
2. 烹饪与烹调有何不同？
3. 烹饪与饮食、烹饪与食品工程有何关系？
4. 如何理解烹饪的基本属性？
5. 烹饪作为一种实用技术，它的主要特征是什么？
6. 根据烹饪的社会功能不同，烹饪可分为哪些类型？
7. 烹饪的社会作用是什么？
8. 中国烹饪有哪些特点？
9. 什么是烹饪学，它的研究内容主要有哪些？
10. 烹饪学的学科属性是什么？

CHAPTER 2

第二章
烹饪现象的历史考察

■ **学习目标**

（1）了解人类饮食的起源和烹饪的产生发展过程。

（2）掌握烹饪的属性和主要类型。

（3）理解烹饪对餐饮业、社会、文化的影响。

（4）领会烹饪与政治、哲学、生活的关系。

■ **核心概念**

烹饪技术、烹饪历史、烹饪文化、烹饪艺术、烹饪科学

■ **内容提要**

烹饪活动的产生，烹饪技术的发展，烹饪活动的类型，烹饪活动的属性，烹饪活动的影响。

第一节　烹饪活动的产生

烹饪是人类文化发展的产物，也是人类生活演进的标志。烹饪随着人类社会的出现而产生，同时又随着人类物质和精神文明的发展而不断丰富自身的内涵。

一、人类早期的饮食

人类早期的食物来源主要是狩猎获取的动物原料、采集的鸟卵、果品、种子等。在距今100多万年至1万年前的旧石器时代，人类为了维持自身的生存，要与形体和力量上远远超出自己之上的许多动物搏斗，庞大的犀牛、凶猛的剑齿虎、残暴的鬣狗，都曾经是人类的腹中之物。其他温驯柔

弱的禽类，还有江河湖沼的游鱼虾蚌，就更逃脱不了这些原始的猎人和渔人的搜寻了。

除动物外，古人类更可靠的食物来源是植物，是长在枝头、结在藤蔓、埋在土中的各类果实和野蔬。在连这些果蔬一时也寻觅不到的时候，人类不由自主地把注意力转向植物茎秆花叶，选择品尝那些适合自己胃口的东西。不知通过多少世代的尝试，也不知付出了多少生命的代价，才筛选出一批批可食用的植物及其果实。

在距今1万至8000年前的新石器时代早期，已经有了一些原始的农耕部落，创造了粟作农业文明。这些农耕部落赖以生存的就是黄土与黄河，他们以粟类种植作为获得食物来源的主要生产手段。长江流域的开发史也与黄河流域一样古老，在距今近1万年前，也有了原始农耕文化，不同的是它不是北方那样的旱作，主要农作物是水稻。

中国古代将栽培谷物统称为五谷或百谷，主要包括稷（粟）、黍、麦、菽（豆）、麻、稻等，除麦和麻以外，都有7000年以上的栽培史。原始农业的发生和发展，使人类获取食物的方式有了根本改变，变索取为创造，饮食生活有了全新的内容。原始农耕的发展，同时还使得另一个辅助性的食物生产部门——家畜饲养业产生了。家畜中较早驯育成功的是狗，由狼驯化而来。农耕部落最重要的家畜是猪。中国传统家畜的"六畜"，即马、牛、羊、鸡、犬、豕，在新石器时代均已驯育成功，我们当今享用的肉食品种的格局，早在史前时代便已经形成了。

二、烹饪的产生

关于烹饪的起源，目前主要有两种观点：一种观点认为烹饪起源于先民学会用火进行熟食时期，距今50多万年；另一种观点则认为烹饪诞生于发明陶器并开始用盐调味的陶器时代，距今约1万年。烹饪的产生离不开用火熟食，但人类开始用火熟食时，只能说进入了准烹饪时代。完备意义上的烹饪必须具备火、炊具、调味品和烹饪原料四个条件。火是烹饪之源，调味品是烹饪之纲，陶器为烹饪之始，原料为烹饪之本。

（一）用火熟食

人类最初的饮食方式，同一般动物并无多大区别，自然还不知烹饪为何物。人们长期过着"茹毛饮血""生吞活嚼"的原始生活。由于吃生冷腥臊之物，对肠胃造成很大损害，身体健康的人极少。

虽然生食可以维持人的生活，但先民也并不甘愿长久吃生食。当他们认识了火以后，就跨入到一个新的饮食时代，这便是火食时代。人类掌握了取火与保存火种等方法后，其生活水平得到了极大的提高，这不仅表现在照明与取暖，更体现在用火熟食上。人类最早使用的是天然火，包括火山熔岩火、枯木自然火、闪电雷击和陨石落地所燃之火等。人类起初见到熊熊烈火，同其他动物一样，总要避而远之。但是人与动物毕竟不同，他们在余烬中感到了温暖后，可能会有意收集一些柴草，将火种保存下来，以便借此度过难熬的寒冬。有时在烈焰吞噬的森林中，也会发现一些烧死的野兽和烤熟的坚果，待取过一尝，别有一番滋味，由此受到启发，开始走上火食之路，烹饪由此诞生。

中国最早用火的确凿证据还没有找到，所以开始用火的年代尚不能知晓。周口店北京人洞穴遗址发现过用火遗迹，考古发掘见到厚达4～6米的灰烬层，中间夹杂着一些烧裂的石块和烧焦的兽骨，还有烧过的朴树籽。美国《生活科学文库·食物和营养》（1981年版）一书中这样写道："烧煮至少是40万年以前现代人类的祖先发明的。证据来自于中国北京附近的一个远古洞穴（即周口店），烧焦的骨头遗迹表明，居住在那里的北京猿人早已发明了一种有史以来最伟大的技能。"这种伟大的技能，就是用火将食物加热制熟的技能。

火的发现与运用，加速了人类进化，从此结束了茹毛饮血的蒙昧时代，进入了人类文明的新时期。火化熟食，使人类扩大了食物来源，减少了疾病，有利于人类有效地吸取营养，增强体质。所以恩格斯指出：火的使用"第一次使人支配了一种自然力，从而最终把人同动物分开"。火的掌握和使用，是人类烹饪发展史上的一个里程碑。

（二）陶器的产生

古语有云："工欲善其事，必先利其器。"但人类在最初学会用火熟食时，并没有炊具，所掌握的只是把鱼和兽肉等直接放在火上烧烤。没有炊具的烹饪只能是原始的烹饪。

考古发现，人类最早使用的炊具是陶器。关于陶器的起源，学术界有过一些推论，认识并不一致，没有可靠的结论。人类为何突发奇想，变泥土为器具，这还是一个谜，我们在此不便展开讨论。陶器的发明是人类自发明人工火以后完成的又一项以火为能源的科学革命。陶器在很大程度上是为谷物烹饪发明的，是原始农耕部落的创造。农耕部落有比较稳固的生活来源，不再频繁迁徙，开始有了定居生活，陶器正是在这个时候来到人类世界的。《黄帝内传》说：黄帝斩蚩尤，因作杵臼，断木为杵，掘地为臼，以火坚之，使民春粟。这是说黄帝发明了稻米加工工具——杵臼，"掘地为臼，以火坚之"，即先民学会用火以后，为了保存火种和取暖照明，常于洞穴泥地上挖一火塘，长年架柴燃烧。久之，火塘四周泥土发生变化，异常坚硬，这便是烧制陶器的原始工艺。

陶器的出现，使人类便于煮熟食物，它标志着人类的烹饪历史从此进入了新的时代。同时，人类的食物有了储藏工具，减少了饥饿的侵袭，促进定居生活。所以说，自从有了陶器，"火食之道始备"（《古史考》），人类生活面貌为之一新。

（三）盐的产生

人类自从掌握了火的运用，使食物由生变熟，便开始了最初的烹饪。但是这种烹饪，只能尝到食物的本味，不知用调味品，只能说烹而不调。没有调味品的烹饪，是非常单调的烹饪。

那么最早的调味品是什么，又是如何产生的呢？研究发现，我国最早的调味品是盐。在人类远古时期，盐的发现是无意的，是借助自然界的客观环境感受到的。活动在海边的人，偶然将吃不完的动物无意间放在海滩上。海水涨潮时，将这些动物浸泡在海水中。海水退潮的时候，他们想到还有没吃完的动物，于是将这些动物从海滩边取来，用火烤熟了吃。他们惊异地发现，这种经咸的海水浸泡过的动物表面沾上了一些白色的晶粒，而且比没有海水浸泡过的动物好吃。这种情况经过无数次的重复，使原始人渐渐懂得这些白色小晶粒能够起增加食物美味的作用，就开始收集并使用这种晶粒——盐。

陶器发明之后，我们的祖先才渐渐地发明烧煮海水以提取盐的方法。《世本》和《事物纪原》等书记载："黄帝臣，夙沙氏煮海水为盐""古者夙沙初煮海盐"。说明新石器时期先民已开始吃盐。

盐的使用，在人类的生活进程中，是继用火以后的又一次重大突破。盐和胃酸结合，能加速分解肉类，促进吸收，改善人类体质。盐的化学构成为氯化钠，是人体氯和钠的主要来源，这两种元素，对维持细胞外液渗透压，维持体内酸碱平衡和保持神经、骨骼、肌肉的兴奋性，都是人体不可缺少的。盐又是烹饪的主角，"五味调和百味香"，盐于五味之首，没有盐，什么山珍海味都要失色，机体的吸收也大受限制。所以，盐的产生，对烹饪技术的发展，对人类的进步有着极为重要的意义。

（四）烹饪原料的利用

人类用火熟食的同时也有了烹饪原料。此前人类处在生食阶段，直接食用从自然界获得的食物。自从人类掌握了用火把生料加工成熟食的技巧，即掌握了烹饪技术以后，才出现了烹饪原料。

在周口店北京人遗址中发现有大量被敲碎的烧骨和烧过的朴树籽。考古学家断定，北京人时代人类已经掌握了把食物的生料加热成熟食的技术，也就是说烹饪技术在那时已经诞生了。那些原来用作生食的原料，就变成为烹饪原料，时间距今约50万年。

中华民族历史十分悠久，在不同朝代、不同时期，由于生产力和科学水平的不同，人们对烹饪原料的认识和利用也不尽相同，加之自然生态的变化和各朝各代体制、礼俗、饮食风尚等的差别，使烹饪原料的组成结构也在发生变化。如古代的烹饪原料天鹅（古称鹄）、熊掌、虎、驼鹿（犴达罕）、麋鹿等，如今都成了珍奇保护动物。但从总的趋势来讲，可供烹饪的原料是随着历史的发展而不断增加的。

综上所述，人类学会了用火，开始了熟食；发现了盐，产生了调味技术；发明了陶器，使烹饪技术的发展有了新的可能；人类在长期的生活、生产过程中，认识了世间各种各样可供烹饪的原料，使烹饪有了丰富的物质资料。火、盐、陶器、烹饪原料的综合运用，标志着完备意义上烹饪的开始。

第二节　烹饪技术的发展

烹饪技术的发展首先得益于社会生产力的进步，其次是社会消费水平的提高和消费层次化的发展，它促使厨师不断提高自己的水平，以适应社会的要求。中国烹饪技术体系在其形成和发展的全过程中，始终与饮食文化的交流同步进行。

一、烹饪技术的萌芽

在极其漫长的原始社会，烹饪技术曾发生过三次大的革命。第一次是火的应用带来了熟食生活。第二是陶器的发明使煮食普及开来。第三是陶甑的发明，促进了人类从煮食向蒸食的过渡。主要的烹饪技术有火烹、石烹、陶烹三种。

（一）火烹

人类自从用火熟食，就意味着烹饪的开始。最初，人们把食物直接放在火上进行熟制烧烤使其成熟，这被后人称为"火烹法"。烧烤有许多讲究，将食物直接在火上燎，曰"燔"；将食物包裹起来烤，曰"炮"。将食物挂起来连熏带烤，曰"炙"。燔法，如今天的燎玉米，烧核桃，先民也是如此，这是最原始的熟食方法之一。炮法，相传先民在燧人氏时代，"始裹肉而燔之"，有的裹以蕉叶，有的涂泥，也有的编个草袋将鱼、肉等装在里面，再以火煨。如今的叫花鸡、荷叶童鸡、纸包鸡，都是这一古老烹调技艺的遗风。炙法，今日仍盛行，但已不叫炙，而叫烤。如烤鸭、烤肉片、烤乳猪等特产名肴，就都是古老炙法的佳作。

（二）石烹

把食物直接在火上烧烤，尽管熟化过程短，但是对食物浪费多，而且容易烧焦，因此，人类从很遥远的时代起，就在探求一种既可熟化又不易烧焦的烧烤方法。《礼记·礼运》："其燔黍捭豚，污尊而抔饮。"郑玄注："中古未有釜甑，释米捭肉，加于烧石之上而食之耳，今北狄犹然。"孔颖达疏："中古之时，饮食质略，虽有火化，其时未有釜甑也，其燔黍捭豚者，燔黍者以水洮释黍米，加于烧石之上以燔之，故云燔黍；或捭析豚肉，加于烧石之上而熟之，故云捭豚。"这样把石板架在火上，可以缓和火势，进行间接烧烤，石板是人类最早发明的重要炊具。今天云南怒族、独龙族、纳西族，都用一种石板烤制粑粑。这种粑粑，味道香酥，久放不霉，已成为民族风味食品。陕西的石子馍、山西的莺莺饼，也都是以古老的石燔法制成的。石子馍是先将卵石烧热，将馍放在上面烘烤。莺莺饼也叫砂子饼。山西永济有座普救寺，据说《西厢记》的故事即发生在此。寺前有沟名莺莺沟，沟中有细净的黄砂，人称莺莺砂。当地人们以火炒砂，将饼埋入热砂里烤至焦黄，故名莺莺饼，亦为当地的传统名食。河西走廊的名肴"西夏石板烤羊"，也是以石燔法制成的。

（三）陶烹

陶器的问世，使烹饪得以确立为一项人类特有的技艺。这意味着通过烹饪操作，人与食物原料的互动关系日渐扩展和复杂化。陶烹可以直接理解成以水为传热介质的食物加热成熟法。其中，水在炊具中直接与食物原料混合，通过不断吸收火的热能达到沸点或一定温度，将食物煮熟的方法称"水煮法"。《文子·上德篇》："水火相憎，鼎鬲其间，五味以和。"陶烹的另一种基本方法是"汽蒸法"，即以水蒸气为传热介质加热成熟食物的方法。汽蒸法有赖于陶甑和甗的问世，但其起源不会晚于陶器发明之后太久，这从谯周《古史考》中"黄帝作釜甑""黄帝始蒸谷为饭，烹谷为粥"中的议论可以推测。汽蒸的特点是使用封闭的炊具，通过温度高于100℃的水蒸气来成熟食物。在蒸的过程中，原料只吸收了少量水分，所含营养成分不会因溶解和分解于水中而损失掉，有效保持了原形和原味，较高的温度又能使食物更为柔软、熟烂、鲜嫩和易于消化吸收；尤其是汽蒸时蒸汽对空气中氧的隔绝作用，能够减少食物营养物质（如维生素）的氧化破坏，因此就营养学角度而言，蒸是比煮更为完善的烹饪方法。

二、烹饪技术的初步形成

先秦时期是我国烹饪技术的初步形成时期。夏商周三代（特别是商代），青铜的发明和青铜器的大量供用，不仅有了鼎、鬲、釜、甑等加热炊具和锋锐的切割刀具，调味也已成为厨师的又一大技能，中国烹饪的技术要素已经产生。《韩非子·难二》中有一则晋平公与叔向、师旷讨论齐桓公称霸的原因时，师旷就以烹饪之道作比喻。这则故事在刘向《新序·杂事》篇说得更为详尽，原文是："师旷侍曰：臣请譬之以五味，管仲善断割之，隰朋善煎熬之，宾胥无善齐和之，羹以熟矣，奉而敬之……"其中的"断割（刀工）""煎熬（火候）""齐和（调味）"三者便是中国烹饪的三大技术要素。

（一）断割

在先秦的文献中，有关断割的故事，可以说是屡见不鲜，《庄子·养生主》中"庖丁解牛"、《管子·君臣》中屠牛坦解牛等故事都是生动的记述，后来就衍变成中国厨行中的刀工技术。"庖丁解牛"描述了庖丁宰牛出神入化的分解技术，"手之所触，肩之所倚，足之所履，膝之所踦，砉然响然，奏刀騞然，莫不中音。合于桑林之舞，乃中经首之会。"厨师宰杀整头活牛时技艺之娴熟、动作之美妙、发出的声响之悦耳，就像欣赏商王专享的歌舞《桑林》，或帝尧创作的乐曲《咸池》中的篇章《经首》。这个典故生动地反映出当时厨师对刀工技术的理想化要求。当时烹饪中的刀工主要运用在两个方面：一是分档取料，即根据牲体不同部位的肉质进行分割，如《招魂》中的"肥牛之腱"，根据文献记载，当时已经有"七体"（脊、两肩、两拍、两髀）、"九体"（肩、臂、膈、肫、胳、正脊、横脊、长肋、短肋），乃至"二十一体"分割法，以供适合的各种烹饪方式使用；一是按需分割，即根据烹饪的各种需要将挑选好的原料解切成块、片、丁、丝、末、泥等，如《大招》中"脍苴蒪 [pò] 只"的脍（丝），其目的不仅在方便食用、利于入味、丰富口感，尤在通过各种原料及食器的配合，使成菜取得赏心悦目的效果。

（二）煎熬

煎熬泛指食物的一切加热技术，早在《诗经》《楚辞》等古文学名著中多次出现，魏晋以后，从道教炼丹术中移来了"火候"的概念，成了中国烹饪技术体系中的最重要的技术要素。

在商汤时代，我们的祖先对火候与烹饪的关系就有了初步的认识："三群之虫，水居者腥，肉攫者臊，草食者膻。臭恶犹美，皆有所以。凡味之本，水为之始。五味三材，九沸九变。火之为纪，时疾时徐，灭腥去臊除膻，必以其胜，无失其理。"把火候说成灭腥去臊除膻的"纲纪"。

这一时期，烹饪技法有了进一步的创新，如腥（红烧）、酸（醋烹）、濡（烹汁）、炖、羹法、齑法（碎切）、菹法（即渍、腌）、脯腊法（肉干制作）、醢法（肉酱制作）等。另外此时所出现的"瀄瀡（xiǔsuǐ）"、煎、炸、熏法、干炒是一个飞跃。《礼记·内则》中有"瀄瀡以滑之"之语，意即勾芡，让菜肴口感滑爽。同书说的"和糁"，有人认为也是勾芡。书中还提到"煎醢""煎诸（之于）膏，膏必灭之"（将原料放入油中煎，油必漫过原料顶部）、"雉、芗、无蓼"（野鸡用苏叶烟熏，不加蓼草）、"鸳、瓢之蓼"（鹌鹑用蓼末塞入后蒸）。《尚书·誓》中说的"糁"这种面食，有人认为类似今天的炒米（麦），说明干炒已从烙中演变而出。特别是《周礼》里说的八珍中的"炮豚"等菜，开创了用炮、炸、炖多种方法烹制菜肴的先例，对后代颇有影响。

（三）齐和

较早提出"齐""和"概念的主要是《周礼》，诸如"内饔，掌王及后、世子膳羞之割烹煎和之事"；"亨人，掌共鼎镬以给水火之齐"；"食医，掌和王之六食六饮六膳百酱八珍之齐。""齐"是实现"和"的科学方法，是美味的量化准则。如果说"和"是饮食文化的价值体系问题，那么，"齐"就是饮食文化的技术体系问题。当然，在中国传统烹饪过程中，"齐"的形态往往表现为变化而并非常化，其量化本性与西方烹调所强调的量化标准及精密的科学思辨相异很大，它往往表现为感觉经验，甚或是一种对"技"的超越。这一点，正是中国传统烹饪实现"和"的关键所在。三代时期，由于统治者对美味的重视，调味已成为厨师的又一大技能，《周礼·食医》："凡和，春多酸，夏多苦，秋多辛，冬多咸，调以滑甘。"这就是当时厨师总结出的在季节变化中的运作规律。而

《吕氏春秋·本味》所论则更为精妙，认为调味水为第一，"凡味之本，水为之始"，而调制时，"必以甘酸苦辛咸，先后多少，其齐甚微，皆有自起。"故调味之技、之学很高深："鼎中之变，精妙微纤。口弗能言，志弗能喻。"这样制出的菜肴才能达到"久而不弊（败坏），熟而不烂，甘而不哝，酸而不酷，咸而不减，辛而不烈，淡而不薄，肥而不腻（腻）"的效果。

可以说，在青铜时代，以刀工、火候、调味三者为基本技术要素的中国烹饪技术体系已经初步形成。

三、烹饪技术体系的逐步完善

秦汉以后，随着铁制工具的广泛采用，刀工日益精细，烹制方法和调料逐渐增多，中国烹饪技术体系日臻完善，特别是魏晋南北朝时期，以浅层油脂为导热介质的炒法发明以后，中国烹饪技术体系基本成熟，《齐民要术》就是这个体系成熟的里程碑式的文献记录。到了隋唐五代时期，食品雕刻和冷盘技术起了锦上添花的作用，五代尼姑梵正的"辋川小样"是中国花色冷盘的先河。自此以后，中国烹饪技术体系再也没有取得质的突破。清代乾隆年间，袁枚的《随园食单》对中国烹饪技术体系作了历史性的总结。

（一）炉灶锅釜炊具的改进

这一时期，由于灶、炉等烹饪设备相继出现并不断地得到改善，炊具种类不断增多并形成较为完整的功能体系。

汉初，人们开始在地面上用砖砌制炉灶。当时炉灶的造型和种类可谓变化多样，但总体风格是长方形的居多。东汉时，炉灶出现了南北分化。南方炉灶多呈船形，与南方炉灶相比，北方灶的灶门上加砌一堵直墙或坡墙作为灶额，灶额高于灶台，既便于遮烟挡火，也利于厨师操作。不论南方式还是北方式，炉灶对火的利用更加充分合理，如洛阳和银川分别出土了有大、小二火眼和三火眼的东汉陶灶。南北朝时期，可能受北方人南迁的影响，南方火灶也出现了挡火墙。汉代炉灶的形式有很多，有盆式、杯式、鼎式等，魏晋南北朝时出现了烤炉，可烘烤食物。其他一些炉灶辅助工具如东汉时可置釜下架火的三足铁架、唐代火钳等也在考古发掘时被发现。

战国以来，特别是秦汉以后，铁器逐步取代铜器，炊具中的铁器也多了起来，釜、甑、鼎、镬均有了铁制品。三国时期魏国已出现了"五熟釜"，即釜内分为五档，可同时煮多种食物。蜀国还出现了夹层可蓄热的诸葛行锅。至西晋时，蒸笼又得以发明和普及，蒸笼的发明使中国的面点制作技术发生了相应的变化。唐朝的炊具中还有比较专门和奇特的，如有专烧木炭的炭锅，还有用石头磨制的"烧石器"，其功用很似今天的"铁板烧"。宋代以来，炉灶又有了改进，出现了"镣炉"（见岳珂《桯（tīng）史》）。此种镣炉，在小火炉外镶木架，可以自由移动，不用人力吹火，炉门拔风，燃烧充分，火力很旺，清洁无烟，安全防火，且节约时间、人力和燃料，又易于控制火候。外形美观大方，足登大雅之堂，所以庙堂廊宴，肆上行庖，均可以此作"行灶"。这就是我国最早的"铜火锅"。

（二）烹饪工艺出现较为完善的体系

秦汉以后，厨膳劳动分工日趋周密精细，出现了割烹合作、炉案分工的新局面。《汉书·百官公卿表》中明确记载，汤官主饼饵，导官主择米，庖人主宰割。山东省博物馆陈列的两个汉朝厨夫俑，一个治鱼，一个和面，各司其职，相当于现在的红案厨师与白案厨师。四川德阳出土的东汉庖厨画像砖上画着厨师烹饪劳动的情形，有人专事切配加工，有人专事加热烹调，炉、案分工明显。而从山东诸城前凉台村汉墓出土的"庖厨图"画像石更可以看出烹饪规模巨大和分工精细。

这一时期，烹饪技术有了新发展。其一是烹饪方法增多了。周代有"五齑"法，到了南北朝时又出现了"八和齑"（即八宝菜），在菜肴制法方面有鱼鲊法、脯腊法、羹臛法、蒸焦法、脏腤煎消法、菹绿法、炙法、脾奥糟苞法、素食法、菹藏生菜法等，在主食小食方面有饼法、粽糫法、煮糗法、醴酪法、飧饭法、饧铺法等。

在加热上，由于铁器的使用，出现了许多高温快速成菜的油熟法，最典型、最具特色的是炒、爆法。在调味方面，不少人"善均五味"，创制出许多复合味型，甚至在宋代还创制出方便调料"一了百当"。《事林广记》记载，它是用甜酱、醪糟、麻油、盐、川椒、茴香、胡椒等熬后炒制而成，接着放入器皿中随时供烹饪之用，"料足味全，甚便行馔"。

在烹调方法上，再值得一提的是"烧烤"技术的发展和"涮"的烹调法的改进。烧烤技术历史悠久，源远流长。远在周代就有"炮牂""肝膋"等烧烤食品。到宋元时代，已经出现了"燠（āo）鸭（可能就是民间传说的"汴梁烤鸭"）""烤全羊"等烧烤技艺。前代只有类似火锅的炊具，但没有"涮"的具体做法。宋代林洪在《山家清供》上卷"拨霞供"中写道："得一兔……薄批，酒、酱、椒料沃之，以风炉安坐上，用水少半铫，候汤响一杯后，各分以箸，令自夹入汤摆熟啖之，乃随宜各以汁供，因用其法不独易行，且有团栾热暖之乐。"上述吃法，实为涮兔肉，和后世的涮羊肉吃法大致相同。可见在餐桌上使用边煮边吃的暖锅，在宋代各地已相当流行，这种炉锅俱备的暖锅，实即后世风行的火锅。

元、明、清时期，烹饪技术不断发展创新，形成了较为完善的体系。在菜肴制作上，刀工处理、配菜、烹饪、调味、装盘等技术及其环节都已相对完善。如刀工处理方面，不仅有柳叶形、骰块、象眼块、对翻蛱蝶、雪花片、凤眼片等诸多刀工刀法名称，而且在明代出现了整鸡出骨技术，在清代筵席上有了体现高超刀技的瓜盅。在烹饪方法上，此时已经发展为三大类型：一是直接用火熟食的方法，如烤、炙、烘、熏、火煨等；二是利用介质传热的方法，其中又分为水熟法（包括蒸、煮、炖、氽、卤、煲、冲、汤煨等）、油熟法（包括炒、爆、炸、煎、贴、淋、泼等）和物熟法（包括盐焗、沙炒、泥裹等）；三是不用火而直接利用化学反应制熟食物的方法，如泡、渍、醉、糟、腌、酱等。而每一种具体的烹饪法下还派生出许多方法，如同母子一般，人们习惯上把前者称为母法、后者称为子法，有的子法还达到相当数量。到清朝末年，烹饪方法的"母法"已超过50种，"子法"则达数百种。如炒法，到清朝时已派生出了生炒、熟炒、生熟炒、爆炒、小炒、酱炒、葱炒、干炒、单拌炒、杂炒等十余种。又如烧法，除直接用火熟食的烧法外，还有用铁锅的烧，并且因色泽、味质、辅料、水分多少的不同衍生出红烧、白烧、葱烧、酱烧、软烧、干烧、生烧、熟烧、酒烧等20余种方法。

在主食制作上，面团制作、成形和成熟等技术及其环节也形成了一定的体系。如面团的制作方面，不仅用冷水、热水、沸水和面，而且用酵汁法、酒酵法、酵面法等发酵面团，还用油制油酥面团。面点的成形技术已达到很高水平，有擀、切、搓、抻、包、裹、捏、卷、模压、刀削等成形方法。据清代薛宝辰的《素食说略》载，当时"抻面"已经可以拉成三棱形、中空形、细线形。面点成熟方面，常见的有蒸、煮、炸、煎、烤、烙等方法，并且朝多种方法综合运用的方向发展，清代扬州的"伊府面"就是将面条先微煮、晾干后油炸，再入高汤略煨而成的，形式和风味类似于当今的方便面。

四、烹饪技术的科学发展

近代以来，现代理论科学和技术科学的发展，给烹饪技术的革新带来了希望。现代科学技术的有关理论和实践使人们能够从更高的层次，以新的观点和思维方式来审视烹饪技术发展的一般规律，从物质变化的角度研究烹饪的整个过程。中国烹饪以全新的姿态进入了开拓创新的时代，走上了与世界各民族烹饪文化广泛交流的道路。

（一）烹饪工具现代化

民国期间，我国烹饪的热加工器具以生铁、熟铁、黄铜、紫铜等金属器为主。20世纪20年代，一些食品机械被引入大型厨房，进而发展成为烹饪设备，如小型绞肉机、切肉机、和面机、磨浆打浆机、粉碎机、面点成形机等。炉灶此时也有一些实质性的改良，使用风箱或小风机助燃以提高温度，并出现一些新炉灶。

20世纪50～60年代，随着城市手工业和机械业的发展，烹饪器具和烹饪加工机械也得到较好的发展，煤灶在中小城市普及，一些地方开始使用带鼓风机或加气压的专业柴油炉、煤油炉和燃气炉。1965年，广州电饭煲厂推出我国第一批电饭锅，随后，电饭锅在国内迅速兴起。此后，其他电热器如电阻式电热炉、电烤炉、电热管、电热煮器等也相继面市。20世纪70年代中期，我国开始出现专业电热灶，各类电热设备在这一时期打下良好的基础。进入20世纪80年代，随着市场经济的发展和工业技术的进步，我国烹饪器具及设备进入快速发展阶段，各种规格、层次和功能类别的新器具及设备不断出现，以自动电饭锅、电炒锅、红外线电热炉等为代表的各种电热设备大量进入餐饮企业。到20世纪90年代，由于新材料、新工艺和新技术的大量引用，烹饪器具及设备的发展速度很快。并且出现了空前繁荣的局面，烹饪专业设备的结构体系日趋完善。除传统器具不断发展外，现代新型陶瓷、仿瓷、新型塑料、金属合金和复合材料等新材料器具也不断涌现，如锅具就有铁制锅、不锈钢锅、铁合金锅、铝合金锅、复合金属锅等。在加热设备方面，各式电饭锅、高压锅、不粘锅、多功能电子锅和具有蒸、煮、扒、炖、煎、炸、烤、焗等多种专业功能的人工或自动控制的设备已普遍使用，燃油炉灶和燃气炉灶向结构更合理、功能更先进、更节能的方向发展。同时大量使用新型电能设备，包括各种电灶、红外线烤箱、电磁炉、微波炉等，其中具有卫生、清洁、节能、方便、快捷等特点的电磁炉和微波炉，成为近年的流行时尚，它在一定程度上改变了传统的烹饪工艺。另外，还有一些地方开始使用太阳能设备，如太阳能热水器、太阳能炉、太阳能灶、太阳能煮锅等。在原料预处理设备方面，各种不同用途的手动或电动机械设备十分齐全，如处理果蔬有清洗机、去皮机、切制机、造形机、磨浆机、打浆机、粉碎机等；处理肉类有绞肉机、切肉机、斩拌机和禽类拔毛机等；制作面点有粉碎机、搅面机、和面机、打蛋机和各种面点成形机等。

（二）现代食品工业兴起

烹饪工具的现代化，一方面促使传统烹饪工艺的某些手工操作环节，由烹饪机械加工替代，如切肉机、绞肉机代替厨师手工进行切割、制蓉，用和面机、压面机制作面食等；另一方面，促使食品工业逐渐兴起，出现了食品工厂，用机械化甚至自动化生产食品。食品工业不仅能减轻生产者的劳动强度，而且使食品生产具有规范化、标准化、规模化的特征。如在食品工厂，全部用机械制作火腿、香肠、面条、包子等食品，产量大、品质稳定。可以说，食品工业是从传统烹饪脱胎而来，是现代科学技术进入烹饪领域的产物，也是传统烹饪技艺和生产方式走向现代化的最佳途径。

（三）现代营养学进入烹饪领域

西方现代营养学大约在1913年传入中国，到20世纪20年代后，中国现代营养学逐步发展起来。一些营养学专家开始逐步将营养与烹饪结合起来研究，并在80年代前后发展成为一门新兴学科即烹饪营养学。许多高等烹饪学府都开设了烹饪营养学，使学生能够运用营养学的知识科学合理地烹饪，制作营养丰富、风味独特的菜点。中国预防医学科学院营养与食品卫生研究所与北京国际饭店合作，对淮扬菜、鲁菜、粤菜和川菜系的一批菜肴成品进行营养成分测定。当然，中国烹饪与现代营养学密切结合的同时，仍然没有、也不可能放弃长期指导中国菜点制作的传统食治养生学说。正是由于传统食治养生学说与现代营养学的相互渗透，宏观把握与微观分析两种方法的相互配合，使得中国烹饪向现代化、科学化迈出了更快的步伐。

（四）技术传承方式变革

现代科学理论和现代教育的发展使人们从根本上对旧的传承方式进行革命性的改造。在这个改革过程中现代学校教育的方式发挥了重要的作用。现代教育方式改变了过去一带一的师徒方式，扩大了技术传授的范围和技术传承的基础。教育方式的多样化和教育内容的层次化，适应了各种层次的需求，进而大大提高了从业人员的专业水平和文化修养。

与开展学校教育相适应，烹饪的科学研究日益受到重视。学校教育与传统方式不同之点在于，不但要使学生知其然，还要让学生知其所以然。师傅教给徒弟的是一个个具体的菜点，教师教给学生的应该是经过理论总结的菜点制作的一般规律，不但要知道怎样做，还要知道为什么要这样做，还可以怎样做，怎样做最好。因此，把相关的科学理论与具体的烹饪实践相结合，从中找出烹饪加工的一般规律的任务就落到了学校教育的肩上。经过教师和专业人员的努力，一批适合现代教育需要的教材和著述相继问世。在烹饪理论方面的建设，对烹饪的发展提供了良好的条件。

烹饪的理论建设打破了技术的保守与封闭，一些"秘诀""绝招"在科学面前已无秘密可言。它使得不同的烹饪技术体系可以在更高层次上、更广的范围内进行交流。烹饪的理论建设也使得技术传承的速度加快，效率提高，从而加快了烹饪发展的步伐。

第三节　烹饪活动的类型

消费类型是与生产类型相对应的，一定的消费类型有一定的消费目的和消费要求，并对生产的过程有着决定性的影响，这样也就使生产类型形成各自特点。餐饮消费群体类型的不同，也形成了不同的烹饪功能类型。

一、按历史来源分

在中国烹饪发展的历史长河中，如果对其源头细加研究，则会发现，它们多分属于历史上的宫廷烹饪、官府烹饪、寺观烹饪、民间烹饪和市肆烹饪。

（一）宫廷烹饪

我国宫廷烹饪，源远流长。在《周礼》中，就有关于"掌王之食饮膳馐"的"膳夫"的记载。

殷商的开国元勋、贤相伊尹，也曾做过"厨司"，服侍商汤王。历代王朝，皆设"御膳房"。到了明代，烹饪技术日精，帝后王妃搜罗天下名厨为之烹饪珍馐美味，以纵情享用。清代，宫廷烹饪在中国历史上已达到了顶峰。

宫廷烹饪的主要特点，一是选料严格；二是技术精湛；三是管理严格。宫廷烹饪在原料选择上有得天独厚的优越条件。它可以随意选取民间上品烹饪原料，各地进贡的名优土特产品，广收博取天下万物中的稀世之珍。但对这些原料产地、质地、大小、部位，都有严格的要求。有时为了调剂口味，也选用一些市井常见的原料，但其烹调之精细，辅料之昂贵，则非民间烹饪所能够与之相比。

宫廷御厨烹饪技艺高超。在刀工处理上，既要求易入味又要求造型美观，同时根据原料性质及烹调需求运用不同刀法。在造型上，一般多是两种或三种原料，每道菜肴既讲究饱满，又讲究色彩，并多用围、酿、配、镶等方法。在调味上，有"九九八十一口"之说，讲究小料的使用。如"宫门献鱼"的小料多达十种。在制汤上达到登峰造极，如"龙凤双吊绍汤"，需三天完成，口味鲜香无比。

宫廷御膳房内有良好的操作条件、烹饪环境，对烹饪有严格的分工和管理。据《周礼》记载，周代宫廷总理政务的天官家宰，下设五十九个部门，其中竟有二十个部门专为周天子以及王后、世子们的饮食生活服务，诸如主管王室御膳的"膳夫"、掌理王及后、世子御膳烹调的"庖人""内饔""亨人"等。清朝内务府和光禄寺就是清宫御膳庞大而健全的管理机构，它们对菜肴形式与内容、选料与加工、造型与拼配、口感与营养、器皿与菜名等，均加以严格限定和管理。

（二）官府烹饪

从文献记载来看，官府烹饪开始于春秋时期，而贯穿于整个封建时代之始末。汉代以后出现了许多著名的官府家厨，如汉代郭况的"琼厨金穴"、唐代韦陟的"郇公厨"、段文昌的"炼珍堂"，到明清时期，达官显贵的家厨急剧增加，他们技艺高超，各具特色，使官府烹饪达到鼎盛时期。

历代高官显宦之家凭借经济上的优势和政治上的权力，往往钟鸣鼎食、食前方丈，其奢侈的饮食行为不足称道，但官府烹饪在其发展过程中也继承和保留了一些传统烹饪的精华，在一定程度上促进了中国烹饪的发展。

官府烹饪的主要特点，一是用料讲究；二是技术奇巧。达官显贵十分讲究饮食，加之相互间的攀比，使得官府烹饪十分讲究烹饪用料。五代时期，吴越国浙东道盐铁副使孙承禧，有一次宴请客人，指着酒筵上的菜肴对客人说："今日坐中，南之蟛蜞（梭子蟹），北之红羊，东之虾鱼，西之果菜，无不必备，可谓富有小四海矣！"宋代官宦之家不仅重视烹饪用料广博，而且多以奢靡为尚，司马光在《论财利疏》中曾写道："宗戚贵臣之家，第宅园圃，服食器用，往往穷天下之珍怪，极一时之鲜明。惟意所致，无复分限。以豪华相尚，以俭陋相訾。愈厌而好新，月异而岁殊。"

官府烹饪历来技术奇巧、精细。据《清异录》记载："金陵，士大夫渊薮。家家事鼎铛，有七妙：虀可照面，馄饨汤可注砚，饼可映字，饭可打擦擦台，湿面可穿结带，醋可作劝盏，寒具嚼者惊动十里人。"这就是唐五代时期著名的"建康七妙"。明代成化年间进士程敏政在《傅家面食行》一诗中，对明代一官宦之家——傅家的精美面食大加赞赏："傅家面食天下功，制法来自东山东。美如甘酥色莹雪，一由入口心神融。旁人未许窥炙釜，素手每自开蒸笼。侯鲭尚食固多品，此味或恐无专功。并洛人家亦精办，敛手未敢来争雄。主人官属司徒公，好客往往尊罍同。我虽北人本南产，饥肠不受饼饵充。惟到君家不须劝，大嚼颇惧冰盘空。膝前新生两小童，大都已解呼乃翁。愿君订恒常加丰，待我醉携双袖中。"

（三）寺观烹饪

寺观烹饪是指道家、佛家宫观寺院以素食为主的烹饪。汉晋以后，道佛宫观寺院遍布名山大川，其间多有斋厨、香积厨，善烹三菇六耳及瓜果蔬菇。隋唐宋元时期，寺观烹饪异军突起，出现了"以素托荤"（即素质荤形、素质荤名）的倾向，工艺较前代精细，有了花色素筵。明清两代，由于各宫观院寺拥有稳定的素食资源、精妙的烹制技法、精美的菜肴点心、明晰的膳食思想，所以，当时的寺观烹饪影响最深远，发展最强劲。近现代的寺观烹饪仍在传承和发展。

寺院宫观大多依山而建，拥有一定的山地、田产，其烹饪原料多来自宫观寺院依傍之地，可谓"靠山吃山"，就地取材。寺观烹饪选料精细，烹制考究，擅长烹制三菇六耳、瓜果鲜蔬、菌类花卉、豆类制品等蔬菽原料，而且花色繁多、口味多样。为了提高技艺、丰富品种，寺观烹饪还在造型上下大功夫，形成了以素托荤的特点。如用瓜或牛皮菜加鸡蛋、盐、米粉、豆粉、面粉制成"肉片"，用豆筋制成"肉丝"，用藕粉、鸡蛋、豆腐皮等原料制成"火腿"，用绿豆粉、紫菜、黑木耳等制成"海参"，用萝卜丝制成"燕窝"，用玉兰笋制"鱼翅"，豆腐衣、山药泥制"鱼"，用豆油皮制"鸡"，用豆腐衣、千张等又可制成"鸭"。几乎可以说，鸡鸭鱼肉、鲍参翅肚等"荤"料样样都能用"素"料制成，不仅形神兼备，而且味香可口，大有以假乱真的效果。

（四）民间烹饪

民间烹饪是指广大城乡居民日常烹饪。从古至今，人们多是以家庭为单位进行饮食，家庭炉灶烹饪的饭菜，成为中国数量最多、范围最广的饮食之品，它是中国烹饪最雄厚的土壤和基础，养育着中华民族。

民间烹饪的原料主要依靠居住地附近的物产获取食物原料。西北重牛羊，东南多瓜豆，沿海烹鱼鲜，内陆吃禽蛋，取材多是当地农艺、园林、畜牧、渔猎等各业的初级产品，方便自然。普通老百姓为了生存的需要，在烹饪技术方面也常是因料施烹，操作简单，不受制约。在调味上则主要以适合家庭成员、普通大众的口味需要为目的，强调适口为美。

（五）市肆烹饪

市肆烹饪即餐馆烹饪、商业烹饪，它植根于广阔的餐饮市场。市肆烹饪是随着贸易的兴起而发展起来的。早在商朝时期就已经出现了餐饮行业的雏形。到了汉代，餐饮业的发展迅速，除了京都，临淄、邯郸、开封、成都等地都形成了商贾云集的餐饮市场。进入唐代，农业生产以及商业、交通空前发达，星罗棋布、鳞次栉比的酒楼、餐馆、茶肆、小吃摊成为都市繁荣的主要特征。宋元以后，社会经济的兴盛，商品流通条件的改善，使得市肆烹饪有了进一步的发展。

市肆烹饪的主要特点是技法多样，品种繁多，应变力强，适应面广。在激烈的市场竞争中，餐饮店铺为了自身的生存、发展，在制作菜肴时大量吸取了宫廷、官府、寺院、民间乃至各民族的烹饪文化，形成了自己的特点。

二、按现代功能分

立足于今天的角度，从社会功能看，烹饪大体可分为家庭烹饪、团餐烹饪、筵宴烹饪、差旅烹饪和特殊烹饪五大类型。

（一）家庭烹饪

家庭烹饪是涉及面最广的一类烹饪类型，它几乎可以影响一个国家、一个民族的体质兴衰。

家庭烹饪的主要特点，一是高度分散；二是大众化。家庭烹饪是以家庭为单位的高度分散的一种烹饪，因民族习惯、地理气候、物产状况、经济条件以及个人好恶种种因素的影响而类型繁多，情况各异，只能引导，不能控制。

家庭烹饪是大众化的烹饪，其技术比较单调，设备比较简单，注重实用、实惠、经济、方便。如果把社团烹饪、筵宴烹饪和差旅烹饪看作是"专业烹饪"的话，那么家庭烹饪就是"业余烹饪"。

（二）团餐烹饪

团餐是团体供餐、团体膳食的简称，包括大型工业企业、商业机构、政府机构、学校、医院、部队、其他社会活动团体以及会展活动、旅游团的餐饮供应和社会送餐等。近年来，我国团餐社会化、市场化、企业化已成为主旋律，专业团餐公司应运而生，团餐市场开始成型。

团餐烹饪的特点，一是以提供人们健康所需要的最佳营养素供应为主要任务，要求配菜合理，平衡膳食。日常供应的品种以主副食为主，品种花色较为单调。二是以批量供应为主要特色，在菜肴制作上，以"大锅菜"为主，制作方法、设备条件要与之相适应。三是注重实用、实惠、方便、经济，与家庭烹饪有相似之处。四是不以赢利为主，但由于服务对象是持久性的，其影响也是长期的，这种长期的服务也必须要考虑经济效益。此外，团餐烹饪在许多场合下提供的菜点是强制性的，即个人挑选的自由度要受到限制，比如在部队中。

（三）筵宴烹饪

筵宴烹饪是社会烹饪的主要力量，以赢利为主要目的，能够适应不同层次、不同需求的消费。筵宴烹饪基本上代表着整个社会烹饪发展的水平，并且对整个社会的饮食消费有着强有力的引导作用。筵宴烹饪的主要特点是：一是在技术上，以追求饮食美为主要目的，选料注重精、稀、丰、贵，制作工艺讲究，并广泛借鉴各种艺术表现手法，花色菜点较多。二是一般总在专业饭店中进行，或者由专业厨师主持其主要技术工作。

（四）差旅烹饪

差旅烹饪是一种介于筵宴烹饪、家庭烹饪、团餐烹饪之间的，为一般流动人群饮食服务的烹饪类型。通常出现在旅游者或出差在外的人的饮食供应之中。它提供的菜点主要用于及时补充身体内的营养需求，也兼有小憩时享受一下饮食美的功能。

（五）特殊烹饪

特殊烹饪是指为特殊人群，如孕产妇、婴幼儿、各类病人等服务的烹饪。这种烹饪一般都有严格、特殊的要求。

烹饪是一门做饭做菜的技术，技术性是烹饪最本质的属性。同时，烹饪还具有社会文化性、科学性和艺术性。

一、烹饪的技术属性

"技术"一词有两个含义：一是泛指根据生产实践经验和自然科学原理而形成的各种工艺操作方法与技能；二是除操作技能之外，还包括相应的生产工具和其他物质设备，以及生产的工艺过程或操作程序及方法等。烹饪是一门实用技术，其本质属性是技术性。

中国传统的烹饪技术有刀工、火候和调味三大技术要素，具体内容主要包括鉴别与选用烹饪原料的技术、宰杀或加工烹饪原料的技术，切配和保藏烹饪原料的技术，涨发干货原料和制汤的技术，挂糊、上浆、拍粉、勾芡和初步熟处理的技术，加工和运用调味品的技术，运用火候的技术，运用烹调方法的技术，菜点造型和装盘技术，还有制作面点的技术，制作冷餐、烧腊的技术，以及管理厨房的技术等。这些各种各样的技术，共同的目的是要制作出色、香、味、形、质俱佳的菜点来，所以我们统称其为制作菜点的技术，即烹饪技术。这些技术反映在烹饪工作中，就形成一整套的生产流程，我们称这种技术性的生产流程为烹饪工艺。烹饪工艺中包含的每一类技术，都有各自完整的体系。如在烹调方法的技术体系中，包含有炸、烧、炒、爆、煎、煮、蒸、烤、熘等多种不同的烹调方法，每一种烹调又有很多分支。比如"炸"这种烹调方法就有清炸、干炸、软炸、松炸、酥炸、焦炸之分，对火候、油温和炸制的要求各有不同。

当然，菜点的烹饪并不单单是个技术问题，在烹饪过程中还涉及食品设计、美学、色彩学、造型工艺，以及植物学、动物学、物理、化学等方面的知识，但技术性始终是烹饪最本质的属性。

二、烹饪的社会文化属性

法国著名的社会人类学家列维·斯特劳斯认为，人类生食时期是自然状态的原始生命本能，而用火熟食是人类文化的开始。他有一个著名的公式：生食／自然＝熟食／文化。从这个层面来看，烹饪已经属于文化范畴无疑。文化是人类创造成果的总和，烹饪是人类的创造，因此烹饪当然是文化。烹饪文化具有一般文化的属性。它也是人类群体的体力劳动和脑力劳动相结合的产物，也是通过实践、认识、再实践、再认识的过程创造出来的，它也有物质成果和精神成果：物质成果是古今烹饪原料、工具，能源、饭食、菜点、饮料等，精神成果是古今烹饪技法、菜谱、食单、筵席设计、饮食须知以及系统的烹饪原料学、烹饪营养学、食品卫生学、烹饪化学、烹饪工艺学、烹饪美术等，这些精神成果大部分体现在烹饪实践中，也有一部分表现在书籍和其他如陶塑、泥俑、石刻、碑刻、画像砖、画像石、墓壁画、画卷等文物中。

中国烹饪文化具有独特的民族特色和浓郁的东方魅力，主要表现为以风味享受为核心、以饮食养生为目的的和谐与统一。将中国烹饪与中国文化结合起来，打造成一种世界共有的文化，应作为当代烹饪高手、烹饪大师的新动力。中国烹饪的创新，不应局限于菜肴、调味、用具等形式上的创新，必须要重视文化层次上的提高；美味佳肴不但要满足人们的口腹之欲，而且要让人们在大快朵颐之时，体会到文化的熏陶与享受。

如今，在烹饪中体现文化，已经成为新一代从事厨师工作的人追求的目标之一。全国各地的风味菜、传统菜、创新菜、江湖菜、民间菜等一系列菜肴，从制作到成菜，不仅仅使人从原来的色、香、味、形陶醉，而且还可享受浓郁文化氛围。当客人可以从某一菜肴开始认识一个地方、一个民族、一种观念、一位名人时，其烹饪与文化便达到了一个更高的境界。

知识链接

● 饮食文化乎？烹饪文化乎？

近年来，研究、谈论饮食文化之风甚嚣尘上，仿佛刚刚发现似的。

其实，早在1983年全国烹饪名师会聚北京表演时，已经提出"中国烹饪是科学、是文化、是艺术"的观点，即认定烹饪文化之存在。数年之中，虽也未间断有人在谈论烹饪文化，总也零零落落，不那么热。不知为什么近两年热门起来，而且换了话题，成了饮食文化了。

烹饪文化，饮食文化，或许会被人认为一而二，二而一，一回事。然而却并非如此。例如，有人便贬烹饪不过是"烧饭做菜"，即一种手艺而已，骨子里头泛出瞧不起的神情。而饮食便不同了，那是一种文化享受，或者是高级享受。饱啖美馔佳肴之余，仍然不屑厨师的劳动。"君子远庖厨"，孟轲这句话他们并未真正理解。所以，在此辈看了，饮食是文化，烧饭做菜的烹调不配称作文化。他们根本没有觉悟到：如果认为饮食文化存在，烹调便是这一文化的创造者。

有的学者研究，烹饪是一个大概念，其中包含两个部分：烹调与饮食。烹调是生产劳动，饮食是消费活动。烹调者制造出产品，供饮食者消费，这样便完成了烹饪概念的全过程。因此，光谈饮食文化，仅仅是消费部分，是不完全的。古人相反，不是轻烹调重饮食，而是说饮食之人，人恒贱之。那意思是指只懂得吃吃喝喝的人，人们是瞧不起他们的。庄周有一句话深合我心："吾闻庖丁之言，得养生焉。"责之于认为烹饪就是"烧饭做菜"的所谓学者们，得无愧乎！

有学者认为："饮食文化"的提法不妥当，应当说"烹饪文化"。因为，饮食是所有动物的本能需求（事实上，植物也要饮食的），并非人的专利。自从五十万年前北京周口店"北京人"发明了烹饪（即用火熟食）这一伟大技能，从此，人最终与动物分开，人类的饮食也有了文化的内涵。故而，归根到底是烹饪带来了人类的文化与文明。如不然，试问许多动物都要吃喝，都有饮食行为，能说他们的这种本能行动是文化吗？只有烹饪中的烹调，才配称文化，才是生发文化之母。这个名是一定要正的。

或许这样解释：饮食，是专指人的吃喝行为，不包括动物。饮马、喂牛、鸡食谷、羊吃草都不算饮食。人还有个约定俗成的本事，即便是错误也可视为正确。"夫礼之初，始于饮食"，就是这么理解的。然而，"饮食文化"之称，终究是不妥的。

三、烹饪的科学属性

烹饪的过程就是用一定的方法使烹饪原料产生符合要求的变化的过程。这一过程也就是科学意义上的物理变化、化学变化以及生物组织变化的过程。科学地认识烹饪的目的在于，以现代科学发展提供的条件和手段去认识烹饪过程中的各种现象，建立科学的烹饪理论体系，并以此来指导烹饪的实践；建立合理的烹饪技术体系，使烹饪更好地符合自然和人类社会发展的一般规律，更好地为人类社会服务。

烹饪在整个科学领域中有着极为广泛的内涵，它不仅在自然科学占有一席之地，同时也是社会科学的重要组成部分。

在烹饪过程中，化学、物理、数学原理得到了普遍应用。众所周知，物质加热可以使分子运动加快，许多食品也就是通过加热促使其内部分子结构发生变化，从而达到理想效果。脂肪与水一起加热时，一部分水解为脂肪酸和甘油，此时加入酒或醋，就能与脂肪酸化合成有芳香气味的酯类。我们通常在烹饪鱼肉时，加入适量的酒增加香味，就是根据这个原理；在豆浆中加入石膏或者盐卤后，可凝结成豆腐脑，这也是根据溶液中的电解质对蛋白质有促使凝固作用的科学原理制做的。在烹饪配料时，还离不开数学的运用，如每一样菜的配料，都必须根据不同的份量，按其比例计算用料。烹饪在营养学方面也具有举足轻重的地位，许多美味佳肴，同时也是延年益寿的补品和治病的良方。如鲫鱼羹，具有温补脾肾、益气和胃的作用；百合蒸鳗鱼，对肺结核、淋巴结核有明显疗效。有的菜肴，甚至还是美容食品。当然，一些食物若配搭不当，会相克，轻者降低或失去营养价值，重者伤害身体，影响健康。如菠菜烧豆腐，若不先去掉草酸，就会降低营养价值。蟹与柿子、蜂蜜与生葱等同食，会引起肚痛腹泻。因此菜肴的量、质的科学搭配，是烹饪过程中不可忽视的一大环节。

烹饪同时也是人类社会科学发展的重要标志之一。不同的历史时期、不同的社会阶层，都有不同的烹饪特点。人类的祖先曾长期过着茹毛饮血、生吞活嚼的生活。火的发明和利用，是人类历史的最大进步，恩格斯说："熟食是人类发明的前提"。有了火才有了熟食；有了盐才开始调味；陶器的发明，人类从烤、炙、炮的烹调方法进入了煮、氽、蒸的水烹阶段；青铜器出现和油脂的利用才有了爆、炒等油烹的烹调方法。

尽管世界各个国家、各个民族都具有各自特点的烹饪与饮食传统，但归根结底，都或多或少地受到并将继续受到科学技术的影响与改造，甚至在一定时代和条件下产生世界性的烹饪革命。20世纪中叶，科学文化新时代到来，但是当时即使顶尖科学家，也都认为科学要应用于或影响到日常生活中的烹饪饮食还为时尚早。一句出自当时著名科学家之口的断语，即"化学家炒鸡蛋，并不能比厨师炒得更好吃"，就是很有力的判据。也正因为如此，在相当长的一段时间里，烹饪艺术与食品科学几乎一直各自为政，不相往来。但时间才过去了仅仅半个世纪，运用化学知识工作的厨师在21世纪之初就正式宣告诞生了。

2007年9月，面对来自世界各地的厨师，美国纽约曼哈顿下东区某餐厅的厨师怀利·迪弗雷纳先生兴高采烈地向同行们展示并操作他在菜肴中加入一种称为"水解胶体"的新配料。这种配料帮助迪弗雷纳先生做出了油炸蛋黄酱和可以制作造型的肥鹅肝，他展示的结果令众同行眼前一亮。事实上，不少发达国家的厨师们还在厨房里玩起了激光和液氮，在他们的厨房里，原本只有在科学实验室中才使用的仪器几乎一应俱全，一些水解胶体就像化学品一样，被装在白色的瓶瓶罐罐里。他们仿佛正在把烹饪变成一门化学。这些化学家式的厨师们，像科学家一样做实验，并在笔记本上记录实验数据和结果，一方面运用科学知识以更科学地了解烹饪，另一方面则旨在变革与创新传统烹饪方式。

影响传统烹饪饮食的另一门学问是物理学，这里主要谈的是由物理发现而诞生的一种正在影响人类传统烹饪方式的新工具——微波炉。1940年，英国的两位发明家约翰·兰德尔和H. A. 布特设计了一个叫做"磁控管"的器材部件，它能产生大功率微波能，即一种短波辐射。其最初的用途，是对第二次世界大战时的雷达系统加以改进。美国雷声公司与其合作，于1947年推出了第一台家用微波炉。但是，如同任何技术发明到商业应用都需要一个或长或短的中试与推广过程一样，微波炉真正逐渐走入千家万户，也经过了整整20年。1967年，微波炉新闻发布会兼展销会在芝加哥举行，获得了巨大成功。微波炉的基本原理是使食品中的分子产生振动，使食品变热。由于用微波烹饪食物又快又好又方便，不仅味道鲜美，而且独具特色，因此，当时在美国一问世就颇受欢迎，有人甚至诙谐地称之为"妇女的解放者"。

值此21世纪新的科学文化时代，除去化学、物理学外，已经进入千家万户厨房的还有计算机技术、自动化技术等，或许用不了多久，生物学及生物技术、分子生物学及分子生物技术，甚至基因学及基因技术，还有后PC时代的机器人等亦将跟进。在未来厨房里，或许会诞生一系列新生的交叉科学，诸如烹饪化学、烹饪物理学、厨房自动化、厨房电脑系统、烹饪分子生物学、机器人烹饪学等。

四、烹饪的艺术属性

烹饪的艺术表现力是有目共睹的事实，但它能否作为一门独立的艺术表现形式则需要认真研究与探讨。因为，烹饪的根本目的是制作食物，艺术的表现形式主要是提高产品的观赏价值，并由此影响人们的进食情绪，增进食欲。

在烹饪活动中确实包含了一些艺术的因素，使其具有一定的艺术创造能力。人们在烹饪过程中，按照对饮食美的追求，塑造出色、形、香、味、质俱佳的食品，为人们提供饮食审美的享受，从而使人们得到物质与精神交融的满足。但通常我们所说的烹饪艺术实际上是多种艺术形式与烹饪技术的结合，即在食物的烹饪过程中吸收相关的艺术形式，将其融入到具体的烹饪过程之中，使烹饪过程与相关的艺术形式融为一体。烹饪工作者需要借助雕塑、绘画、铸刻、书法等多种艺术形式（方法），才能实现自己的烹饪艺术创作。因此，"烹饪艺术"是烹饪的一种属性而不是烹饪的全部，它只有在一定的消费要求下才能展现出来。

在讨论烹饪的艺术问题时，首先应该把艺术与技艺区分开来；其次要确定烹饪具有艺术的属性，但烹饪的本质不是艺术；最后，烹饪艺术的表现是烹饪活动的高级形态，它必须与一定的消费要求相适应。

花色拼盘和食品雕刻，是烹饪艺术的杰出代表。中国名菜"雄鹰展翅""鸳鸯戏水""双喜临门""断桥残雪"等艺术拼盘，其名如诗，其形似画，利用食物原有的形与色，创造出栩栩如生的动植物形态作品，使宾客"不忍下箸"。食品雕刻与木雕、石刻、泥塑等工艺品有着同样的艺术欣赏价值，它是利用瓜、菜、萝卜、水果等烹饪原料雕龙刻凤。这一神奇的技术，通过以虚带实的手法，烘云托月、点缀菜肴，使烹饪蕴含着浓厚的艺术感染力。

第五节　烹饪活动的影响

一、烹饪对人类社会的影响

烹饪是人们制作饭菜的一种基本手段，它与人类的生存息息相关，并且随着社会的发展而发展，在人类的社会发展中发挥着重要的作用。

（一）促进人类步入文明阶段

用火熟食是烹饪的诞生，同样是作为人类最基本的生存技能之一，自它开始便标志着人类与动物划清了界限，摆脱了茹毛饮血的野蛮生活，步入文明阶段。烹饪自诞生以来，历经若干万年，由简单走向复杂，由粗糙走向精细，反映出人类社会的文明程度和经济繁荣状况。

（二）改善人类的饮食生活

饮食是人类生存的需要，烹饪则向人类提供饮食成品。烹饪渗透到每一户人家，其技术的高低直接关系到提供的食品质量的优劣，涉及人类饮食生活的好坏。高超的烹饪技艺可以为人类提供源源不断的精美菜品，使人们感受到妙不可言的饮食文化，极大地改善人类的饮食生活，满足人们物质文化生活的需要，给人以精神享受。

（三）充当社会活动的媒介

随着人类社会的进步，经济建设的发展，社会文明程度的提高，交际性的社会活动日益增多，一般的社会活动中大都贯穿着饮食生活，而饮食生活质量的根本保证是烹饪技艺。因此，烹饪技艺在社会活动中充当媒介，推动许多社会活动的开展。

（四）繁荣社会市场经济

烹饪工作是将食物原料加工成人类需要的食品的劳动过程，这种劳动过程不断为社会创造物质财富，满足了人们饮食生活的需要。烹饪劳动的产品是饮食市场的主要商品，其数量和质量是直接关系到饮食市场的繁荣与否，并间接影响到整个社会市场的繁荣。烹饪行业属于第三产业，为社会提供服务性劳动，在社会经济建设中有着重要的地位。

二、中国烹饪与中华文明

中国烹饪是中华文明的重要一支。它曾是中华文明的早期代表和先驱，又是中华五千年传统文明的硕果之一。它植根于斯，成长于斯，又以自己的辉煌给中华文明增添了光彩。这就是中国烹饪与中华文明的关系。

（一）中国烹饪构建于夏、商、周三代的奴隶制文明

夏、商、周三代是中国奴隶制社会的盛世。中国烹饪的基本构架即原料、食具、筵席、食制等都是自此形成。现存的《周礼》《礼记》等典籍的记载和出土文物已充分说明了这一点。如周代王宫中负责饮食的官员及操作人员有2300多人，占全部宫廷官员的半数以上。所谓"夫礼之初，始诸饮食"亦是指此。这就是说当奴隶制的文明替代了原始社会的愚昧之后，这个文明的最主要成分就是综合的食制。这个食制对后来的分封国领主，对新兴的地主阶级，对整个社会的民风、民俗都产生了极大的影响，在某种意义上说中国烹饪是中华文明的源头之一。

（二）长期的封建文化造就了中国烹饪

从东周开始至清亡不间断的延续，使中国的传统文明（封建文明）得以承继。中国烹饪作为这个文明的一部分，作为封建礼制的重要部分得以继承和发展。从这个意义说，长期的封建文明又

是中国烹饪这个文明之果赖以生存的土壤。而统治阶级无休止的追求则是它得以发展的主要动力。中国是个农业大国，也是人口大国，吃饭自然是最主要的问题，是统治者能否统治的主要问题，也是被统治者能否生存的主要问题。作为统治者一是要稳固政权，二是将食物的多寡、质量、食法、食具作为地位与权力的象征而竭力神化、铺张。被统治者则将统治者的食、食制，作为一种向往、一种目标去努力争取，并尽己之力而仿效。故中国的筵宴之风盛行数千年，从上层到民间尽管内容、质量不同，各种筵席、宴会始终是处在被追求、被关注、被利用的位置。同时，也使筵宴成为了中国烹饪中的精华部分。

（三）汉文明为主的各民族文化交流给中国烹饪以活力

中华文明是以汉文化为主，多民族交流融合形成的。从春秋战国的纷争，到南北朝的对立，五代十国的割据，辽、金、元的兴起，中华文明不断摒弃陈旧的结构，而注入新的活力，在不断的碰撞中发展壮大。在这种碰撞中，代表各自地域文明的食风、食俗相互渗透，相互影响，形成了在大中国烹饪下的诸多风格、流派，呈现出多姿多彩的局面。

（四）社会生产力的发展程度决定着中国烹饪的发展水平

从根本上说，是社会生产力的发展促使了中国烹饪的产生。站在物质生产这个角度来看中国烹饪，如果没有火的利用，没有容器的产生和相应工具的制造就不可能产生中国烹饪。但是即使具备了这些条件而没有农业、畜牧业所提供的原料，也就无物可烹。中国烹饪的任何微小的提高与进步都离不开社会生产力的发展和它能提供的各种条件。以简单的切割为例，原料的分解、分割，不论厨师的水平如何，石刀、陶刀、青铜刀、钢铁刀都是其中的关键。中国烹饪发展的水平、方向是取决于社会生产力发展的水平程度。当然由于物产、气候、交通条件所造成的地区之间烹饪水平的差异，实际上也是一个大国社会生产力发展水平不一致所造成的。

三、中国烹饪与政治、哲学

研究中国烹饪，不能不充分注意烹饪与政治、哲学的密切关系。中国烹饪中所体现的唯物辩证主义，充满了民族的睿智。烹饪中所体现的传统观念，几千年来一直是指导中国烹饪发展的理论基础。这些都体现着中国烹饪文化内涵的精深之处，也是中国烹饪文化与其他烹饪文化相区别的基本特征之一。可以说，不了解中国烹饪中所体现的政治、哲学思想和传统观念，还不能说真正理解了中国烹饪的精髓。

（一）中国烹饪与政治

政治就是国家的治理行为。社会秩序的维持、统治的稳定、社会的发展，都是在政治活动中实现的。中国历代的思想家、政治家以及统治者无不先把注意力放在烹饪饮食上，因为它其中含有治理国家的道理。

烹饪是"小道"，但小道中却含有"大道"，即治理国家之道。老子用一句话概括为"治大国若烹小鲜"，《吕氏春秋·本味》也有详细的记述。伊尹负鼎上朝，"说汤以至味"，即以实际操作为例，将国家治理到尽善尽美程度的道理和方法告诉君王。治理国家就和把各种原料在鼎中制成美味一样，需要把各种各样的人和事纳入治理的轨道，使其成为社会的有序组成部分。促使这一转化的条件就是鼎、火、水、调料。不相容的水、火通过鼎而相辅相成，如同治理国家时应协调各方面利益、冲突。在烹调中，水是消除异味、烹煮食物的基础，火是促使味道变化的纲纪，五味是调味的手段，治理国家也同样需要有基础和纲纪以及相应的各种协调手段。烹调时，鼎中"九沸九变""精妙微纤"，调味时调料应先放哪个后放哪个，用火时何时用急火何时用慢火都有一定的道理，治理国家也是这样，情况随时在千变万化，处理问题孰先孰后、时机是否成熟等，都不可掉以轻心，不能失去对"度"的把握。烹调方法得当，就能烹制出各种味感、口感恰到好处的美味；治理国家的政策正确，国家就社会稳定，繁荣昌盛。

（二）中国烹饪与哲学

中国烹饪中体现的哲学观念和观点集中表现在三个方面，一是中国烹饪中所体现的"天人"关系思想，二是表现的"中和"思想，三是所体现的唯物辩证主义。

1. 中国烹饪与"天人"思想

天人关系在中国古代既是一个哲学命题，也是社会学、人体生命学命题。在烹饪中，天人关系思想主要表现在对烹饪原料的获取，食品的生产、消费以及饮食的社会、政治功能的解释中。首先，古人认为人是天地所生，天地必然同时提供养人之物，"天食人以五气，地食人以五味。""谷肉菜果，皆天地所生以食人者也。"荀子将其称之为"天养"。抛开神秘的成分，实际上古人已认识到人类生存与食源在大自然生成的链条关系上具有必然性。第二，古人认为，人类对大自然中食源的索取不得造成链条关系的断裂，从而保证充足的源源不断的食源供给。《国语·晋语上》《周礼》等书中都讲了"林麓川泽以时入"的道理，禁止在鸟兽孕期进行捕杀，"谷物菜果，不时不食。鸟兽鱼鳖，不中杀不食"。这种观点在今天尤有借鉴意义。第三，上天阴阳变化，四时交替，生物的生、长、收、藏等都有一定的规律，损有余而补不足是"天道"，所以饮食必须"得中""守中"即"饮食有节"，人类才能得其"天年"。第四，既然阴阳有序、五行运转有则，人类养生就应该顺应阴阳四时变化和五行生克消长的规律指导自己的饮食活动，"阴阳四时者，万物之始终也，生死之本也。逆之则灾害生，从之则疴疾不起，是谓得道"。懂得这一道理，才算是由"天道"而知养生之道。第五，天地阴阳合和，育成万物，五味调和如天地协和平衡，才能制出美食；人在饮食中得到饮食之"和"，才能有养生效果。只有"法于阴阳，和于术数""和于阴阳，调于四时""处天地之和"，才能心怡体健。第六，天尊地卑，阳上阴下，饮食之礼体现的就是这一"天理"。龚自珍说："圣人之道，本天人之际，胪幽明之序，始于饮食，中乎制作，终于闻性与天道。"始于饮食的礼，其依据就是"天人"关系，目的是让人们明白根本和天道，不要胡作非为。

2. 中国烹饪与"中和"观

中和，在中国古代哲学中是一个极重要的命题，它被认为是天地间的极则，受到高度的重视。在美学、政治学、社会学、文学、音乐、书法等领域，也被作为最高的准则加以推崇。在烹调与饮食活动中，"中和"也作为一种守则，被提到对事物认知的高度加以肯定。《左传·昭公二十年》"和如羹焉，水、火、醯、醢、盐、梅以烹鱼肉，燀之以薪，宰夫和之；齐之以味……成其政也。声亦如味，……短长徐疾，哀乐刚柔，迟速高下，出入周疏，以相济也。……若以水济水，谁能食之？若琴瑟之专一，谁能听之？"这里用烹调作例子，讲了"和"的本质。烹调中五味的"和"不是机械的"合"，要用火烹煮，表现出像音乐的"和"一样，五味之间相辅相成，补不足，去多余，使所有材料统一为一个和谐的整体，才是美食。如果只用水，就像只用一种乐器演奏一样单调无味，谁也不会喜欢。所以政治中的"和"也是这样。正如《诗经·商颂·烈祖》所说："亦有和羹，既戒且平。"你中有我，我中有你，是不同物味之间的有机协调，即"皆安其位而不相夺"，而不是简单表面化的混合。这就是"谓可否相济""谓阴阳相生，异味相和"的"和"，真正的"和"都是如此。元忽思慧在《饮膳正要》中提出饮食"守中"，就是从"中和"之"中"而来。所谓"中"，就是"正"，即最合理、恰到好处。"守中"就是"守正"，也是《内经》所讲的得饮食之正。《易·颐·象》所讲的"节饮食"，《管子·内业》讲的"充摄之间，谓之和成"，也包含着"守中""守正"的意思。和必得中，和必得正，中正必和，和则必成，在烹饪中也充分体现了这一哲学原理。

3. 中国烹饪与唯物辩证主义

中国烹饪总结出的很多理论、方法，以及与之有关的熟语，包含着丰富的唯物辩证主义思想。下面举一些例子加以说明。

调味、火候理论的"鼎中之变，精妙微纤"，"五味三材，九沸九变，火为之纪。时疾时徐，灭腥去臊除膻，必以其胜，无失其理"，含有事物的存在因条件变化而改变，量变到质变，把握变化关节点的思想。同时，还有抓主要矛盾解决问题的观点。

"凡和，春多酸、夏多苦、秋多辛、冬多咸，调以滑甘"，含有从实际出发具体问题具体对待的思想。"脍，春用葱，秋用芥；豚，春用韭，秋用蓼……"与上相同，而且把原料、调料与季节联系起来，有用普遍联系的观点看待问题的思想。

"口之于味，有同嗜焉"，注意到矛盾的共性、普遍性；"物无定味，适口者珍"，注意到矛盾的个性、特殊性；二者是共性与个性、普遍性与特殊性的辩证统一。

"巧媳妇难为无米之炊"，讲事物的变化，内因是根据，外因是条件，外因必须凭借内因发挥作用。

"巧厨师一把盐"则是说要抓主要矛盾的主要方面。

"若要甜，加点盐"告诉我们有对比才会有鉴别，矛盾着的双方是互为条件、相辅相成的。

"臭恶犹美，皆有所以"，发出腥臊膻气的原料能制出美味，都有相应的烹调方法。含有矛盾双方在一定条件下相互转化的观点。

■ 思考题

1. 烹饪有哪些属性，其本质属性是什么？
2. 烹饪有哪些种类？
3. 烹饪对餐饮业、社会、文化有什么影响？
4. 简述烹饪与政治、哲学、生活的关系。
5. 简述中国烹饪在世界上的地位和影响。

CHAPTER 3

第三章
烹饪活动的主体

■ 学习目标

（1）了解烹饪活动主体的构成。

（2）了解厨师的称谓、种类、等级及古今名厨事迹。

（3）掌握厨师劳动的特点、社会地位及厨师的职业道德与规范。

（4）弄清餐饮企业的种类、厨房机构和烹饪特点。

（5）理解烹饪行业组织的作用，了解国内外主要烹饪行业组织。

（6）了解政府、学校在烹饪事业中的作用。

■ 核心概念

厨师、烹调师、面点师、餐饮企业、行业协会、烹饪学校

■ 内容提要

烹饪活动主体的概念，职业厨师的地位和道德规范，餐饮企业的烹饪特点，行业组织的种类作用，政府主管部门的作用，烹饪学校的历史。

一、烹饪活动主体的内涵

（一）"主体"的含义

要研究烹饪活动的主体问题，必须首先揭示主体概念的科学涵义。从哲学角度看，对"主体"有三种不同的解释。第一种是从本体论的角度，如古希腊亚里士多德用"主体"一词表示某些属性、状态和作用的承担者。第二种是从认识论的角度，如笛卡儿在实现了哲学上的"认识论"转向的同时，把主体归纳为与客观现实世界相对立的"自我意识"。第三种是把本体论与认识论统一，将主体和客体统一起来，如黑格尔视主体为"绝对精神"或"理念"，把客体看作绝对精神或理念的创造物，在"实践理念"的基础上统一了主体和客体，但黑格尔的"主体—客体"辩证法带有浓厚的神秘主义。马克思、恩格斯则把主体与客体的相互作用及其统一，建立在社会实践的基础上。

实践是指人们能动地改造和探索现实世界的一切社会活动。从社会角度看，主体就是实践活动的承担者，或者说主体是指从事实践活动和认识活动的人（或集团）。主体具有"主导者""决定者""能动者""当事者"等意义，强调的是，它与其他事物的主从关系。实践活动具有创造性、对象性、自主性、能动性等本质属性。因此，从实践活动的本质出发，可以将"主体"这一概念的内在规定归结为以下三个要点：一是主体具有由需要激发的进行对象性活动的能动性；二是主体具有在为我目的推动下的创造性；三是主体具有对自身活动进行自我控制和自我调节的自主性。

（二）烹饪活动主体的特征

烹饪活动的主体是指在烹饪活动中居于主导地位并具有主动性、自主性和创造性等特点和功能的一方，它是烹饪活动中的首要因素，对烹饪活动的形成及其诸要素的结合方式起着决定性的作用。

烹饪活动主体应有以下四个方面的特征：一是具有对烹饪活动自主的决定权；二是具有进行烹饪活动所要求的能力；三是承担烹饪活动的责任与风险；四是获取烹饪活动的收益。

二、烹饪活动主体的构成

烹饪活动的主体十分广泛，就家庭来说，每个家庭成员都可能是家庭烹饪的主体。从整个餐饮市场来看，烹饪活动的主体比较复杂。按作用与性质可分为厨师个人、餐饮企业、行政区域、餐饮行业、政府主管部门以及烹饪学校、烹饪科研院所等；按在进行烹饪活动时主要采取的方式，可分为个体主体和群体主体两类；按在烹饪活动中的层次，可分为核心主体与外围主体（图3-1）。

（一）烹饪活动的核心主体

由于人们在进行烹饪活动时，主要采取两种方式进行：一是以个体的形式独立进行，二是以群体的形式协作完成。因此，可以把烹饪主体分为个体主体和群体主体两大类。

所谓个体主体就是指独立地从事烹饪活动的单个的人。就整个餐饮市场来说，职业厨师、餐饮店老板是烹饪活动的主体。烹饪活动的群体主体是指由多个个体主体按一定的原则组织起来的，

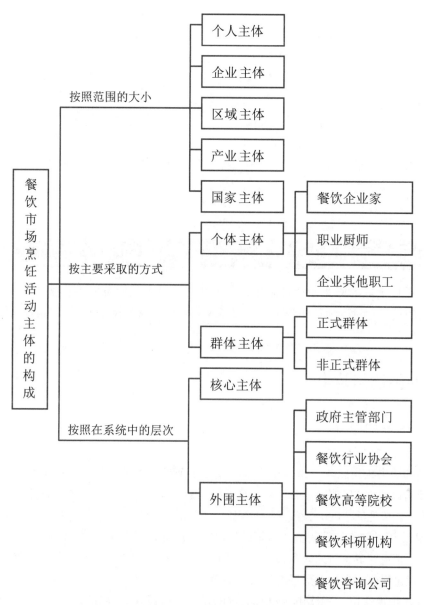

图3-1 餐饮市场烹饪活动主体的构成

围绕着特定目标而进行烹饪活动的具有一定结构的人群。群体主体根据不同的标准可分为不同的种类，如根据群体的人数的多少，可以分为大群体和小群体；根据有无正式规章制度，是否有明文规定，可分为正式群体和非正式群体。

（二）烹饪活动的外围主体

烹饪活动的外围主体包括政府主管部门、餐饮行业协会、餐饮高等院校、餐饮科研机构等。

在烹饪活动中，政府主管部门凭借其崇高的社会威望、强大的管辖能力与雄厚的行政实力，能在餐饮业的发展中发挥至关重要的主导作用。主要表现在依法治理、政策引导、制定餐饮发展规划、加强餐饮基本设施建设、营造餐饮环境五个领域，对烹饪产品结构创新、形象创新、促销创新、市场创新有决定性作用，并直接主持或参与新产品开发环节中的规划、评审、引资等工作。

餐饮行业协会是各类餐饮企业的各种形式的联合体，它可以集中众多企业的产品、人员、财力等经营优势，发挥联合、组织和协调的职能，进行单个企业无力进行的烹饪活动。餐饮协会还可以发挥其在专业人员流动、信息经验交流、技术培训、创新大赛等方面的职能，指导与协调餐饮行业的烹饪活动。

在我国，餐饮高等院校、餐饮科研机构的历史还不长，但随着现代餐饮业的发展，高校及科研机构都将起到重要作用。高校及科研院所是从事科学研究、知识创新、技术开发及传播知识的主体，其基本功能主要包括：为企业提供技术支持，促进自己的科研成果产业化，为企业输送创新人才。

第二节　职业厨师

职业厨师是以烹饪为职业，通过制作饭菜为社会提供生活服务的专业技术人员。随着经济的发展，社会的进步，对厨师工作带来了越来越高的要求，除了技术上，更多的是对职业道德的要求。

一、厨师的称谓与装束

（一）厨师的称谓与种类

1. 古代厨师的称谓

中国厨师的历史相当悠久。相传在新石器时代的晚期，就有了为氏族部落首领服务的专职厨师。《楚辞·天问》云："彭铿斟雉帝何飨"这里提到的彭铿，便是由于为帝尧服务、以善于烹制野鸡羹而知名的；相传他活了800余岁，后人尊称为"彭祖"。此后，又相继涌现出在有虞氏部落做过"庖正"的少康，因"鹄羹"获得商汤赏识的伊尹，不得意时"卖炊"为生的姜尚，擅长调味的齐桓公宠臣易牙，精通"炙鱼"的太和公，用"鱼藏剑"的机谋刺死吴王僚的专诸等精于调炊的历史名人，他们在发迹之前大多是以烹饪作为谋生手段。

周代，宫廷重视饮馔，餐饮市场也有一定的发展，所以在《周礼》《礼记》等书中有关厨者的称谓逐步多了起来。仅在周王室的管理机构中，直接同饮食和烹饪事务相关的职称，就有"膳夫""食医""庖正""内饔""外饔""烹人""鳖人""腊人""酒人""浆人""醢人""醯人"等10余种；至于民间，则称之为"庖子""庖丁""宰夫""庖人""庖"等。这些人的身份较为特殊，既不同于一般的农奴或家奴，也不同于一般的属吏或工匠。如"膳夫"有官秩，属于下大夫，"庖丁"为中士，"烹人"为下士，还有不少是役作之人。

从秦朝开始，厨者的称谓更多，有"太官""汤官""供膳""脯掾""炊妇""中馈""内庖""外庖""行庖""族庖""家庖""野庖""良庖""庖隶""庖卒""庖佺""庖童""厨役""当厨""师工""师公""着案""厨人""炊子""伙夫""灶头""案头""铛头""油头""饭头""菜头""饼师""值锅""师傅""上灶的""灶上的"等近百种。

此外，在少数民族中，厨师的称谓也各有专名。如蒙古族叫"保兀尔赤"（厨师）或"揭只"

（寺庙厨师）；满族叫"苏拉"（执役人）；畲族叫"赤郎子"（会唱歌的厨师）；朝鲜族叫"料理师"（烹调师）等。

中国古代的厨师，大体上可以分为八种类型。一是御厨，即皇家的厨师，服务对象是帝王后妃，从业场所在御膳房内。二是官厨，即官府的厨师，服务对象是文武大臣和州郡百官，从业场所在大小官邸。三是家厨，即文士、名流、乡绅、商贾家中的厨役。四是肆厨，即在茶楼、酒肆、饭庄、宾馆值铛献艺的厨师。五是舟厨，乃肆厨中的一个特异分支，服务对象是五光十色的游客，从业场所在船上。六是斋厨，即经办素菜（又称斋食）的厨师，其服务对象主要是出家人和善男信女，也不乏吃腻油荤想调换一下口味的各方人士。七是军厨，即军旅中的厨师，服务对象是官兵，从业场所在经常移动的军营。八是俗厨，包括的范围颇广，有主持中馈的家庭妇女，马帮船夫中的做饭伙计，村学文庙的司膳仆役，祠堂会馆的掌勺师傅，手工作坊的炊事人员，以及乡间小宴的业余厨工等。

知识链接

● **皇帝为什么善待厨师**

洪武帝登基后分封自己的一大帮儿子为王。晋王拜辞凤阳祖陵后，去封国的路上，鞭笞他的厨师。洪武知道后，怒斥晋王，说你父亲戎马一生，对手下的将帅十分严格，可二十三年来唯独对自己的私人厨师没有斥责过。

这番话颇值得玩味。不是太祖仁义，杀功臣毫不手软的皇帝哪有什么仁义？只是手下的将帅所图者大，要封妻荫子，要开府建衙，用现在的话来说，有远大的政治抱负。所图者大，必须要忍人所不能忍。而且跟着老皇帝出生入死的将帅，都是些能载身也能覆身的人，当然要恩威并施。而厨师独掌自己的饮食，就是个手艺人，虽然也有君臣之分，但更多的是资方和雇佣工人的关系，图的是一份丰厚的薪水，以及额外的赏赐，顶多是告老还乡时给一个虚衔。厨师只管做菜不觊觎实际权力，作为帝王没必要对人家那样严酷。

朱元璋善待厨师还有一个原因，侍食、侍寝之人离自己太近，帝王的吃喝拉撒和常人无异，他能运筹帷幄，可日常生活离不开这些人，对自己身体能直接威胁的往往是这些能接近自己的人，因此必须笼络。

2. 现代厨师的种类和等级

现代厨师有等级之分，不同等级代表厨师不同的资历。我国于20世纪60年代后开始对厨师进行考试定级。1963年，全国有109人获得特级厨师称号。20世纪80年代初期，商业部颁布了《饮食业务技术等级标准》，其中红案（烹调）部分分为二级厨工、一级厨工、三级厨师、二级厨师、一级厨师、特级厨师和特一级厨师等7个等级。1988年3月，原商业部和国家旅游局又分别颁布了《饮食服务业业务技术等级标准》和《旅游行业工人技术等级标准》。前者中餐部分的烹调专业分为二级烹调技工、一级烹调技工，五级烹调师、四级烹调师、三级烹调师、二级烹调师、一级烹调师，特三级烹调师、特二级烹调师、特一级烹调师10个等级，面点专业分为二级面点技工、一级面点技工、五级面点师、四级面点师、三级面点师、二级面点师、一级面点师，特二级面点师、特一级面点师9个等级。后者的中式厨师和中式面点师分别设初级、中级和高级3个等级。

1993年，原劳动部颁发了包括饮食服务业中式烹调师、中式面点师等8个工种的《中华人民共和国职业技能标准》。根据国家职业标准，厨师分为：中式烹调师、中式面点师、西式烹调师、西式面点师、厨政管理师等类型，按技能高低各设五个等级，即初级（国家职业资格五级）、中级（国家职业资格四级）、高级（国家职业资格三级）、技师（国家职业资格二级）、高级技师（国家职业资格一级）。对初级、中级、高级、技师、高级技师的技能要求依次递进，高级别包括低级别的要求。

3. 名厨

名厨一般是指具有很高烹饪技能和社会声望的厨师。我国历代皆有名厨（表3-1），如汉代因行厨而致富的浊氏与张氏，魏晋南北朝长于中馈的崔浩之母卢太夫人，隋炀帝的尚食值长谢讽，为唐代美食家段文昌丞相掌厨40年的老妪膳祖，五代时制作过《辋川图小样》的比丘尼梵正，宋代当厨15代、号称"赵大饼"的赵雄武，明代的白案技师曹顶；以及清代的袁枚家厨王小余、"工于点心"的萧美人、"抓炒王"王玉山、"飞刀手"萧良初，孔府名师孔毓科，谭家菜传人彭长海、湖南谭（延闿）派菜传人曹荩臣、河南梁（启超）派菜传人陈莲堂等。正是由于这一批能工巧匠的辛勤劳作，创造出了众多的名菜美点，昌盛了中国的饮食文化，给子孙后代造福无穷，所以后人又送给他们"天厨星""鼎俎家""厨王""将军""一把刀""掌墨师""七匹半围腰"等美称，对其贡献充分予以肯定。

表3-1　历代（商至民国）名厨一览表

朝代	姓名	简介
商	伊尹	商代名厨、贤相，曾辅佐商朝五代帝王。据传，他由一名厨师抚养成人，从小熟悉烹饪、掌勺挥刀，还当过酒保，逐渐精于烹饪之道。夏朝末年，他为有莘氏的家奴，随有莘氏陪嫁到商汤处，背负玉鼎砧板进寓，烧制一羹酱献给汤，并以烹饪之术比喻治国之道，向汤进谏，汤食之有味，听之有理，终于听从伊尹之言而取得天下，遂封伊尹为相。据晋人皇甫谧《甲乙经·序》记载，伊尹对本草的药性及食品卫生也有研究，曾著《汤液经》
春秋	易牙	他知味、辨味。《列子·说符》中载有孔子对他善辨味的称颂："淄渑之合，易牙尝而知之。"就是说，淄渑两条河的水混合起来，易牙饮后也能分辨出来。易牙还善于调味，《论衡·谴告》称："狄子之调味，酸则沃之以水，淡则加之以咸，水火相变易，故膳无咸淡之失也。"易牙善于阿谀奉承，传说他曾烹其子以进桓公，《管子·小称》记有："先易牙以调味事公。公曰：'惟婴儿之未尝'，于是丞其首子而献之公。"后人对其残忍，颇多谴责
春秋	太和公	春秋末年吴国名厨，长期生活在太湖之滨，擅烹水产为原料的菜肴。他烹制的炙鱼，名噪天下，曾得到吴王僚的赞赏。吴公子光为了谋夺王位，设计刺僚，就派专诸到太湖向太和公学烹炙鱼手艺，学成后，吴公子设宴请僚，并令专诸在献炙鱼时刺杀吴王僚。僚虽死，专诸也被吴王卫士杀死，成了王公贵族争权夺利的牺牲品。太和公的超凡手艺，竟被用于宫廷之乱，是连他自己也始料不及的

续表

朝代	姓名	简介
唐	膳祖	唐朝丞相段文昌的家厨。段曾自编《食经》50章，主持段府厨房的女厨师膳祖，烹调技艺原本精湛，又得段的调教，如虎添翼，身手更加不凡。她对原料修治，滋味调配，火候文武，无不得心应手，具有独特本领。她烹制的名食，后来大多记载在段文昌之子段成式编的《酉阳杂俎》中
五代	梵正	五代时的著名尼姑厨师，以创制《辋川小样》风景拼盘而驰名天下。辋川小样是用鲜膴、脍、肉脯、肉酱、瓜果、蔬菜等原料雕刻、拼制而成。拼摆时，她以王维所画辋川别墅20个风景图为蓝本，制成别墅风景，使菜上有风景，盘中溢诗情。宋代陶谷在《清异录·馔羞门》中备加夸赞："比丘尼梵正，庖制精巧，用鲜膴脍脯，醢酱瓜蔌，黄赤杂色汁成景物，若坐及十人，则人装一景，合成辋川图小样"
宋	刘娘子	南宋高宗宫中女厨，主管皇帝御食。刘娘子手艺高超，虽宫中规定作为"五品"官的"尚食"，应由男厨师担任，但她以烧得一手皇帝喜爱的好菜，而被破格任用。人们尊称她为"尚食刘娘子"
宋	宋五嫂	南宋民间著名女厨师。据南宋《武林旧事》记载：1179年春，宋高宗乘船游西湖，特命过去在东京（河南开封）卖鱼羹的宋五嫂上船待候。宋五嫂用鳜鱼为皇帝烩制一碗鱼羹，遂使龙颜大悦，备加赞赏，消息不胫而走。此后，人们争赴钱塘门外点吃鱼羹，"宋嫂鱼羹"一举成名，宋五嫂也由此被后世奉为"脍鱼师祖"
明	董小宛	明末名妓，才貌出众，厨艺也颇有造诣。董小宛所制桃膏、瓜膏、花露、腌咸菜、乳腐及各种糖食糕点，闻名遐迩。人们为纪念她对丈夫冒辟疆的忠贞爱情和敢于反抗投降清廷后被封为九门提督的洪承畴的权势，把她制的糖称为"董糖"
清	萧美人	乾隆年间著名女点心师。据清文学家袁枚在《随园食单》中记载："仪真南门外萧美人喜制点心，凡馒头、糕饺之类，小巧可爱，洁白如雪"。乾隆五十二年重阳节，年过七旬的袁枚，特地请人在仪真代购3000只共8种花色，由萧美人亲手制作的点心，运至南京分送亲友。不少文人盛赞她的杰出手艺，其中吴煊赋诗："妙手纤纤和粉匀，搓酥掺拌擅奇珍。自从香到江南日，市上名传萧美人。"还有人把萧美人制作的糕点与唐代名点红绫饼相媲美："红绫捧出饶风味，可知真州独擅长。"有的甚至把她的糕点比成与黄金一样贵重
清	王小余	文学家袁枚的家厨。治厨认真，对原料采购、选用、切配、掌勺，自己事必躬亲，火候掌握、调味运用也一丝不苟。他还善于揣摸食客心理，做到浓、淡、正、奇各投所好；上菜先后见机而行。并以辛辣兴奋吃客食欲；以酸味帮助食客减食。他认为原料不在于名贵，而在于烹技和调味，即使一盘芹菜，一碟泡菜，只要能做到食客之所好，也属珍品。袁枚著《随园食单》，有许多方面得力于王小余的见解。王小余死后，袁枚以《厨者王小余传》一文寄托哀思，成为我国历史上第一篇属于厨师的传记
清	陈麻婆	同治年间成都万福桥边一家饭铺的女主人，因她面有麻斑而得此名。她烧的豆腐有麻、辣、鲜、香、烫五大特点，价廉物美，深受消费者欢迎。"陈麻婆豆腐"从此名噪远近，盛传百余年

续表

朝代	姓名	简介
民国	赵荔风	清末官僚、谭家菜创始人谭宗浚的儿媳。她虚心好学，广采博纳各派名厨特长，融会贯通，独辟蹊径，从而使谭家菜有近二百种奇馔佳肴，并以海味菜最为著名。名画家张大千对谭家菜甚为赞赏，他住南京时曾多次托人到北京谭家买刚出锅的"黄焖鱼翅"，立刻空运回宁，上桌享用。各种传媒对谭家菜也推崇备至。20世纪30年代报上有"其味之鲜美，虽南面王而不及"的评价；《四十年来之北京》一书，还记载争吃谭家菜的盛况："谭家菜继而声名越做越大，耳食之德，震于其代价之高贵，觉得能以谭家菜请客是一种光荣，弄到后来，简直不但无'虚夕'，并且无'虚昼'，订座的往往要排到一个月以后，还不嫌太迟"

现代名厨是指厨艺精湛，德高望重，在某一区域或某一菜系、门派中有卓越贡献，备受尊崇，由国家相关政府部门或行业组织进行审定，授予相关称号及荣誉资格证书的著名厨师。在我国凡具有中国烹饪大师（名师）、中华名厨、中华国际名厨、亚洲名厨、东南亚国际名厨、青年名厨等称号的都可以称之为名厨。如2002年9月19日，北京市授予程汝明、伍钰盛、王义均、康辉、马景海、杨国桐、刘俊卿、郭文彬、金永泉、侯瑞轩、王春隆、黄子云、张文海、陈玉亮、董世国、郭成仓"北京国宝级烹饪大师"称号。2006年10月19日，在第二届中国餐饮博览会期间，商务部授予张正雄、胡忠英、林壤明、史正良、黄正晖、卢永良、孙立新、许菊云、李奉恭、戴书经等"中华名厨"称号。

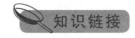

知识链接

- 中国烹饪大师评定条件（中国烹饪协会）

一、基本要求

（1）拥护中国共产党的领导，热爱祖国，积极为社会主义现代化建设服务。

（2）身体健康，具有良好的职业操守和企业组织运营、开拓能力。

（3）在工作及生活中遵守国家政策法规，热爱烹饪事业和本职工作，成绩突出，在本企业及行业内具有良好的口碑。

（4）连续在一线从事本专业工作20年以上，年龄在40周岁以上且获得高级技师称号（或获得过中国烹饪名师称号）。

二、理论要求

（1）具有系统的烹饪理论水平，精通烹饪工艺全流程。

（2）对食品安全、饮食营养、卫生、膳食平衡等方面具有深刻认识。

（3）熟练掌握厨房（政）管理、餐饮成本核算和控制的专业理论、实践知识。

（4）具有整个餐饮企业的经营管理知识，熟悉餐饮业相关法律法规知识。

（5）有一定的烹饪美学知识，对烹饪原料的色彩搭配和食物造型艺术有自己独到的见解。

（6）具有一定的人文知识，了解我国及世界主要民族的宗教信仰、风俗习惯、礼仪和饮食禁忌，在弘扬饮食文化方面曾做出过突出贡献。

（7）在省、市（直辖市）、自治区级以上（包括省、直辖市、自治区级）期刊上公开发表过3篇以上的专业文章或出版过烹饪专著。

三、技术要求

（1）精通全国各大菜系的风格特点及代表菜点的制作技艺、个人烹饪技艺精湛。

（2）实践经验丰富，对某一流派风味菜点的形成或发展做出过突出贡献，在当地乃至全国烹饪界有较高的威望。

（3）在全国或国际烹饪技术交流竞赛活动中，成绩优异，获得过两次以上金奖，或在全国餐饮业技术交流竞赛活动中担任过两次以上评委，或在历届全国烹饪技术比赛中担任过评委。

（4）对品牌餐饮企业的形成和发展做出过突出贡献。

（5）具有很强的创新能力，有公认的或权威机构认可并受市场欢迎的特色菜点不少于10道。

（6）具有指导和培养烹饪名师或烹调高级技师、面点高级技师的知识和技术能力。

四、其他要求

有一定的计算机应用能力，熟练使用现代化厨房设备。

（二）厨师的装束

厨师的衣服一般为白色，配帽子。西厨帽子很讲究，帽子越高，级别越高。厨师长、副厨师长、总厨的款式按国际惯例，以法国厨师设计款式为标准，通常采用主领、双排扣白色上衣，配黑色斑马条、犬齿纹裤子，领围白色或其他颜色汗巾，头戴法国名厨克莱姆（Marie·Antoine Careme）设计并沿用至今的厨师高帽。主厨服装一般为白涤棉或纯棉上衣，黑扣，黑裤，高白帽配三角巾。一般厨师服装为白涤棉或纯棉上衣，白扣，小黑白格裤，白帽，配三角围巾。厨工、洗碗工服装为白上衣、蓝裤，配围裙。

1. 厨帽

世界各国的厨师，工作时穿的工作服可能不一致，但戴的帽子是一致的，都是白色的高帽。戴上这种帽子工作，有利于卫生清洁，可避免厨师的头发、头屑掉进菜中。不过最先戴上这种帽子的厨师并不是从卫生角度出发，而是作为一种标志。在中世纪时期，希腊动乱频繁，每遇战争，城里人就逃入修道院避难。有一次，几位著名的厨师逃入修道院，他们为了安全起见，打扮得像修道士一样，黑衣黑帽。他们与修道院的修道士相处得很好，并每天都为修道士们做菜。日子一长，他们觉得应该把自己与修道士在服饰上区别开来，于是就把修道士戴的黑色高帽改为白色。因为他们是名厨师，所以其他修道院的厨师也竞相效仿。

另说，200多年以前，法国有位名厨叫安德范·克莱姆。他是18世纪巴黎一家著名餐馆的高级主厨。克莱姆性格开朗风趣且很幽默，又爱出风头。一天晚上，他看见餐厅里有位顾客头上戴了一顶白色高帽，款式新颖奇特，引起全馆人的注目，便刻意效仿，立即定制了一顶高白帽，而且比那位顾客的还高出许多。他戴着这顶白色高帽，十分得意，在厨房里进进出出，果然引起所有顾客的注意。很多人感到新鲜好奇，纷纷赶来光顾这间餐馆。这一效应竟成为轰动一时的新闻，使餐馆的生意越来越兴隆。后来，巴黎许多餐馆的老板都注意到了这项白色高帽的吸引力，也纷纷为自己的厨师定制同样的白高帽。

久而久之，这白色高帽便成了厨师的一种象征和标志，演变到如今，几乎世界各地的厨师都普遍戴上了这白色的帽子。白色高帽便成了厨师维护食品卫生的工作帽。

厨师帽可分为厨师长帽、厨师帽、厨工帽，厨师通过工作帽的高矮来区分等级，经验越丰富、等级越高的厨师，帽子的高度就越高。帽褶的多少也是有讲究的，与帽子的高矮成比例。厨师长帽一般高约29.5厘米。总厨、大厨戴此帽。厨师帽与厨师长帽基本一样只是高度低得多，帽褶也少。厨工帽则基本没高度，帽褶也更少。厨师帽子上的褶皱越多代表等级越高。

2. 厨巾

厨师戴的厨巾也叫三角巾、汗巾，其颜色一般随着厨师级别的不同而不同。通常，厨师长佩带红色，主管佩带黑色，普通员工佩带白色。20世纪90年代，厨巾一般都是白色的，进入21世纪后，有的酒店为了区分级别和部门才分了颜色。比如假日酒店级别最高的总厨带的是黑色的，部门厨师长是白色的，其他的员工就是各种颜色了。

二、厨师劳动的特点

餐饮业作为一个生产部门，厨师便是其生产劳动者，厨师的劳动有其自身的特点。

（一）服务性与创造性相统一

厨师作为普通的职业劳动者，既是被群众服务的对象，更是为群众服务的主体。厨师劳动的主要目的是为顾客提供美馔佳肴，因而具有商业服务的性质。但"菜是厨师的儿子"，厨师的劳动不是单纯的服务劳动，而是创造性的劳动。杰罗尔德说过："人类中最具创造性的，当推厨师。"厨师被誉为"火之艺术的创造者""火焰上的舞蹈家"。

（二）技术性与科学性、艺术性相统一

烹饪是一门技艺，厨师劳动是以手工操作为主的技术工作。从原料的鉴别到初加工，从手工切配到掌握火候、调味，都有其特定的技术要求和操作规程。除了技术要素外，烹饪还是一门科学，一门以食物造型为主要表现形式的艺术。厨师的劳动过程，实质上就是将烹饪的技术性、科学性、艺术性三者有机结合的过程。

（三）体力劳动与脑力劳动相统一

厨师的劳动主要以体力劳动为表现形式，有时甚至表现为重体力劳动，如某些烹饪原料的初加工、炉台上的翻锅等。厨师的劳动也包含着大量的脑力劳动，特别是随着烹饪工艺的科学化、现代化，厨师的脑力劳动的比重将越来越大，如宴席设计、菜点创新、营养分析等，无不凝聚着比较复杂的脑力劳动。

三、厨师的社会地位

在人类社会发展的不同阶段，由于社会经济、政治制度不同，特别是生产力发展水平不同，

厨师所处的地位是不同的。

（一）古代厨师的地位

在古代，厨师的地位不能一概而论，有时很高，受到社会的尊重；有时也挣扎在社会的最底层，受到极不公平的待遇。厨师是中国古代饮食文化的主要创造者之一，他们的劳作、他们的成就，理应得到公正的评价。

据说，我们的祖先伏羲，即是一个与庖厨有关的人物，《帝王世纪》"太昊伏羲养牺牲以庖厨，故曰庖牺。"我们的初祖是厨人出身，而且还以这个职业取名，说明在中华文明初期，当厨还是一件较好的事情，不至于被人瞧不起。

殷商时，汤王在伊尹辅佐下，推翻了夏桀的统治，奠定了商王朝的根基。商汤之有天下，全赖有了伊尹，伊尹就是一个厨师出身的政治家。伊尹当初以烹饪原理阐述安邦立国的大道，他是古代中国的一个伟大的厨师。

春秋时，齐桓公宠幸的近臣易牙也是一位烹调高手，《孟子·告子上》说："至于味，天下期于易牙"，苏轼《老饕赋》中也有称赞"庖丁鼓刀，易牙煎熬"的词句，许多文学作品中都把易牙的名字作为泛指厨艺高超的事厨者的代称来使用的。

后世也还有人因厨艺高超而得高官厚禄的。《宋书·毛惰之传》记，毛惰之被北魏擒获，他曾做美味羊羹进献尚书令，尚书"以为绝味，献之武帝"。武帝拓跋焘也觉得美不胜言，十分高兴，于是授毛惰之为太官令。后来毛氏又以功擢为尚书、封南郡公，但太官令一职仍然兼领。又据《梁书·循吏传》所记，孙谦精于厨艺，常常给朝中显要官员烹制美味，以此密切感情。在谋得供职太官的机会后，皇上的膳食都由他亲自烹调，深得赏识，"遂得为列卿、御史中丞、两郡太守"。还有北魏洛阳人侯刚，也是由厨师进入仕途的。侯刚出身贫寒，年轻时"以善于鼎俎，得进膳出入，积官至尝食典御"，后封武阳县侯，晋爵为公。

厨师进入仕途的现象，在汉代曾一度成为普遍。据《后汉书·刘圣公传》说，更始帝刘玄时所授功臣官爵者，不少是商贾乃至仆竖，也有一些是膳夫庖人出身。由于这种做法不合常理，引起社会舆论的关注，所以当时长安传出讥讽歌谣，所谓"灶下养，中郎将；烂羊胃，骑都尉；烂羊头，关内侯"。历代厨师更多的是服务于达官贵人，能有做官机会的不会太多，

厨师的受尊重，也表现在战乱时期。《新五代史·吴越世家》说，身为越州观察使的刘汉宏，被追杀时"易服持脍刀"，而且口中高喊他是个厨师，一面喊一面拿着厨刀给追兵看，他因此蒙混过关，免于一死。又据《三水小牍》所记，王仙芝起义军逮住郯城县令陆存，陆诈言自己是庖人，起义军不信，让他煎油饼试试真假，结果他半天也没煎出一张饼。陆存硬着头皮献丑，他也因此捡回一条性命。这两个事例都说明，厨师在战乱时属于重点保护的对象，否则，这两个官员都不会装扮成厨师逃命了。

但在新中国成立之前的很长一段时间里，厨师的社会地位还是极其低下的。谚语云"有女不嫁厨子郎，一年四季守空房，有朝一日回家转，带回一包油衣裳。"那时从事厨师职业的人，大多是出身低微、文化水平低下的劳苦民众，根本谈不上什么社会地位，他们存在的主要作用，就是为统治阶级花天酒地的生活提供服务。他们付出艰辛的劳动，创造了辉煌的烹饪文化，却长期处在受欺压、被奴役的阶层。

（二）新社会厨师的作用

1949年以后，劳动人民翻身做了主人，厨师也和其他众多职业一样，得到了尊重和重视，广大厨师的社会地位与旧社会相比，发生了翻天覆地的变化。在今天的厨师中，有的当选为人民代表，有的成了宾馆、饭店的总经理或部门负责人，有的成为劳动模范，有的还走上了高等学府的讲坛。有些名厨的年薪已经超过了写字楼里的白领，直逼金领，厨师的社会地位有了很大提高。

1. 为丰富人民的生活、增进人们的健康提供美味佳肴

随着社会主义现代化建设的不断发展，我国人民的生活水平有了很大提高，人们的饮食方式和食品结构也发生了较大的变化。现在许多人追求的已不再是吃饱肚子，而是如何吃得有味道、有营养、符合卫生。厨师们运用自己所掌握的烹饪技艺，创作出色、香、味、形俱佳的佳肴，可满足人们在这方面的需要，丰富人民的生活。这些年来逐步发展起来的药膳，更是集食、医于一体，大大有益于增进人们的身体健康。

2. 有利于促进饮食服务社会化

随着生产和文化事业的发展以及人们物质文化生活的改善，千家万户举炊的劳动将日益依赖于社会化、专业化的饮食服务系统。厨师是提供这种服务的重要专业人员，他们不仅可为人们在提高烹饪技艺方面提供示范，而且可直接提供膳食和半成品，减少人们用于饮食方面的家务劳动，从而使人们有更多的时间和精力用于其他有益的活动。

3. 厨师是饮食文化的继承者和传播者

我国烹饪技艺历史悠久，是中华民族灿烂文化的重要组成部分，在世界上享有极高的声誉。正如毛泽东所言：中国文化中，一个是烹饪，一个是中医，是值得我们自豪的东西。中国优秀的饮食文明和烹饪技术，靠谁去继承并发扬光大？主要靠厨师。新中国成立以来，一批批既具有精湛技艺，又具备烹饪科学知识、艺术理论的厨师已经成为中国烹饪文化的优秀继承人。同时，随着我国改革开放的不断深入，大批中国厨师走出国门，将中国优秀的饮食文化传播到世界各地。因此，中国厨师在世界上已成为传播中国优秀文化的出色使者。

知识链接

- **法国名厨师地位如同耀眼明星**

2003年，法国喜爱美食的群体正在哀悼最著名的厨师中的一员，甚至中国的媒体也刊登了这一惊人消息：备受欢迎的法国厨师波尔那尔·卢瓦梭2003年2月24日自杀身亡。有3000人参加了这位在法国家喻户晓的厨师的葬礼。卢瓦梭属于有如电视明星般的为数不多的厨师精英（如波尔·波基斯、阿楞·丢卡斯、基-萨夫瓦等人）。

为什么法国人对名厨之死那么悲哀，对名厨心怀那么多的感激？名厨被看成是艺术家，受到了艺术家所应有的崇拜。这不仅仅是指卢瓦梭或波基斯那样的杰出厨师，在法国，餐厅的厨师走到人们就餐的地方，因其手艺而感愉悦的美食家们向他致谢是很常见的情景，这一传统也带到了北京：之前，我们中的一人在北京的一家法国餐厅吃饭，看到那些因饭菜美味而高兴的顾客们正热情地向厨师致以敬意。

在中国的这几年，我们注意到在美食的欣赏方面中国与法国很相似。但是，我们却从没有看

到过中国的厨师得到大家的恭贺，即便是在最高级的餐厅也是如此。为什么不向他们表示祝贺呢？我们可以肯定：当中国厨师因其杰出的劳动、技能以及为了给人以美味享受做到极致而受到公众认可时，一定会像法国同行们一样感到快乐。

显然，在餐厅当地建立起信誉的最好方式是口碑。然而，仅仅坐等当地建立起的信誉扩大到全国乃至世界是不够的。为此法国有几本刊物，系统地详查餐厅——数千家餐厅——并进行评定。最著名的也最受敬重的两家是《米其林指南》与《果米耀指南》。每年，美食家们急切地盼望着它们的新版本问世，而厨师们则是惴惴不安地等待着。

对于消费者来说，这些指南书籍是有价值的可信赖的参考。一些热衷烹饪的人会专程从几百里之外赶过来甚至从国外飞过来，在荣获《米其林指南》三颗星的餐厅里吃顿饭，对于厨师来讲，增加的一颗星就意味着是通向财富与知名度的道路。

但是，在纯商业考虑之外，星的多少则常常是个面子问题。对于厨师来说，在《果米耀指南》上获得比较高的分数或是在《米其林指南》上增加一颗星，可是件大事，尤其是米其林上获得三颗星，那就相当于跻身于烹饪奥林匹克竞赛的选手中了。获星还意味着那些像法国名厨那样热衷烹饪的人们的自我实现；他们将全部具有创造性的一生都贡献给了"烹饪艺术"。不过话又说回来，若是在《米其林指南》上丢掉一颗星或在《果米耀指南》上降下一两分，厨师会感受到失败，会像电影明星或导演的新电影受到评论家的全盘否定时那样感到羞辱。

波尔那尔·卢瓦梭无可否认地处于法国厨师的顶级地位，他恐怕是最善于与媒体打交道也最留意对他批评的人。他死时52岁，以他在"金色海岸"餐厅的烹调才艺最为著称，他的这家餐厅位于法国中心地带。他于1975年接手这家餐厅后，在1990年得到《果米耀指南》的19.5分（满分是20分），第二年获得《米其林指南》的三颗星；1991年他的照片还出现在《纽约时报》的头版，其事业可谓达到了顶峰。此后他的事业稳步发展，使得他在1998年成为全世界上市公司中唯一的厨师老板。

后来，卢瓦梭在《果米耀指南》上降了两分，并且受到媒体的批评，他的亲属们说他"全身心的疲劳、倦怠、脆弱"。他常说自己是"忍受着焦虑"，还说他很看重所有的批评意见。法国人也许永远不会知道星级与得分在卢瓦梭生命尽头中所起的作用，但是，我们将永远怀念这位伟大的艺术家。

四、厨师职业道德

道德是构成人类文明，特别是精神文明的重要内容。厨师职业道德是厨师在烹饪职业活动中所应遵循的行为规范的总和。职业道德不仅对个人的生存和发展有着重要的作用和价值，而且与企业的兴旺发达甚至生死存亡也密切相关。厨师职业道德的基本要求包括以下几个方面。

（一）忠于职守，爱岗敬业

忠于职守，就是要求把自己职责范围内的事做好，合乎质量标准和规范要求，能够完成应承担的任务。尽职尽责的关键是"尽"。尽就是要求用最大的努力，克服困难去完成职责。爱岗就是热爱自己的工作岗位，热爱本职工作；敬业就是用一种恭敬严肃的态度对待自己的工作。社会主义职业道德提倡的敬业有着相当丰富的内容。投身于社会主义事业，把有限的生命投入到无限的为人民服务当中去，是爱岗敬业的最高要求。

忠于职守，爱岗敬业的具体要求就是：树立职业理想、强化职业责任、提高职业技能。

（二）讲究质量，注重信誉

质量即产品标准，讲究质量就是要求企业员工在生产加工企业产品的过程中必须做到一丝不苟、精雕细琢、精益求精，避免一切可以避免的问题。

信誉即对产品的信任程度和社会影响程度（声誉）。一种商品品牌不仅标志着这种商品质量的高低，标志着人们对这种商品的信任程度的高低，而且蕴涵着一种文化品位。注重信誉可以理解为以品牌创声誉，以质量求信誉，竭尽全力打造品牌，赢得信誉。

餐饮业烹制菜点的目的是为了卖给顾客，因此菜点就具有商品的特点，和其他一切商品一样，具有使用价值和价值的二重性。作为商品的生产企业，生产者和经营者有着自己的独立利益，这种利益得到尊重，才能调动商品生产者的积极性。然而要求人们尊重商品生产和经营者的利益，并非是指商品经营者想怎么干就怎么干。它必须接受国家宏观指导，要依法经营。越是有独立的利益，就越是要正确处理国家、企业、职工、他人（消费者）的利益关系。这种利益调整是通过买与卖的交易形式实现的。也就是说，具有商品属性的菜点，只有能够卖得出去，才能是商品，才能实现价值。因此，货真价实就成为职业道德重要的组成部分。而以次充好，粗制滥造，定价不合理等，实际上就是无偿占有别人的劳动成果，是不道德的。

一分价钱一分货，这是自古以来商业工作者的职业规则。讲究质量并不是在任何情况下都要求必须是绝对高的质量。在商品经济条件下，衡量质量标准的尺度是价格，比如花很少钱，要求吃高档席或特色菜品，是不可能的，因为它不符合等价交换原则。但是讲究公德是餐饮业从业人员必须具备的品质，"德"即思想品德，公，指国家、民族的利益；讲究公德要求从业人员公私分明，不损害国家和集体利益；要求有大公无私的品格，秉公办事的精神，决不能把工作岗位当成谋取私利的工具。

（三）遵纪守法，讲究公德

俗话说：行有行规，家有家规，国有国法。作为一名新时代的烹饪工作者，能否遵纪守法，讲究公德，是衡量职业道德好坏的职业标志。遵纪守法指的是每个厨师都要遵守纪律和法律，尤其要遵守职业纪律和与职业活动相关的法律法规。厨师要遵守《中华人民共和国食品安全法》，确保菜点符合卫生要求。餐饮业属于卫生性行业，从原材料采购、运输、储存保管、加工、销售各个环节都有卫生要求。作为厨师，必须身体力行，带头遵守。不符合卫生要求的菜点不能出厨房上餐桌。把好"病从口入"关，杜绝食物中毒事故发生，为消费者身体健康负责。个人卫生要衣冠整洁，不留长发，不酗酒，操作时不吸烟。社会公德是全体公民在社会交往和公共生活中应该遵循的行为准则，主要内容为：文明礼貌、助人为乐、爱护公物、保护环境、遵纪守法。一个优秀的厨师必须讲究社会公德。

（四）尊师爱徒，团结协作

尊师爱徒是指人与人之间的一种平和关系，晚辈、徒弟要谦逊，尊敬长者和师傅；师傅要指导、关爱晚辈、徒弟。即社会主义人与人平等友爱、相互尊敬的社会关系。团结协作也是指从业人员之间和企业集体之间关系的重要道德规范，系指顾全大局、友爱亲善、真诚相待、平等尊重，搞好部门之间、同事之间的团结协作，共同发展。其具体要求包括平等尊重、顾全大局、相互学习、加强协作等几个方面。

尊师爱徒，是厨师的传统职业道德，必须继承和发扬。团结协作还表现在工作中的相互支持与配合上，厨房内部有不同的分工，上一道工序要为下一道工序作准备，为下一道工序提供方便。只有相互配合和协作，才能完成任务。因此，团结协作是一种团队精神，是社会主义集体主义的具体体现，是职业道德的重要内容。

（五）积极进取，开拓创新

积极进取即不懈不怠，追求发展，争取进步。开拓创新是指人们为了发展的需要，运用已知的信息，不断突破常规，发现或创造某种新颖、独特的有社会价值或个人价值的新事物、新思想的活动。

知识经济时代，学习是永恒的主题，知识是推动行业发展的动力之一。作为烹饪从业人员，要不断地积累知识，更新知识，适应原料、工艺、技术不断更新发展的需要，适应企业竞争、人才竞争的需要。

第三节 餐饮企业

在餐饮市场中，餐饮企业是烹饪活动中的核心主体。因为在烹饪活动的具体实施中，餐饮企业不仅是烹饪原料、设备、人员投入的主体，而且也是烹饪产品产出及收益的主体。如果没有企业的参与，烹饪活动就没有具体实施者和最终的实现者。

一、餐饮企业的种类

餐饮企业是从事餐饮食品的加工制作、销售和服务等经济活动，以满足人们丰富多彩的饮食消费需要，实行自主经营、独立核算、依法设立的一种社会经济组织。包括餐馆、酒家、餐厅、快餐店、小吃店、咖啡厅、冷饮店、茶馆、茶楼、酒吧等，主要集中在游乐区、风景区、城镇的闹市区、学校、车站、码头等。餐饮企业可以是公司，也可以是非公司企业，后者如合伙企业、个人独资企业，也可以是个体工商户等。

（一）按餐饮服务经营者的业态和规模分类

国家食品药品监督管理局《关于做好〈餐饮服务许可证〉启用及发放工作的通知》[国食药监许（2009）257号] 指出，餐饮服务许可按餐饮服务经营者的业态和规模实施分类管理。分类方式如下。

1. 餐馆（含酒家、酒楼、酒店、饭庄等）

餐馆是指以饭菜（包括中餐、西餐、日餐、韩餐等）为主要经营项目的单位，包括火锅店、烧烤店等。

（1）特大型餐馆：是指经营场所使用面积在3000平方米以上（不含3000平方米），或者就餐座位数在1000座以上（不含1000座）的餐馆。

（2）大型餐馆：是指经营场所使用面积在500～3000平方米（不含500平方米，含3000平方米），或者就餐座位数在250～1000座（不含250座，含1000座）的餐馆。

（3）中型餐馆：是指经营场所使用面积在150～500平方米（不含150平方米，含500平方米），或者就餐座位数在75～250座（不含75座，含250座）的餐馆。

（4）小型餐馆：是指经营场所使用面积在150平方米以下（含150平方米），或者就餐座位数在75人以下（含75座）以下的餐馆。

如面积与就餐座位数分属两类的，餐馆类别以其中规模较大者计。

2. 快餐店

快餐店是指以集中加工配送、当场分餐食用并快速提供就餐服务为主要加工供应形式的单位。

3. 小吃店

小吃店是指以点心、小吃为主要经营项目的单位。

4. 饮品店

饮品店是指以供应酒类、咖啡、茶水或者饮料为主的单位。

5. 食堂

食堂是指设于机关、学校、企事业单位、工地等地点（场所），供内部职工、学生等就餐的单位。

（二）按服务方式分类

根据向顾客提供服务方式的不同，可以分为自助服务式、餐桌服务式、柜台服务式和外送服务式。

1. 自助服务式企业

这种餐饮企业主要是将食品、酒水和餐具事先准备好，由顾客根据自己的口味自行选择，自己动手取餐，服务人员在顾客进餐过程中只提供引导、辅助性的服务。这种服务方式在会议、快餐店等场所使用比较多。另外，这种服务方式的餐厅一般提供的菜肴品种比较固定，消费标准统一，人力成本较低。

2. 餐桌服务式企业

这种餐饮企业是最为常见的。这类餐厅在营业时，将顾客引领到餐桌就座后，有服务人员接受点菜，进行上菜和餐桌服务，然后清台、布台。这种餐厅服务有中式和西式之分。

3. 柜台服务式企业

这种餐饮企业类似于酒吧，包括以下几种类型：一是将食品放置于传送带上，传送带慢速转动，顾客就座于柜台旁边，当自己所需要的菜品通过传送带带到面前时，可以取下放在柜台上食用，服务人员负责放置食品在传送带上和结账。结账根据顾客消费的餐盘数量来进行。二是顾客就座于柜台旁，根据供应的品种点菜。菜品由厨师或服务员当面烹制，顾客可以一边进餐，一边欣赏厨师和服务人员的表演，得到美的享受。很多烧烤餐厅采用这种服务方式。三是顾客到柜台点菜，然后带走，并不在餐厅用餐。这种服务方式一般用于特色风味小吃。

4. 外送服务式企业

这种餐饮企业即顾客事先通过电话、网络等方式进行预订，企业根据顾客点好的餐单，按时将菜肴派人送到顾客指定的地点。现在一般餐厅都提供这样的服务。

（三）按服务功能分类

根据服务对象和顾客需求的不同，可以将餐饮企业分为单一功能餐饮企业、多功能餐饮企业和综合性餐饮企业三类。

1. 单一功能餐饮企业

这是指仅仅提供餐饮产品和服务的餐饮企业，对于这类餐饮企业来说，餐饮是企业的主体，为人们外出就餐的主要场所。

2. 多功能餐饮企业

这类餐饮企业除了供应餐饮产品之外，还可以为顾客提供洗浴、娱乐、健身等其他服务。

3. 综合性餐饮企业

这类餐饮企业是设立在宾馆、饭店中的餐饮企业，是服务项目中的重要组成部分，一般以饭店餐饮部的形式出现。这类餐饮企业的主要功能是为满足饭店住宿顾客就餐的需要，在满足饭店顾客就餐需要的同时，也对外营业，成为为当地社区提供高质量服务的宴请场所。

根据星级评定的规定，这种餐饮企业在一、二星级餐饮企业中晚餐营业时间的最后叫菜时间不晚于20：00；三星级饭店最后叫菜时间不晚于20：30；四星级饭店最后叫菜时间不晚于21：00；五星级饭店最后叫菜时间不晚于22：00，正餐品种不少于8个，并有甜食和饮料供应。

二、餐饮企业的经营形式

餐饮企业的组织形式是多种多样的，由于不同的经营形式有不同的管理方式和其自身的特点，所以每一个餐饮企业的组织形式都有与自身经营形式对应的管理方式。

（一）独立经营方式

独立经营指企业不依附于其他企业的经营场所，不受其他经营活动的限制，具有独立的法人资格和经营自主权，独立面对经营风险，自负盈亏，独立核算。这种餐饮企业占我国餐饮企业总数的绝大部分，其中很多为前店后院的小作坊式企业。规模小，经营灵活。

（二）连锁经营方式

连锁经营首先在美国出现，然后迅速传到欧洲、日本等国家和地区。20世纪80年代，连锁经营方式在我国的沿海城市开始出现并迅速地得到发展，成为一种风险相对较小的经营方式并受到人们的喜爱。采用这种经营方式的典型是美国的麦当劳、肯德基等餐饮企业。连锁经营是指在核心企业领导下，将众多分散的企业通过特定的方式组合起来，规范经营、统一标志、实现比单一企业更大的规模优势。核心企业成为企业总部，其他企业被称为分店。连锁经营的前提条件是某一企业有某项成功的产品和管理模式，以此作为向外扩展的条件，成为企业的总部。连锁经营的最大特点是菜品供应、培训、装潢、服务规程等要素都是统一和标准的。在经营形式上，连锁经营可以分为拥有形式连锁、租赁形式连锁和特许经营连锁。

1. 拥有形式连锁

拥有形式的连锁指餐饮企业对于所属的餐饮企业或餐厅拥有所有权和经营权。这种餐饮企业的组织形式有利于节省费用，如注册费用以及经营中的人工费用。例如，同属于一个连锁的企业可以合用采购人员、财务人员、维修人员等。如以快餐为特点的餐饮企业，可以通过连锁的形式设立中心厨房进行配送，可以有效大扩大经营面积并保证出售菜肴的质量。但这种经营形式风险较大，如果由于一家经营不善或经营失败，则其他集团内的餐饮企业资产得不到保护，可能会被动用来偿还债务。另外，由于扩张规模需要大量资金，这种连锁经营方式的餐饮企业发展的速度会比较慢。

2. 租赁形式连锁

连锁餐饮公司为了发展业务、开拓市场，在资金有限的条件下，可以考虑采用租赁的方式。租赁形式的连锁管理方式，就是承租公司使用餐馆的建筑物、土地、设备等，进行经营管理，根据协议按时向餐馆硬件设施方交纳租金。

3. 特许经营连锁

特许经营又称为特许经营权让渡，指让渡者企业向其他企业转让营销某种成功产品的权利。这是目前国际上比较流行，也比较成功的经营形式，可以使成功的企业以较低的成本迅速扩张。但是，让渡者必须拥有较强的实力和良好的知名度，才可能向其他企业出售特许经营权。受让者企业（即获得特许经营权的餐饮企业）可以使用让渡者企业的名称、标志、经营程序、服务标准、操作流程等，所有连锁企业进行统一营销，成为集团的一员。商标等的让渡者有责任为受让者进行开业前的选址、设计、可行性研究、资金筹措、人员培训等方面提供帮助。受让者有责任确保企业达到集团公司要求的经营标准，并向对方交纳特许经营权转让费和使用费。

（三）作为饭店一个部门的经营方式

饭店是向消费者提供住宿、饮食、服务等产品的企业，其中餐厅是饭店的主要生产部门之一，在饭店组织结构中餐饮一般以饭店餐饮部的形式出现。由于这样的餐厅不具备独立的法人资格，它的经营思想、经营种类、管理方式等都必须顾全饭店大局，受到饭店经营思想、经营方式和管理方式的制约。所以，这样的餐饮首先必须满足住店顾客对饮食的需求，然后再对外经营。由于饭店顾客来自不同的地方和国家，这类餐厅在设计和管理时比独立的餐饮企业有更大的难度，往往通过豪华的装修、周到的服务、独特的风味来取得较强的竞争力。

（四）依附经营方式

依附经营方式是指那些设在商场娱乐中心的餐厅。这种餐厅是商场、娱乐中心的一部分，一般不具备法人资格。在经营上有以下两种形式。

1. 自主经营

即商场和娱乐中心自己根据整体的功能来设计和经营餐厅，这种经营方式便于管理，有利于商场或娱乐中心良好形象的树立，但风险比较大。

2. 出租经营

即商场或娱乐中心根据整体功能设计，向外招租，收取固定的租金，这种经营方式风险较小，但业主和承租人很难形成风雨同舟、患难与共的经营意识，业主考虑的是更多的长期效益，而承租人考虑的是短期利益。所以采用这种方式的餐饮企业必须订立严密的合同，尽量在经营方式上达成共识。

三、餐饮企业的烹饪特点

餐饮企业的烹饪与食品企业的生产相比，有其不同的特点。

（一）烹饪产品规格多、批量小

餐饮企业销售的菜点是客人进入餐厅后，由客人个别订菜，然后将其制成产品。它与食品工业产品大批量、统一规格生产的成品是不同的，这给烹饪产品质量管理和统一标准带来了许多问题。

（二）烹饪过程时间短

烹饪产品由于是现点现做，即时生产和即时消费，这就给烹饪生产带来一定的难度。即便是顾客提前预订，也不能在预订以后就开始制作，只能等顾客入店再做。这就要求厨房在从顾客点菜到消费的很短时间内以最快的速度将烹饪产品呈现在顾客面前。因此在管理上，餐厅都很重视开店前的各项准备工作，只有将各项准备工作做到位，才能满足顾客的需求。

（三）生产量难以预测

餐饮的经营具有不可预测性。只有就餐者上门消费，企业才有生意做，而消费者就餐的时间、人数、消费要求、消费数量等很难准确预计，产销的随机性很大，且难以预测。而只有顾客点菜后，才能确定生产和加工烹制。所以，在管理中应注意总结，摸索规律，提前做好充分的准备，才能满足顾客的各种需求。

（四）餐饮原料、产品容易变质腐烂

餐饮企业厨房加工的烹饪原料大多数是鲜活类原料，具有很强的时间性和季节性，加工和处理不当极容易腐烂变质；而烹饪产品也具有同样的特点，不易存放。所以烹饪原料必须加强保管和保鲜管理，以使原料符合烹饪的要求。一般来讲，烹饪原料及成品的质量与时间成反比例关系。

（五）烹饪过程的管理难度大

烹饪产品的生产从烹饪原料的采购到验收、贮存保管、领用、加工、销售、服务和收款，整个过程中业务环节很多，任一个环节出现差错都会影响产品质量和销售，所以也就带来了管理上的困难。

第四节　烹饪行业协会

一、行业协会的概念和作用

（一）行业协会的概念

行业协会是指由同行业的企业按照自愿的原则，自下而上组织起来的民间组织的通称。在我国，行业协会是一种具有悠久历史的民间组织，其雏形是早期的商会或商行。

行业协会是一种民间性组织，它不属于政府的管理机构系列，它是政府与企业的桥梁和纽带。行业协会属于我国《民法》规定的社团法人，是我国民间组织社会团体的一种，即国际上统称的非政府机构，属非营利性机构。

（二）行业协会的作用

行业协会作为政府与企业以外的"第三部门"，既是沟通政府、企业和市场的桥梁纽带，又是

社会多元化利益的协调机构，也是实现行业自律、规范行业行为、开展行业服务、维持行业管理、保障行业公平竞争的社会组织。

在现代市场经济中，行业协会在增值服务、政企沟通、行业自律、力量整合、企业维权、商业协调、纠纷仲裁、国际交流、推动行业健康发展等方面扮演政府不可替代的重要职能。具体体现在以下几方面。

1. 服务

在为会员企业服务方面，行业协会一是提供信息服务，降低企业信息成本；二是通过举办各种讲座、研讨会、培训班来提供培训服务，使企业员工的技能和知识不断更新；三是通过培训人员、提供信息、促进商机和辅助商务等职能，提供中介服务，为企业牵线搭桥，增加成员的交易机会；四是积极开展创业辅导、政策咨询、技能培训等服务，鼓励和支持个人创业，积极配合政府建立和经营"孵化器"。

2. 沟通

行业协会作为一个"上情下达""下情上传"的中介，发挥宏观与微观的沟通作用。政府的意愿通过行业协会转达到广大的会员，会员的想法、要求和需要通过行业协会转达到政府。行业协会也可以组织企业与政府主管部门沟通对话活动，在工商、税务、金融、资本市场、行业准入、权益保护等众多重要话题上反映民营企业的呼声。

3. 整合

行业协会作为一种中介组织，要提高企业的内部资源组织化水平和外部竞争能力整合程度。从企业层面来看，行业协会可以推行客户资源共享制度，客户前来订货时由行业协会负责接待，并带领其逐户到各会员企业考察。从企业与企业之间的关系来看，行业协会应该通过功能组合，为企业的产权交易和股权转让，实施企业之间的兼并、重组，提供中介服务作用，通过增量资源与存量资源的整合，使企业迅速达到滚动式资本集聚，实现资本的扩大效应和产业集聚的规模效应，从而提高产业组织化程度，实现资本的扩大效应和产业集聚的规模效应。

4. 维权

长期以来，非公有制企业处于一种体制外生存的状态，处于弱势地位，特别是这些企业涉及法律和经济方面的纠纷问题不能够及时有效地反馈到政策的制定中，自身合法权益不能得到保障。行业协会组织作为会员利益代表，要积极参与立法活动，主要是通过各类活动，如做院外游说、展开学术研讨等，影响公众政策、法律的制定和结果。在非公有制经济的地位和作用、私人财产权利的法律保护、市场进入壁垒合理化等方面，行业协会负有维护会员正当合法权益的重要任务。

5. 协调

通过建立企业间和行业协会内部利益协调机制，行业协会可以在制定行业标准、协调市场、协调价格、破除贸易壁垒、规范用人制度、规范市场秩序、组织反倾销和反补贴等行动中发挥重要作用，避免或解决各行业协会组织之间、行业协会内部成员之间在竞争过程中的利益冲突，协调其成员的经营活动在不限制竞争的前提下，防止不正当竞争和抑制恶性竞争。

6. 仲裁

由于行业协会具有自律和他律性，因此，它天生就是市场竞争和秩序规范的"仲裁者"。行业协会是一种内行人管行内事，局内人管局内事，对会员纠纷能够有效地自行调解，往往使竞争对手变成了合作伙伴，在对外销售中形成合力。企业之间遇到纠纷往往公说公有理、婆说婆有理，经常争执不休。有的纠纷"上法院，似乎不值；找政府，似乎不管用；上门打一架，似乎不妥；就这么认了，似乎太窝囊……"而行业协会这些内行人和行业巨头来协调解决纠纷会起到事半功倍的效果。

7. 引导

一是作为组织的力量，引导非公有制经济健康发展和非公有制经济人士健康成长，积极发动非公有制企业参与国有企业改制和国家再就业工程，帮助非公阶层树立正确的利益观，培养爱国、敬业、诚信、守法意识。

二是依托行业协会组织中的信息优势，引导企业在对内、对外两个市场竞争中树立比较优势，在社会化大生产和专业化分工中进行准确定位，在产业结构高级化中提高创新能力，培养核心竞争力。

三是引导企业走可持续发展道路，提高企业发展素质。在无组织化力量引导的市场中，企业自身无法形成持续发展能力，行业协会要承担起企业特别是民营科技企业之间的技术转让、学术成果交流、管理经验引进的职责，通过信息、人才、金融等资源的开发，企业的文化交流，提升企业发展素质。

二、主要烹饪行业组织简介

烹饪行业组织就中国范围来说有中国烹饪协会以及各省、市烹饪协会等，就世界范围来说有世界厨师联合会、世界名厨联合会、世界中国烹饪联合会、世界明星厨师联合会、亚洲华人名厨联合会。

（一）中国烹饪协会

中国烹饪协会成立于1987年，是经国家民政部门正式批准成立的全国餐饮业行业协会，由从事餐饮业经营、管理与烹饪技艺、餐厅服务、饮食文化、餐饮教育、烹饪理论、食品营养研究的企事业单位、各级行业组织、社会团体和餐饮经营管理者、专家、学者、厨师、服务人员等自愿组成的餐饮业全国性的跨部门、跨所有制的行业组织。该协会成立以来，在政府部门、广大企业会员和各省市烹饪餐饮行业协会的支持配合下，积极开展行业组织、行业自律、资源整合、企业维权、商业协调、国际交流、人才培训等方面的工作，为社会、政府、会员和企业服务，对促进行业进步与发展起到了积极的作用。

中国烹饪协会1988年加入世界厨师联合会，成为第40个国家级会员单位以来，与世界上60多个国家和地区的餐饮与厨师组织建立了广泛的联系和良好的合作。每年组织国内餐饮企业相关人员到餐饮业发达国家考察交流，引进国外先进的餐饮管理经验与烹饪技术，提高国内餐饮企业的竞争力。同时，还与世界各地的中餐行业组织保持密切的联系，通过组织各种形式的行业交流和技术交流，不断弘扬中华烹饪文化，提高中餐在世界的地位和影响，为中国餐饮业的国际化和现代化进程而努力。

（二）世界厨师联合会

世界厨师联合会（简称"世厨联"）的英文名字为World Association of Cook's Societies，缩写形式为WACS，1928年在巴黎的索邦成立，是一个全球国家厨师联合会的代表组织。每个国家只能有一个厨师联合会作为代表，而且必须是具有全国性的、重要的协会才能入会。个人不能直接成为世界厨师联合会的国家会员，但是可以通过国家会员的资格参与。所有会员在经济和组织上保持独立。

世厨联由选举产生的主席团共同管理，其中包括世厨联的主席、副主席、司库、秘书长和大使名誉主席，以及由亚洲、欧洲、非洲、大洋洲和美洲的各位执委组成执委会负责管理竞赛、教育、培训以及救灾等相关事务。协会总部设在当选会长所在国，有一个永久办公地点设在瑞士厨师联合会。档案和财产由瑞士厨师联合会监管。官方语言为德语、英语、法语和西班牙语。

迄今为止，世厨联已经发展为包括72个官方厨师协会在内的全球性协会组织。世厨联每两年举行一次的代表大会是最具影响力的烹饪活动，被誉为"世界餐饮业奥运会"，在世界烹饪中具有举足轻重的地位，迄今为止已经在全世界20多个国家和地区举办。第35届世厨联代表大会于2012年5月在韩国隆重举行，第36届世厨联代表大会于2014年7月在挪威第三大城市斯塔万格成功召开。

（三）世界中国烹饪联合会

世界中国烹饪联合会（简称世烹联），是世界性的中餐业促进组织。1991年由中国烹饪协会发起，经中国政府正式批准成立，总部设在北京。世界中国烹饪联合会由各个国家和地区从事中国烹饪文化、烹饪技术研究与教育、厨师与饮食业经营管理者的社会团体和企业和个人自愿组成，是世界性的联合民间组织，是非营利性社会团体。

世界中国烹饪联合会的宗旨是：继承、发扬中国烹饪文化和技艺，扩大中国烹饪在世界上的影响，提高中国餐饮和中餐厨师在国际上的地位，推动中国烹饪在世界范围内的发展，密切国家和地区之间烹饪界的联系与合作，增进烹饪团体和饮食业同行之间的团结与友谊，为人类健康和丰富饮食文化生活，为促进世界和平事业做出贡献。

世界中国烹饪联合会自成立以来积极开展多种活动，密切中餐业联系，促进中餐文化在世界各地的影响。目前世烹联海内外会员遍及中国、美国、加拿大、阿根廷、法国、荷兰、英国、德国、奥地利、西班牙、比利时、日本、新加坡、马来西亚、韩国、澳大利亚、新西兰以及中国台湾等20多个国家和地区。

第五节 政府主管部门

一、主管餐饮业的政府部门

作为餐饮行业政府部门主要包括两部分：一是行政综合执法部门，如工商管理部门、卫生防疫部门、城管部门、税务部门、计量部门、物价部门、环保部门等；二是行业行政主管部门。

改革开放以来，餐饮业行业行政主管部门从先前的国家商业部、国内贸易部再到后来的国家国内贸易局，餐饮业的政府管理部门一向比较明确，随着政府机构的不断改革变更，它的这一归口管理也在逐渐淡化，直至2003年，十届全国人大一次会议批准了国务院机构改革方案和《国务院关于机构设置的通知》（国发〔2003〕8号），决定组建商务部，作为主管国内外贸易和国际经济合作的国务院组成部门，在机构设置中设有商业改革发展司，其职能明确为：拟订国内流通服务业的发展路线、行业规划；拟订优化流通产业结构、深化流通体制改革的方针政策；拟订连锁经营企业改革；负责餐饮业、住宿业的行业管理；按有关规定对成品油流通进行监督管理。目前，国商务部下设服务贸易和商贸服务业司，该司业务三处职能是：负责拟订餐饮、住宿等生活性服务行业的政策、规划、法规、标准等；负责生活性服务业创新和发展模式的研究和推进；负责规范相关生活性服务行业发展；承担餐饮、住宿、洗染、洗浴、家庭服务、美容美发、人像摄影、家电维修等生活性服务业的行业管理工作；负责推动建立健全家政服务体系、早餐工程等生活性服务领域的重点工作；负责研究商业服务、旅游业和旅行相关的服务等重点服务领域及开展相关的国际交流与合作，联系相关部门和企业；负责联系相关行业中介组织等。各省、直辖市、自治区政府商务厅下设服务贸易和商贸服务业处，各市的商务局设商贸服务管理处负责餐饮业的行政管理。

二、政府在烹饪活动中的作用

在烹饪活动中，政府凭借其崇高的社会威望、强大的管辖能力与雄厚的行政实力，能在烹饪事业的发展中发挥至关重要的主导作用。与其他烹饪主体相比，政府可以直接有效地通过宏观调控机制的具体运行，特别是在市场机制无法发挥作用的地方，凭借其特殊的身份完成其他主体无法实现的系统功能。

（一）改善资源条件

改善道路、电、水、燃气、交通等基础设施，为地方烹饪活动竞争力的培育与提升提供基本前提；通过政府有关部门发布烹饪活动的动态信息，为餐饮企业提供信息服务；大力兴办厨师职业技术教育，提高职业厨师的素质，投入适当资金，为餐饮企业提供人才培训；建立区域烹饪技术创新体系，组织力量进行烹饪基础理论研究，促进产学研的合作；设立烹饪技术发展专项基金，选择部分重点企业进行直接投资，培育区域餐饮业的龙头企业；完善金融体系，为产业发展拓宽融资渠道，解决餐饮企业融资难的问题。

（二）提供良好政策环境

依据区域餐饮业的特色及在其国内外餐饮市场中的地位，制定发挥区域餐饮业优势的产业发展战略；围绕区域社会经济发展规划及餐饮业政策，制定相应的市场政策、科技政策、引资政策、人才政策等，改善区域烹饪活动发展环境。

（三）刺激和引导市场需求

通过媒体舆论，引导消费者正确的饮食消费观念；组织实施区域餐饮业的整体营销，鼓励和帮助餐饮企业在国内外市场上进行营销；在政府部门的相关网站上进行区域餐饮业烹饪活动的宣传；与行业协会合作定期举办烹饪技术比赛会、美食节等，为企业营销创造条件和机会。

（四）优化市场竞争环境

建立符合市场规律的经济运行体制，保证企业充分自由竞争；通过经济、法律和行政手段为产业发展创造一个规范的市场秩序，促进自由公平竞争机制的有效发挥。加快政府职能转变，推进行政审批制度改革，释放餐饮发展活力，减轻企业行政负担；规范市场行为，保障消费者与经营者的合法权益；建立市场准入和退出机制，使产业资源得到合理配置，维护有效竞争。

● 韩国斥巨资研究料理 欲让"国宝"泡菜红遍世界

据英国媒体报道，尽管2013年年底，韩国"越冬泡菜"申遗成功，但韩国依然意识到，中国泡菜已经成为强大的竞争对手。为应对竞争，韩国政府下大力气，追加投资、改良配方，争取让"国宝"泡菜像"鸟叔"一样红遍世界。

设备精良的泡菜实验室内，金顺子（Kim Soonja）正在指挥一组助手展开最新的实验项目。实验台上摆着一罐又一罐粉、黄色的泡菜汁，助手们在品尝小玻璃盘中辣酱的咸淡。金顺子是泡菜大师、韩国推广国菜——辛奇（Kimchi）的秘密武器。

金顺子表示，自己从小就开始试验泡菜配方，不能想象生活中没有泡菜。泡菜被看作韩国文化的同义词。

光州"世界泡菜研究所"的博士朴彩琳（Park Chaelin）也说，泡菜是韩国人身份认同的一部分。

当下，泡菜已经开始出现在伦敦一些高档餐馆中。而泡菜登上国际舞台，部分原因是由于韩国文化风日渐强盛，政府一直下功夫在海外推广韩国料理。

此前，韩国"越冬泡菜"的申遗成功或许令韩国更加自信，但是金顺子认为，考虑到现代国际口味，原来的配方仍然被看作太辣、味道太重。金顺子称自己最新申请专利的泡菜汁儿"不太辣、也不太咸，根本没味儿"。

据报道，韩国政府将投资将近900万美元研究韩国传统食品，泡菜首当其冲。另外，政府还拨款3400万美元用于改进生产设备。

但除了文化外交之外，政府热衷于下功夫在海外推广国宝也有其他原因。韩国人以泡菜自豪，但是，贸易数字却揭示出一个不同的故事：韩国居然是泡菜的净进口国。

据悉，2012年，韩国泡菜进口总量几乎相当于出口的8倍，进口泡菜绝大多数来自中国。

中国制造的泡菜成本更低，但是，知道自己吃的是中国泡菜的韩国人其实并不多。因为，中国泡菜并不进入超市，大多数中国泡菜进入餐饮服务业，顾客根本看不见。

韩国政府担心中国作为泡菜生产大国影响力日渐增强，决定今年加紧对餐馆的管理，要求餐馆必须列出原材料的产地，顾客吃也要吃个明白。

不过，最具讽刺意味的可能是，韩国政府在海外推广国菜的投资越来越多，韩国人自己吃的泡菜却越来越少。

韩国政府也注意到、并且希望能够扭转这个趋势。海外厂家竞争激烈、国内销量连年下降，韩国一位著名政治家形容，泡菜"正在经历如韩国严冬一样的考验"。

三、政府促进烹饪活动的主要表现

（一）以政策的形式支持发展餐饮经济

政府既是产业发展的引导者，又是产业发展的规制者。近年来，越来越多的地方政府开始重视餐饮业的发展，认识到餐饮产业对地方经济的作用。我国各省市都相继出台了鼓励餐饮业发展的政策文件，据不完全统计，目前至少15个省份、40个城市在"十二五"规划中提出了包括住宿餐饮业在内的民生服务业的发展目标，而且有部分省市还出台了促进餐饮产业发展的专项政策意见，极大地优化了产业的发展环境，推动了餐饮产业的做大做强，充分发挥了餐饮业的综合优势。如重庆市政府为了促进当地餐饮业发展，减轻餐饮企业负担，先后出台了《重庆市人民政府关于加快餐饮业发展推进美食之都建设的意见》和《重庆市人民政府办公厅转发市商委关于进一步加快餐饮业发展的意见的通知》，制定了支持餐饮业发展的16条政策，从而为当地餐饮业的发展营造了良好政策环境，为餐饮业持续、快速、健康发展提供了有力保障。南宁市政府发布了《南宁市人民政府关于加快餐饮业发展的意见》，要求经过10年的精心打造，把南宁建设成为在全国乃至东南亚极具魅力和较高影响力的"美食天堂"，使餐饮业成为南宁市新的经济增长点；确定50家企业作为全市重点扶持企业，以此帮助企业进一步树立品牌意识，培育一批餐饮名店，培养一批本地名厨，提升南宁餐饮业的品牌效应。为扶持餐饮企业发展，南宁市还将在税收、用地及资金等方面给予政策倾斜。如对符合条件的新办餐饮企业，3年内免征企业所得税；持有《再就业优惠证》人员从事餐饮业个体经营，在规定期限内按每户每年8000元为限额等。

（二）商务主管部门大力扶持餐饮经济

随着各地政府对餐饮经济重视程度的加大，各地商务主管部门也越来越重视发展本地烹饪事业。如2007年4月，陕西省商务厅制定了《"陕菜品牌创新工程"工作方案》，成立了由省商务厅厅长任组长的"陕菜品牌创新工程"领导小组，协调陕菜品牌发展和创新政策，制定"陕菜品牌创新工程"工作方案，全面指导陕菜品牌创新工作。并于2007年7月召开"陕菜品牌创新工程"理论研讨会，提升陕菜品牌知名度，扩大餐饮消费，促进当地经济的发展。

2007年8月，河南省商务厅、餐饮协会等八家单位为振兴"豫菜"，联合发出了《关于振兴"豫菜"工作实施意见》，明确指出要经过三至五年的努力，要力争培育一批在省内乃至在全国叫得响、能代表河南形象的"豫菜"品牌企业。为鼓励和支持品牌企业投入发展，将加强政策扶持力度，对"豫菜"品牌示范店用于公益性设施的投资，项目按照有关规定申报和验收后，可享受贴息支持或资金补贴。"首批豫菜传统菜点代表性品种"已确定，包括十大传统名菜、十大传统面点、十大风味名吃、五大传统名羹（汤）和五大传统卤味。地方商务主管部门的重视对本地餐饮经济的发展起到了重要的推动作用。为加大餐饮业人才培育，河南省举办了建国以来最大规模的烹饪技术比赛，上千名选手同场竞技交流，省委书记徐光春特致函表示支持餐饮业做强做大。

（三）以节庆活动的形式拉动餐饮经济

许多地方的政府部门还十分重视与烹饪相关的节庆活动，并将其作为品牌活动进行打造。如每年在长沙举办的中国湘菜文化节、在苏州举办的苏州美食节、在合肥举办的中国徽菜（合肥）美食文化节、在淮南举办的淮南豆腐节等。各地的美食节庆活动，既推动了地方烹饪事业的发展，同时由于其趣味性及参与性，受到社会群众广泛欢迎。

● **云南省人民政府出台《关于促进餐饮业发展的意见》**

云南省首个以省政府名义印发的扶持餐饮业发展的政策性文件——《云南省人民政府关于促进餐饮业发展的意见》（以下简称《意见》）出台。

《意见》从扩大消费、增加就业、提高人民生活质量、推动旅游等相关行业发展的高度，阐述了加快云南省餐饮产业发展，打造滇菜品牌的重要意义，提出了3年内云南省加快餐饮产业发展的总体思路和发展目标——到2012年，全省餐饮业零售总额占社会消费品零售总额的比重达到15%，餐饮业成为全省重要的商贸服务产业；重点扶持50家以滇菜为主的餐饮龙头企业，其中年营业额5000万元以上的达10家，年营业额1亿元以上的达5家；发展具有地方特色、少数民族文化氛围浓郁、影响力大的美食文化名城、名县、名镇30个，美食街区100个；餐饮人才职业技术培训体系初步形成，力争80%以上的餐饮从业人员取得职业技能资格资质证书；滇菜品牌工程初见成效，形成具有民族和地方特色的滇菜品种4000个、核心滇菜菜品30个；餐饮企业"绿色餐饮"和"星级美食名店"评定活动深入开展，滇菜进京、进沪、进周边省市区和东南亚、南亚国家取得重大进展，滇菜影响力不断扩大。

《意见》要求，要按照"合理布局、突出特色"的要求，科学制定和实施《云南省餐饮业发展规划纲要》。将餐饮网点布局纳入城市商业网点规划，重点做好景区（点）、车站、机场等场所的餐饮网点规划。在着力打造滇菜品牌方面，《意见》从创新滇菜，实施滇菜"名菜""名企、名店""名厨、名师"工程，以及组织滇菜研究和技术标准制定，扩大滇菜知名度，加快滇菜"走出去"步伐等内容作了细化和安排。

为营造餐饮业发展的良好环境，《意见》要求，从2009年6月1日起，取消向餐饮单位收取的企业旅游促销费，适当减免餐饮从业人员的卫生知识培训费，餐饮从业人员的卫生健康证可在省内跨州市使用，对已取得餐饮行业卫生培训合格证，且连续在餐饮行业工作的人员不再收取卫生知识培训费。禁止向经营者巧立名目乱收费、乱摊派、乱罚款，避免多头检查、重复检查，坚决制止以收费为目的的乱评比、乱授牌行为。从2009年7月1日起，全面实行餐饮业水电气与工业企业同价政策。

2009年至2012年，每年从省内贸发展专项资金中安排2000万元支持餐饮业发展，主要用于培育餐饮龙头企业，建设星级美食名店，打造美食名城、名县、名镇、名街，研发特色菜品，支持餐饮企业开拓国内外市场，实施滇菜品牌工程，建设餐饮连锁和配送中心等。

此外，《意见》还对简化餐饮企业灯饰、广告审批手续，对餐饮企业和餐饮企业录用就业人员实行相关税费优惠，为餐饮企业运输和消费者停车提供便利，为餐饮企业提供用地保障等方面作了说明。《意见》指出，美食街（城）和重点灯饰工程规划区内餐饮企业的灯饰、广告以及纳入城市夜景规划的重点灯饰项目，按照有关规定享受用电优惠政策。交管、城管部门要借鉴省外经验，给予餐饮企业可在十字路口、红绿灯下设置指示牌等优惠政策。

四、近年来地方政府促进烹饪活动开展的主要政策

（一）餐饮发展专项资金

餐饮发展专项资金主要用于地方菜系的创新、宣传与文化建设、地方餐饮品牌打造以及提升餐饮企业产业化、规范化、国际化、科学化、现代化水平等方面。"十一五"规划期间各地方政府的餐饮政策更多地关注餐饮品牌打造和地方餐饮文化建设，而进入"十二五"规划期间，通过提升餐饮企业综合实力来加强城市餐饮经济的竞争力、提高城市知名度成为各地方促进餐饮业发展的共识。

（二）降低餐饮企业运营成本的优惠政策

在降低餐饮企业运营成本方面的优惠政策，主要集中在各类收费项目上，包括水电气价格、污水排污费、行政审批收费、刷卡费率等，此外针对《社会保险法》的出台，部分省市出台了社会保险的补贴措施，规范餐饮企业经营行为。

（三）餐饮企业税收优惠政策

大部分城市的餐饮减税政策都是基于财政部和国家税务总局联合发布的财税（2005）186号文《财政部、国家税务总局关于下岗失业就业再就业有关税收政策问题的通知》。在餐饮业的减税问题上，放大了餐饮业在吸纳就业上的功能，赋予了餐饮业较多的社会责任。在出台餐饮减税政策的省市中，云南、新疆、重庆、杭州、南京、南昌在按定额减免营业税、城市维护建设税、教育费附加、地方教育附加、企业所得税和个人所得税问题上，都将政策倾斜于餐饮企业对本地就业和失业人员的吸纳，对吸纳就业人员数量、签订劳动合同期限都有明确规定，重庆更是从社会稳定和谐的角度，鼓励餐饮企业吸纳残疾人士和退役士兵。

（四）金融扶持政策

由于餐饮业进入门槛低，对于大部分中小型餐饮企业在发展之初启动资金相对较少，因此餐饮业从来不是银行等金融机构关注的焦点。但近些年来，随着餐饮产业规模的不断扩大，餐饮企业也不断制造着新的财富神话，餐饮产业日益受到投资机构的关注。企业内部发展动力与外部市场推动，使得餐饮产业发展单靠自身资金的滚动积累已无法实现产业的转型升级，也需要外部资金的再投入。目前各省市出台的金融扶持政策主要限于贷款贴息、担保贷款和授信贷款等方式，在扶持对象和扶持目的上有明确规定。

（五）引导产业发展和扶持重点餐饮企业的政策

各地方政府在制定餐饮发展促进政策时都充分考虑到如何实现餐饮产业发展与城市发展战略的结合，发挥三产的协调与互补优势，挖掘餐饮业的辐射和带动作用。通过政策措施来引导餐饮产业的发展方向、优化餐饮产业的发展结构、调控餐饮产业的发展布局，使之服务于整个城市经济发展的大局；重点扶持品牌餐饮企业、上市餐饮企业、国际化餐饮企业，在提升城市餐饮竞争力的基础上提升城市的品牌力和经济力。

（六）其他扶持政策

结合餐饮产业发展的长远战略及地方餐饮发展的综合目标，各地方政府结合经济发展水平及城市规划目标，还从餐饮人才培养、行业组织发展、地方饮食文化建设以及城市餐饮形象推广宣传等方面给予政策倾斜。

第六节　烹饪学校

烹饪学校是有计划、有组织地进行系统的烹饪教育的组织机构。烹饪学校教育是与社会教育相对的概念，是由专职人员和专门机构承担的有目的、有系统、有组织的，以培养烹饪专业技术人才为直接目标的社会活动。

一、中国烹饪学校的产生

（一）烹饪教育的萌芽

中国烹饪教育是随着烹饪技术的产生而产生的。原始社会，生产力水平低下，作为人们劳动生活组成部分的烹饪技术，其水平自然也是比较低的。那时的烹饪教育还处于萌芽时期，烹饪劳动的过程也是烹饪教育进行的过程，所产生的教与学，也是没带有任何的约束和限制，它是在人们劳动实践过程中自然进行的，当然也没有任何系统性、完整性和科学性可言。

祖辈传授、父子相承是早期烹饪教育的一种重要形式。这种教育形式从奴隶社会一直延续到封建社会，在这种形式下产生的家庭教育就具有早期性、经常性和传统性的特点。通过家庭教育，可以使烹饪技术世代相传下去，不仅是统治阶级经济减少损失，也是社会稳定的因素。

（二）烹饪教育的传统形式

封建社会，烹饪教育的形式除了早期的祖辈传授、父子相承外，还产生了"以师带徒"的方式。"以师带徒"是指徒弟在师傅的劳动操作中观察和模仿操作进而掌握技艺的学习方法。它既没有规定具体的培养目标，更缺乏科学方法的指导。在这一漫长的历史时期，由于受到社会生产力和科学文化发展的限制，"以师带徒"形式的烹饪教育在封建社会阶段停滞不前。主要原因：第一，当时社会对专职厨师的需求量较少。祖辈传授、父子相承、"以师带徒"的形式培养出来的烹饪人才足够满足少数统治阶级的需要。第二，处于社会底层的劳动者是从事饮食行业的主体。在旧社会，他们受教育的权利和机会很少，对于他们来说，学习烹饪只是一种自发性的行为，因此烹饪教育也只能在个人之间发展。第三，由于社会生产力低下，劳动规模较小，饮食行业发展相对缓慢，因此烹饪技术经验的传授，也只是以师傅所拥有的直接经验和技艺为主，通过直接的烹饪劳动中进行。

20世纪以前，中国烹饪技术的教育形式主要是依靠家庭主妇和职业厨师的言传身教或以师带徒，没有学校教育。饮食摊店的经营者，为了提高被雇佣者的技艺水准，或自行传授，或另请高厨传授技艺，其组织形式是分散的、自发性的。一般都是时间自定，干到哪儿，学到哪儿，教到哪儿。但是，由于技艺是谋生的资本，所以掌握烹饪技艺的人既不轻易传授，也不相互交流，致使大多数厨师的烹饪技艺和烹饪知识处于片面零散的状况。这种以师带徒的单线传艺形式，无疑阻碍了优秀传统技艺的交流，使烹饪技术的延续和扩散速度很慢，难以适应社会发展对烹饪技术人才的需求，客观上束缚了烹饪事业的进一步发展。

（三）烹饪学校教育形式的产生

20世纪的前30年，中国烹饪技术的传承基本上还是沿袭旧的教育模式，这种情况一直到20世纪40年代前后才有改变，即出现了学校教育的萌芽。19世纪末，为吸收近代西方科学知识，清政府于1862年在北京创设了同文馆。此后，同文馆又增设了与近代西方营养卫生学有关的化学、生物和医学科。1902年，清政府颁布了《钦定学堂章程》（史称"壬寅学制"）。1905年，清政府又宣布废除科举制度。从此，随着西方饮食文化的传入和我国饮食科学研究的出现，中国烹饪学校教育的形式渐渐出现。不少有识之士以医食自古不分家的观点，在创设医学专门学校以传授包括近代西方营养卫生知识的同时，也在一些高等学府和师范学校中增设了包括食物化学和烹饪等课程在内的家政或食物化学专业，并编撰出版了有关的教科书，从而使我国的饮食烹饪教育登上了大雅之堂，逐渐走上了学校教育的轨道。

究其原因主要有以下几个方面：一是社会原因。由于物质文化生活水平的提高，饮食行业、旅游事业发展迅速，烹饪人才的需求量也急剧增加，只有学校教育这种新兴的教学形式才能稳定、迅速为社会培养大批的合格的烹饪技术人才。二是教学内容的发展要求。由于烹饪技术的不断加深和提高，开始有人有意识地研究烹饪教育的科学性、系统性，并将这些比较系统的专业理论知识与技能结合起来，准确地传授给受教育者，如此丰富的教学内容是"以师带徒"这样的教育形式所不能达到的效果。三是烹饪人才全面发展和提高的客观要求。现阶段社会对烹饪人才的要求，不单是简单停留在掌握一定的理论知识和技能上，因此，只有通过学校开设文化课、政治课、体育课等，才能较好的达到现在烹饪教育的培养目标。

中国烹饪采用学校教育这种形式，不仅是必要的，而且由于社会生产力水平的不断发展提高，烹饪技术的发展为学校教育提供了较丰富的教学内容，整个社会文化水平的提高又为学校教育提供了人力条件。正是这种必要性和可能性构成了烹饪技术采用学校教育这种形式的必然性。

学校教育促进现代烹饪发展已成培养烹饪人才的一种基本形式，在烹饪技术学校教育的发展中，其优越性是显而易见的。其一，相比较于其他形式，学校教育具有统一的教学计划、教学大纲和教科书，保持了教学内容的基本一致和学生知识架构的系统性。其二，专职从事教学的烹饪教师可以专心开展和研究教学工作，保证了烹饪教学的质量。其三，学校教育培养出来的烹饪人才知识比较全面、适应性强、基础扎实、创新能力强、接受新技术快、比较注重食品科学、既会技术、又懂管理、思想活跃、不保守等众多的优点。学校教育突破了几千年来"以师带徒"的单一形式，变分散为集中、变盲目为有目的、有组织、有计划的教学，从而使教学质量稳步上升，在社会主义建设中发挥更大的作用。

二、烹饪中等学校

我国烹饪中等教育起步于20世纪50年代末60年代初。20世纪50年代中后期，全国城镇地区的失业问题基本得到解决，国家对城乡私营工商业的改造业已完成，饮食行业中的人际关系起到了很大变化，饭店、酒馆的老板和伙计、师傅和徒弟都成了全民和集体企事业单位的职工，他们不仅在政治上一律平等，就是在经济上也没有了过去那种依附关系了，师傅和徒弟只不过是年龄或技术档次的一种标志，因而旧的技术传授系统被打破了。随着人口的增长、生产力的发展和大批公共食堂的建立，饮食业迫切需要较多的熟练工人。所以，20世纪50年代末期，在全国各地办起了一些烹饪技术学校，为烹饪技术人才的培养开辟了一条崭新的道路。以后，又办起了一些中专层次的烹饪技术学校，使得这方面的教育体系逐步配套成龙。据初步统计，从1959年至1966年全国共成立烹饪技术学校二十几所，如商业部门的山东饮食服务学校、吉林商业技工学校、上海市饮食服务学校、西安市服务学校、北京市服务学校等。这些学校在创建初期教学条件都极为简陋，是在克服了缺教材、缺教师、缺必要教学设备的情况下上马的，但是，学校教育这种形式适应了社会发展的客观要求，因此，在各地党和人民政府的关怀与重视下，在广大烹饪教育工作者的积极努力下，克服了重重困难，取得了令人欣喜的成绩，一批又一批能文能武的烹饪技术人才充实到餐饮业各个岗位，发挥了重要作用，烹饪技术学校教育的初创阶段，出现了蓬勃发展的大好形势。

1966—1978年为烹饪中职教育的低潮阶段。"文革"开始后，大多数学校遭到了"下马"的厄运，即便有少数仍然存在的也多附设在其他学校中。校舍被侵占，教师改了行。即便是少数附设在其他学校的烹饪专业也在一套"极左"路线的指导下，片面强调"实践办学""开门办学"，使一些基础课、专业理论课被划到了可有可无的地位，学校教育的优越性被大打折扣，刚刚兴起的烹饪教育受到了极大的挫折。

1978年党的十一届三中全会以后，全党的工作重点转移到以经济建设为中心的轨道上来。随着市场的活跃、饭店业的崛起，以及工厂和企事业单位对厨师的需求，烹饪职业技术教育得到了空前的发展。在这个浪潮中，文化大革命中曾经停办的烹饪技工学校得到恢复和发展，许多新的烹饪（饮食服务）职业中学应运而生，给烹饪技术教育注入了一股新的活力。到20世纪80年代后期，全国已有360多所设有烹饪专业的中等（中级）学校。其中，商业技工学校70多所，劳动技工学校130多所，旅游中专学校10多所，职业中学150多所。这些烹饪技术学校进行了程度不同的各项基本建设，兴建校舍、增添教学设备、制定统一的教学计划、组织编写全国统编教材，举办全国性烹饪师资培训班，多次举行全国或地区性的烹饪教学研讨会。经过采取这些有力的措施，使烹饪技术学校教育逐步走上了正规化教学的轨道。

20世纪90年代以来，我国烹饪中等职业教育进一步发展，这从原国家商业部系统1996年的统计资料便可见一斑。截止到1995年底，仅商业系统就有4所中专设烹饪专业，41所中专设有餐旅管理专业（其中有4所同时设有以上两个专业），70所技校设有烹饪专业，53所设有餐旅管理专业（其中有45所同时设有以上两个专业）。1995年中专和技校烹饪餐旅管理专业的毕业生为8117名，1996年为12419名。随着第三产业的发展，烹饪专业的毕业生正在逐年大幅度上升。

三、烹饪高等院校

（一）烹饪高等职业教育

20世纪50年代前后，我国出现了烹饪高等教育的雏形。据1948年12月商务印书馆出版的前民国政府教育部主编的《第二次中国教育年鉴》记载，当时少数教会主办的私立大学设有家政系，如私立北京辅仁大学（1939年设家政系）和私立金陵女子文理学院等。这些家政系的教学计划中就有一门烹调技术方面的课程。由此可见，烹饪科学进入高等学府最初只不过是作为一门课程而已。其作为一个专业或一个系在高等院校中设立是在解放以后。20世纪50年代末60年代初，为了继承和发扬中国烹饪文化遗产，在商业部门的积极支持下，黑龙江商学院（现哈尔滨商业大学，下同）于1959年创办了中国历史上第一个大专学历层次的公共饮食系（后改为烹饪系），并以调干的形式，在全国饮食技术骨干中招收了"烹饪研究班""烹饪专修班"共4个班146名学员。同时，原上海财经学院也设置过烹饪专业，但均未成气候，各招收过一届学员而已。

中国烹饪高等教育正式步入高等教育的殿堂，是在20世纪80年代初期。当时，江苏商业专科学校（现扬州大学旅游烹饪学院，下同）的领导独具慧眼，成为中国烹饪高等职业教育的先驱。1983年，经原国家教委批准，江苏商业专科学校建立了中国烹饪系。同年9月，面向全国招收第一批烹饪工艺专科班学生，开创了我国正规烹饪高等职业教育的先河。那时，这一新生事物受到了社会的广泛关注，《光明日报》《人民日报》等新闻单位都曾作了报道，商业部、教育部等有关部门的领导也都给予了积极的关心和重视。

中国烹饪高等教育的出现，是改革开放的要求，也是烹饪职业教育自身发展的必然结果。改革开放以来，尤其进入20世纪80年代以来，全党的工作重点转移到以经济建设为中心的轨道上来。随着市场的活跃，我国餐饮业得到空前发展，并成为我国现代化经济增长的一个亮点。但就总体来讲，烹饪工作者的自身素质低于其他行业的水平，远远不能适应现代化建设、改革开放的形势发展。在这种情况下，提高烹饪工作者的基本素质，促进行业发展，加强企业建设成为当务之急。另一方面，已经形成的中等烹饪职业教育，其师资水平也处于低层次水平上，培养烹饪中等职业教育师资的任务也显然需要高等教育来完成。为此，不少专家学者都呼吁有必要成立高等烹饪院校，培养高级烹饪技术人员和研究人员，以适应对外开放的扩大和餐饮业的现代化发展。商业部作为当时全国饮食行业的主管部门，专门组织了对烹饪高等职业教育的论证，提出了开办烹饪专业的方案，并得到了教育部的批准。这也标志着国家对烹饪高等职业教育的正式肯定。1983年4月9日《光明日报》在"江苏商专招收烹饪大学生"的新闻报道中指出，招收烹饪专业大学生是经教育部批准的，考生参加全国理工科的统一招生考试，学生的就业去向是"一般参加国营饮食业或宾馆工作，也可以从事烹饪教育或科研工作。"这则报道也从另一方面客观反映了当时对烹饪高等职业教育的需要。

继1983年江苏商专组建中国烹饪系之后，全国不少院校也相继创办了烹饪专业。1985年，全国第一所专门培养烹饪技术人才的高等院校——四川烹饪专科学校在成都成立。同时，商业部还按东（江苏商专）、南（广东商学院）、西（四川烹专）、北（黑龙江商学院）、中（武汉商业服务学院）的地区布局，分别建立了高等烹饪专业，形成了烹饪高等职业教育的一支力量。

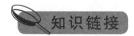
知识链接

● 全国第一所烹饪高校在成都开学

为满足发展旅游事业、加强中外交流和人民日益增长的物质文化生活的需要，我国第一所烹饪高等学校——四川烹饪专科学校1985年9月27日在成都开学。这所学校是经原教育部批准创办的，学校设有烹调技术专业，将逐步设置营养学、面点工艺、饮食企业管理等专业。

20世纪80年代末至今，是中国烹饪高等职业教育的发展探索阶段。在这一阶段，我国开设烹饪专业的高等职业院校不断增多，办学主体呈现多元化，并形成了商、旅、农、师等多类院校办学

的基本格局。目前全国各省、自治区、直辖市都设有开展烹饪高等职业教育的院校，有的省市还有多所院校开班烹饪高等职业教育，如截至2011年，广东省已有大专层次烹饪教育院校6所。

（二）烹饪专业职教师资本科教育

1989年，黑龙江商学院旅游烹饪系创办了烹饪营养方向的本科生教育。但由于当时餐饮业营养观念的淡薄和管理体制上的诸多弊病等因素造成的人才市场封闭，使毕业生择业十分困难，再加上"烹饪营养方向"批复时是附于"餐饮企业管理"专业下，后因专业目录取消，"方向"没有依挂，因而一届即止。后来随着我国烹饪中、高等职业教育的迅速发展，培养具有本科学历的烹饪专业职教师资被提上议事日程。1993年扬州大学商学院（现扬州大学旅游烹饪学院）开始设置"营养与烹饪教育"本科函授班，不久之后又设普通本科班。1995年，原国家教育委员会"关于印发《普通高等学校本科专业目录〈职业技术师范教育类〉（试行）》的通知（教师（1995）6号）"中正式确定培养烹饪本科师资的专业名称为烹饪与营养教育专业（专业代号033）。1996年，原国家教育委员会登记备案了河北师范大学的烹饪与营养教育本科专业，并于1997年开始招生。1998年，在教育部颁布的《普通高等学校本科专业目录》中，烹饪与营养教育专业列为目录外专业，专业代号040333W。随后，河南科技学院（原河南职业技术师范学院）、黄山学院、济南大学、湛江师范学院等院校相继开办了烹饪与营养教育专业。2012年9月14日，教育部颁布的《普通高等学校本科专业目录（2012年）》（教高（2012）9号）中将烹饪与营养教育作为特设专业，划入工学门类下的食品科学与工程类，专业代码082708T，授予工学学士学位。

截至2015年3月，全国经教育部备案或审批同意设置烹饪与营养教育专业的院校共有19所高校的23个学院（表3-2）。

表3-2　经教育部备案或审批同意设置烹饪与营养教育专业的部分院校一览表

地区	开设院校名称（备案或审批年度）	开设院校数量
东北地区	哈尔滨商业大学职业技术学院（1998） 哈尔滨商业大学旅游烹饪学院（2008） 吉林农业科技学院食品工程学院（2005） 吉林工商学院旅游管理分院（2009）	3+1
华北地区	河北师范大学（1996） 内蒙古师范大学（2013） 内蒙古财经大学（2013）	3
华中地区	河南科技学院食品学院（1999） 河南科技学院新科学院（2014） 湖北经济学院旅游与酒店管理学院（2003） 湖北经济学院旅游与酒店法商学院（2008） 武汉商学院烹饪与食品工程学院（2013）	3+2
合计		12

注：本表数据来源于中华人民共和国教育部门户网站http://www.moe.edu.cn；"+"号后面的数，指的是有几个学校里同时有两个学院招生。

（三）烹饪研究生教育

我国烹饪研究生教育出现于20世纪90年代初。1993年，黑龙江商学院旅游烹饪系从该院食品工程系硕士招生指标中分得以烹饪科学为研究方向的两个名额，从而开启了中国烹饪硕士研究生教育的先河。

改革开放以来，中等职业教育事业得到长足发展，中等职业教育师资队伍建设也取得显著成绩。但是，中等职业教育教师队伍的整体素质同全面推进素质教育、加快职业教育改革和发展的要求还很不适应，还存在着专业课教师学历达标率低、实践能力差、骨干教师缺乏等问题。尤其是中等职业学校骨干教师和专业带头人数量严重不足，具有硕士学位的教师数量明显低于普通高中。为贯彻《中共中央国务院关于深化教育改革全面推进素质教育的决定》精神，落实《面向21世纪教育振兴行动计划》中提出的采取多种形式，大力提高中等职业学校教师队伍素质，努力实现"高中阶段教育的专任教师和校长中获硕士学位者应达到一定比例"的要求，教育部、国务院学位委员会于2000年5月30日发布了《关于开展中等职业学校教师在职攻读硕士学位工作的通知》（教职成（2000）5号）。当年，教育部批准天津大学、同济大学、东南大学、西安交通大学、哈尔滨工业大学、厦门大学、云南大学、湖南农业大学、四川农业大学、吉林农业大学、西北农林科技大学、东北财经大学、黑龙江商学院等13所高校为培养学校。其中，黑龙江商学院（现哈尔滨商业大学）招收食品科学专业（烹饪与营养方向），首批招生30人。职业学校教师在职攻读硕士学位考试科目为政治理论、硕士学位研究生入学资格考试（GCT）、专业基础课，共计3门。

2003年，教育部又批准哈尔滨商业大学、扬州大学从中等职业学校对口招收烹饪专业在职研究生（食品科学专业烹饪营养方向），为国家培养高水平的烹饪职教师资。

■ 思考题

1. 烹饪活动主体有哪些？
2. 古今厨师有哪些称谓，厨师的种类和等级是如何划分的？
3. 厨师劳动有哪些特点？
4. 厨师社会地位及作用有哪些？
5. 厨师职业道德与规范的内容是什么？
6. 餐饮企业的种类有哪些？其厨房的组织机构是怎样的？
7. 烹饪行业协会的作用是什么？
8. 近年来地方政府促进烹饪活动开展的主要政策是什么？
9. 中国烹饪教育的历史沿革可分为哪几个阶段？

第四章
烹饪活动的客体

■ **学习目标**

（1）了解烹饪原料的种类、形态及热物理特性，掌握中国烹饪原料的特点。

（2）了解烹饪设备器具的产生与发展历史，掌握烹饪设备器具的分类和基本要求，理解烹饪设备器具在烹饪中的作用。

（3）了解厨房的种类、布局和环境要求。

■ **核心概念**

烹饪客体、烹饪原料、烹饪设备器具、烹饪环境、厨房

■ **内容提要**

烹饪原料的种类和特点，烹饪设备器具的分类，厨房环境要求

在烹饪活动中，客体是居于被动地位的一方，是烹饪主体所指向的对象。烹饪活动的客体主要包括烹饪原料、烹饪设备器具和烹饪环境场所。烹饪原料是烹饪活动的物质基础；烹饪设备器具是完成或促进烹饪活动的手段，是保证烹饪质量的技术基础；烹饪环境广义上是指围绕烹饪活动并对烹饪活动产生某些影响的所有外界事物，狭义上主要指的是厨房。

第一节　烹饪原料

烹饪原料是烹饪活动的物质基础和首要条件。它不仅是味的载体、构成菜点的基本内容，而且其本身就是美味的重要来源。伴随着我国经济的发展，烹饪原料市场空前繁荣，世界上具有国际

烹饪活动的客体
CHAPTER 4　第四章

71

性的烹饪原料大量进入，而我国具有民族性的烹饪原料也得以广泛的开发，烹饪原料从品种、规格、品质、数量等方面都有很大的发展和提高。具有时代特色的烹饪原料，与现代和传统的烹调技艺相结合，转化成潮流美食，满足人们对饮食的物质和精神的需求。

一、烹饪原料的基本要求

（一）具有营养价值

烹饪原料必须具有营养价值，因为人们摄取食物是为了生存，维护自己的身心健康，满足生长发育的需要。烹饪原料是制作加工食物的物质，也是维持人体健康的保障，原料中营养素种类是否丰富，质量是否优良是决定食物营养价值高低的基础。烹饪原料自身的营养价值则取决于原料所含的营养种类和数量。

（二）良好的口感

作为制作食物的烹饪原料，在使人饱腹的同时要给人带来愉悦的享受，故称"美食"，因此烹饪原料通常要具有良好的口感，只有选用具有良好的口感和味感的原料才能烹制出质量上乘的菜肴。若原料组织粗糙无法咀嚼吞咽或本身污秽不洁、恶臭难闻，其营养价值再高也不适宜用作烹饪原料。

（三）食用安全

"民以食为天，食以安为先。"烹饪原料安全事关身体健康和生命安全，必须新鲜、无毒、无菌。腐败变质的原料及被病毒、细菌、化学物质污染的原料都不得用于烹饪中，因为这会给人体带来危害。例如，一些菌类植物虽然具有营养价值，也具有良好的味感和口感，但食后可能使人丧命，就不能作为烹饪原料。

（四）符合法律法规

目前，对自然资源的保护已成为全球关注的问题，许多国家已制定了野生动植物保护条例或法规，珍稀动物或濒危动植物不能作为烹饪原料使用。烹饪工作者应增强动植物保护意识，坚决杜绝捕杀、销售和烹制国家保护动物的行为。

二、烹饪原料的种类和形态

（一）烹饪原料的种类

我国烹饪原料资源丰富，有关烹饪原料的分类方法也很多。

按烹饪原料的性质和来源，可分为植物性原料、动物性原料、矿物性原料、人工合成原料；

按加工与否，可分为鲜活原料、干货原料、复制品原料；按在烹饪中的地位，可分为主料、配料、调味料；

按烹饪原料食用种类分为粮食、蔬菜、果品、肉类及肉制品、蛋、乳、野味、水产品、干货、调味品；

按食品资源可分为农产原料、畜产原料、水产原料、林产原料、其他原料。

我国的营养学家把各种各样的食物分成了五类，包括谷类、薯类、杂豆和水；蔬菜和水果；禽畜肉、鱼虾、蛋类；乳类及乳制品、大豆类及坚果；食用油、食盐，并设计了一个平衡膳食宝塔（图4-1）。

油25～30克
盐6克

乳类及乳制品300克
大豆类及坚果30～50克

畜禽肉类50～75克
鱼虾类50～100克
蛋类25～50克

蔬菜类300～500克
水果类200～400克

谷类、薯类及杂豆
250～400克
水1200毫升

身体活动6000步

图4-1　中国居民平衡膳食宝塔

按照烹饪原料的商品学特点及其在烹饪中的运用特点，其分类体系见表4-1。

表4-1　烹饪原料的分类

种类		品种举例
粮食类	谷类及制品	稻米、小麦、玉米、米线、面筋等
	豆类及制品	大豆、绿豆、赤豆、豆腐、百叶等
	薯类及制品	甘薯、木薯、粉丝等
蔬菜类	茎菜类	竹笋、茭白、荸荠、芦笋、山药等
	根菜类	萝卜、根用芥菜、牛蒡、芜菁甘蓝等
	叶菜类	大白菜、菠菜、芹菜、乌塌菜、豌豆苗等
	花菜类	花椰菜、朝鲜蓟、黄花菜、食用菊、霸王花等
	果菜类	扁豆、刀豆、番茄、辣椒、黄瓜、南瓜等
	食用菌类	香菇、蘑菇、草菇、木耳、银耳、猴头菌等
	食用藻类	海带、紫菜、裙带菜、石花菜、葛仙米等
	蔬菜制品	笋干、霉干菜、清水笋罐头、速冻豌豆等

续表

种类		品种举例
果品类	鲜果	梨、苹果、橘子、荔枝、菠萝、香蕉等
	干果	红枣、葡萄干、松子、核桃仁、腰果等
	果类制品	苹果脯、蜜桃片、苹果酱、山楂糕等
牲畜类	畜类肉	猪、牛、羊、马、驴、兔等的肉
	畜类副产品	肝、胃、肠、肾、肉皮、乳等
	畜类制品	火腿、腊肉、肉松、香肠、乳制品等
禽鸟类	禽类肉	鸡、鸭、鹅、鸽、鹌鹑、火鸡等的肉
	禽类副产品	肝、肫、肠、血、鸡蛋、鸭蛋等
	禽类制品	板鸭、盐水鸭、风鸡、松花蛋等
鱼类原料	淡水鱼	鲫鱼、鲤鱼、草鱼、泥鳅、黄鳝、鳜鱼等
	海产鱼	黄鱼、带鱼、鳕鱼、石斑鱼、鲳鱼等
	洄游鱼	大马哈鱼、刀鲚、河豚、松江鲈鱼等
	鱼类制品	咸鱼、鱼肚、熏鲱鱼、鱼罐头等
其他水产	虾蟹类及制品	对虾、三疣梭子蟹、中华绒螯蟹等
	软体类及制品	扇贝、文蛤、鲍、乌贼等
	海参、海胆、海蜇	紫海胆、梅花参等
	两栖、爬行类	牛蛙、乌龟、中华鳖、食用蛇类等
调辅料	调味料	食盐、味精、酱油、料酒、花椒、桂皮等
	辅助料	食用淡水、食用油脂、食用淀粉、食品添加剂等

注：本表不含野生的畜禽类原料及使用范围不广的昆虫类、蛛形类、星虫类、沙蚕类原料。

（二）烹饪原料的形态

烹饪原料的形态是指各种烹饪原料进入厨房时所具有的外部形式。按照餐饮业的习惯一般分为活体、鲜体和制品三类。活体，是指保持生命延续状态。鲜体是指脱离生命状态，但基本保持活体时所具有的品质。制品，是指原料经过特定方式加工后所具有的形态，如干制品、腌制品等。

烹饪原料在加工过程中因加工目的、加工条件、加工方法等的影响而有不同的使用形态。一是自然形态，即原料原本具有的形态，行业中一般称之为整料。二是加工形态，是指根据一定的目的对原料的自然形态进行适当改变，通常通过刀工对原料进行分割处理，化整为零。三是艺术形态，在自然形态、加工形态的基础上，根据预先的设计通过一定的方法将原料处理成具有某种含义的形状，如几何图案、象形图案或寓意图案等。

三、烹饪原料的标准与品质检验

（一）烹饪原料的品质标准

标准是指为了在一定的范围内获得最佳的秩序，经协商一致制定并由公认的机构批准，共同使用的和重复使用的一种规范性文件，一般分为国家标准、行业标准、地方标准、企业标准四级（表4-2）。

表4-2　标准分类及代号

分类	代号	含义	管理部门
国家标准	GB	强制性国家标准	国家标准化管理委员会
	GB/T	推荐性国家标准	
	GB/Z	国家标准化指导性技术文件	
行业标准	NY	农业标准	农业部
	QB	轻工业标准	中国轻工业联合会
	WS	卫生标准	卫生部
	SC	水产标准	农业部（水产）
	SN	商检标准	国家质量监督检验检疫总局
	HJ	环境保护标准	国家环境保护部
	YC	烟草标准	国家烟草专卖局
	SB	商业标准	商务部
地方标准	DB/	强制性地方标准	省级质量技术监督局
	DB/T	推荐性地方标准	
企业标准	Q/	企业标准	企业

1. 国家标准

国家标准是指对全国经济技术发展有重大意义，需要在全国范围内统一的技术要求所制定的标准。国家标准在全国范围内适用，其他各级标准不得与之相抵触。国家标准由国务院标准化行政主管部门编制计划和组织草拟，并统一审批、编号和发布。代号为GB（"国标"2字汉语拼音的第1个字母），为强制性标准，GB/T为推荐性标准。

2. 行业标准

行业标准是指我国某个行业（如农业、卫生、轻工行业）领域作为统一技术要求所制定的标准。行业标准的制定不得与国家标准相抵触，国家标准公布实施后，相应的行业标准即行废止。行业标准由国务院有关行政主管部门制定，并报国务院标准化行政主管部门备案。行业标准的编号由行业标准代号、标准顺序号及年号组成。如商务部推荐标准SB/T10294—1998腌猪肉；水产行业标

烹饪活动的客体
CHAPTER 4　第四章
75

准SC/T3117—2006生食金枪鱼。

3. 地方标准

地方标准是指对没有国家标准和行业标准而又需要在省、自治区、直辖市范围内统一技术要求所制定的标准。地方标准不得与国家标准、行业标准相抵触，在相应的国家标准或行业标准实施后，地方标准自行废止。地方标准由省、自治区、直辖市标准化行政主管部门制定并报国务院标准化行政主管部门和国务院有关行政主管部门备案。在公布国家标准或者行业标准之后，该项地方标准即行废止。地方标准的编号由地方标准的代号"DB"加上省、自治区、直辖市行政区划代码前两位数，再加斜线、地方标准顺序号及年号组成。如江苏省标准DB32/T489—2001如皋黄鸡；海南省标准DB46/T22—2002香蜜杨桃。

4. 企业标准

企业标准是企业针对自身产品，按照企业内部需要协调和统一技术、管理和生产等要求而制定的标准。企业标准由企业制定，并向企业主管部门和企业主管部门的同级标准化行政主管部门备案。只要有国家、行业和地方标准，企业都必须执行，没有这些标准或者企业为了产品质量高于这些标准时才可以制定企业标准，作为组织生产的依据。企业标准代号为"Q/×××"（"企"字汉语拼音的第一个字母，"×××"为能表示企业名称的3个字汉语拼音的第1个字母）。

烹饪原料标准是指一定范围内（如国家、区域、食品行业或企业、某一产品类别等）为达到烹饪原料质量、安全、营养等要求，以及为保障人体健康，对烹饪原料及其生产加工销售过程中的各种相关因素所作的管理性规定或技术性规定。这种规定须经权威部门认可或相关方协调认可。

（二）烹饪原料的品质检验

为了确保烹饪产品的质量，烹饪原料在加工前应根据相关标准，运用一定方法，客观、准确、快速地识别原料品质的优劣，这对保证烹饪产品的食用安全性具有十分重要的意义。

1. 烹饪原料品质检验的程序和内容

即根据一定的标准，对烹饪原料的品质和安全性进行分析、检测。程序一般为：采样→感官检验→理化检验→微生物学检验（图4-2）。

2. 餐饮业常用的检验方法

餐饮行业中对原料进行品质检验，最常用的是感官检验法。感官检验是凭借人体自身的感觉器官（眼、耳、鼻、口和手等）对烹饪原料的品质好坏进行判断。感官检验方法直观、手段简便，不需要借助特殊仪器设备、专用的检验场所和专业人员，经验丰富的烹饪技术人员能够察觉理化检验方法所无法鉴别的某些微量变化。感官检验对肉类、水产品、蛋类等动物性原料，更有明显的决定性意义。但感官检验也有它的局限性，它只能凭人的感觉对原料某些特点作粗略的判断，并不能完全反映其内部的本质变化，而且各人的感觉和经验有一定的差别，感官的敏锐程度也有差异，因此检验的结果往往不如理化检验精确可靠。所以对于用感官检验难以做出结论的原料，应借助于理化检验。

理化检验和生物学检验要求相应的理化仪器设备，要求经过培训的专门技术人员，有的方法检测周期较长。一般用在行政监督部门的抽样检验、大型餐饮企业大批量采购时的采购检验中，在居家、饭店零星采购中运用比较少。

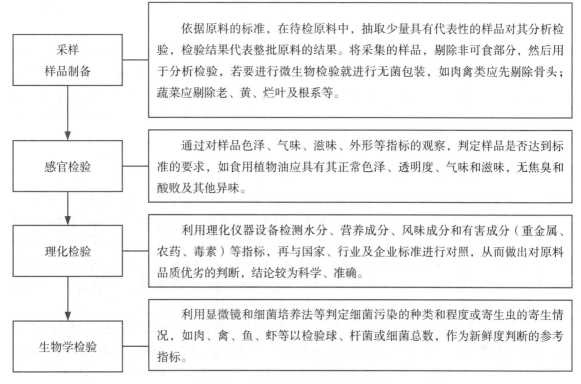

采样 样品制备	依据原料的标准，在待检原料中，抽取少量具有代表性的样品对其分析检验，检验结果代表整批原料的结果。将采集的样品，剔除非可食部分，然后用于分析检验，若要进行微生物检验就进行无菌包装，如肉禽类应先剔除骨头；蔬菜应剔除老、黄、烂叶及根系等。
感官检验	通过对样品色泽、气味、滋味、外形等指标的观察，判定样品是否达到标准的要求，如食用植物油应具有其正常色泽、透明度、气味和滋味，无焦臭和酸败及其他异味。
理化检验	利用理化仪器设备检测水分、营养成分、风味成分和有害成分（重金属、农药、毒素）等指标，再与国家、行业及企业标准进行对照，从而做出对原料品质优劣的判断，结论较为科学、准确。
生物学检验	利用显微镜和细菌培养法等判定细菌污染的种类和程度或寄生虫的寄生情况，如肉、禽、鱼、虾等以检验球、杆菌或细菌总数，作为新鲜度判断的参考指标。

图4-2　烹饪原料品质检验的程序

四、烹饪原料的热物理特性

烹饪工艺的全部过程几乎都离不开热量的传递。热量的传递与烹饪原料的热物理特性有密切关系。烹饪原料的热物理特性对烹饪工艺的影响很大。

（一）烹饪原料的成熟温度

不同的烹饪原料有不同的成熟温度。比如，有些原料的生物组织致密，不易咀嚼，在其内部的一些不安全的成分也不容易破坏，因此就需要较高的热处理温度，有时甚至要多次加热才能成熟；而有些原料的生物组织结构疏松，或者含有大量水分，则不需要较高的热处理温度，否则会出现细胞脱水、组织松散等现象，使菜品质量下降，严重的还会大量破坏正常的营养成分。因此，在烹饪工艺中，对于所要加工的烹饪原料，必须要根据它们的生物组织、结构特点和所要制成的菜肴品种，确定热处理时的最佳温度条件，以便采取相应的加热方式手段。

（二）烹饪原料的比热容与热容量

烹饪原料的热容量是烹饪原料由生变熟相应吸收的基本热量，它是烹饪原料成熟度的一种度量。如果能确定烹饪原料成熟应达到的温度，就可以计算出烹饪原料在由生变熟时所吸收的热量。每一种或每一批量的烹饪原料，因其所含的组成成分和结合状态不同，它们的比热容也不同。因而在进行烹饪时，所消耗的热能也是不等的。也就是说，在每一种（批）烹饪原料的制熟过程中，要求达到一定热效应时所需的热容量是不同的。如1千克猪肉与1千克菠菜都从常温下加热到100℃，虽然都是1千克，由于两者的比热容不同，实际需要的热容量当然不同。又如1千克猪肉和2千克猪肉都从常温下加热到100℃，尽管两者的比热容相同，但因质量不等，所以两者所需的热容量也不同。

需要指出的是，这里所说的烹饪过程中所需要的热容量，是指使该烹饪原料成熟时所必需的热能数量，并不简单等于加热设备（热源）所放出的热量。因为任何结构合理的炉灶或十分完善的发热方式，其热效率绝不可能是100%的，实际加热中会损耗一部分热量到空气或其他介质中。例如，煮熟3千克的猪肉，需要20.9千焦热能，而此时如有一热燃料，其值正好是20.9千焦，那么，即使其完全燃烧，也不可能把猪肉烧熟，即加热中的消耗是正常的。

（三）烹饪原料的热导率

热导率也称导热系数，它是表示物体导热性能的一个热力学参数。其物理意义是壁面为1平方米，厚度为1米，两面温度差为1℃时，单位时间内以传导方式所传递的热量。热导率的值越大，则物质的导热能力越强。对不同的物质，其热导率各不相同，对同一物质，其热导率随该物质的结构、密度、湿度、压力和温度而变化。各种常用物质的热导率都是经实验测定的，可从有关手册和参考书中查找。一般来说，金属的导热系数最大，固体非金属次之，液体较小，气体最小。与金属相比，烹饪原料的热导率要小得多。所以，烹饪原料是不良导热体。

烹饪原料的热导率取决于它的内部结构，特别是其松散度。烹饪原料的松散度与其自身的空气、脂肪和水的含量有关，三者之中水的热导率最大，脂肪次之，空气最小。一般来说，烹饪原料的热导率随其水分含量的增加而增加；随着脂肪含量、松散度的增加而降低。由于冰的热导率大于水的热导率，因此冻结的烹饪原料比生鲜的烹饪原料有更高的热导率。

据研究，液体原料如油、酱油等的热导率随着大气压力的上升而增大，随着浓度的增加而减少。在不同的海拔高度，油、水等传热介质虽然加热时状态一样，但温度却不同。海拔高度越高，单位时间内压力与传热介质的热交换量就越小，所以在高原地区，对于同种原料，无论是加热温度还是加热时间，都要略强于内地，才能保证菜肴达到要求的品质。

（四）烹饪原料的抗烹性

烹饪原料的抗烹性是指烹饪原料在烹饪时所遇到的困难程度。有些烹饪原料较易烹饪，有些则很难烹饪，有些在技术条件不具备时根本不能烹饪。烹饪原料的抗烹性主要表现在以下几个方面：一是体积，比如广东的烤乳猪、内蒙古的烤全羊，由于要烹的原料体积太大，所以不是一下子就能烹好的。二是形状，我们知道烹饪原料的形状复杂多样，如果面对单向的热力（如燃气灶、燃煤灶）就有个阴阳向背的问题。面向着热源的，能充分感受到热力的作用，就容易成熟；而背火的那面，就较难受热成熟。再如嫩一点的东西，这面烧焦了，那面可能还未传过热。

（五）烹饪原料的耐热性

耐热性是指烹饪原料对热能的耐受程度或接受程度。各种烹饪原料，由于质地不同、组织不同，对热能接受的反应也就大不相同。有些原料质地黏软，组织的密度也不大，因此一烹就熟；再烹就易软烂。但有些原料则质地坚硬，密度也大，热能就难以透入内部，以至难以把它烹熟。

烹饪原料的耐热性不仅因原料的不同而不同，即使在同一原料中，各部分的耐热力也不同。比如同是一棵白菜，白菜叶就容易熟，而白菜梗就不容易熟。同是一块猪肉，肥的就容易熟，瘦的就不容易熟。炖一锅肉时，往往肥肉都熟得化成油了，而瘦肉还咬不动。这当然给烹饪工作带来许多麻烦。

五、中国烹饪原料的特点

（一）选材广泛，品种多样

"山中走兽云中燕，陆地牛羊海底鲜。"几乎所有能吃的东西，都可以做为中国的烹饪原料。唐段成式《酉阳杂俎》"物无不堪吃，唯在火候，善均五味"。因此，很多动物、植物都曾被人们食用过，甚至一些矿产也被用作烹饪原料。历史上曾有过食用猩猩、犀牛、狼、孔雀、鹦鹉、猫头鹰、燕、大鼋、鳄和金鱼等的记载，用过的野生植物更是不计其数，矿物中的丹砂、雄黄、磁石等曾被信奉道教者视为延寿之食，麦饭石则在南北朝时已有应用。至今，仍有若干原料为世人引以为异。如广东的龙虱、禾虫，福建的鲎、土笋，山东的蝎子、海肠子，湖北的桃花水母，江苏的豆蚕和傣族的青苔，布朗族的红土，苦聪人的松鼠等。正因中国地大物博，选用原料又不拘一格，从而构成了中国烹饪原料广采博取的格局。

（二）精工再制、特产丰富

中国烹饪除取用天然原料外，还将天然原料进行精细加工制成新的原料，形成为颇有特色的原料品种，如火腿、腊肉、风鸡、板鸭、粉丝、粉皮、皮蛋、糟蛋、榨菜、笋干菜等。这些原料不仅风味别致，历史悠久，而且各地又有特产，数量可观，质量也很优良。其中的许多品种行销海外，颇受欢迎，如豆芽、豆腐，因其利于健康，在一些国家兴起豆芽热、豆腐热；再如酱与酱油，早已传往日本等国，近年又因发现其有助于增强人体的某些免疫功能，从而使一些西方学者极为关注。这许多加工性原料，是中国烹饪原料中很富有民族特色的品种。

（三）综合利用、物尽其利

对若干天然性原料，中国常将其他国家视为废弃物或不可食的部分加以充分利用，或加工成新的原料而应用。如猪等畜兽的肝、胃、肺、心、肾、胰、脾、大小肠、膀胱、气管、食道、主动脉、筋、骨、髓、血、皮、头、尾、爪、脑、眼、耳、颚软骨、舌、鼻等，都可在中国烹调师手中制成美味食品；其他鸡等禽鸟类均可如法炮制；鱼中的青鱼肠可制成烧汤卷，青鱼肝可制成烧秃肺，还有烧头尾、烧划水、烧中段、烧肚裆、烧活络（头后一小段）、烧下巴、烧白梅（眼部的一小块肉）等。一些软骨鱼类的骨、唇、皮、髓等也都是席上珍品，还有些鱼的鳔可制成鱼肚，有些鱼的肠可制成龙肠。这是烹饪原料中又一富有中国特色的内容。

（四）追求美食、讲究养生

中国烹饪原料在漫长的发展过程中，美食与养生始终是追求的目标。美食包括味美与滋感的美。其中滋感的美可用若干珍贵原料为例，如海参、鱼肚、燕窝、蹄筋等。这些品种都富含胶质，均以其舒适的滋感取胜，还有若干原料则以味与香取胜。这些味与香是形成众多不同烹饪风味流派的重要因素。

美食不仅是享受，最终须达到养生的目的。据中医药学理论，中国烹饪的每一种原料往往又是一种药材，历代本草著作对它们的性味、功效，都有经过实践后获得的养生保健知识的记述。人们常常根据养生的需要来选用原料，一方面由中医师指导人们选用；另一方面人们根据祖辈传下来的经验来选用。食品与药物有着巧妙的结合与分工，这是中国烹饪原料又一特色，是中华民族在烹调、饮食中智慧的结晶。例如豆制品，蛋白质的利用率比其原料大豆本身提高将近300%。这正是人们对烹饪原料追求美食、讲究养生所取得的成果，而中华民族以植物性原料为主体的膳食结构，又足以显示出这一追求与讲究的养生本质及其目的。

中国烹饪原料的这些特点，是使中国烹饪享誉世界的坚实丰厚的物质基础。其中的不少原料不仅早已走向世界，而且有很多原料并且已经引起了当今世界烹饪界、营养界和医药界的重视，甚至对它们展开了深入的研究。

第二节　烹饪设备器具

烹饪活动的开展离不开厨具设备，正确选择和恰当使用厨具设备，是保证烹饪产品质量不可忽视的一个必要条件。

一、烹饪设备器具与烹饪的关系

（一）烹饪设备器具与烹饪技术的发展密切相关

火的使用，不仅孕育了原始的烹饪，而且为后世烹饪方法的多样化积累了原始经验。同时，有了火，才可能烧制出使中国烹饪具有划时代进步的陶器，并为烹饪技术的飞跃打下了必不可少的坚实基础。

随着陶器的出现和制陶业的兴起，人们用陶器来盛装食物，便有了盛器或餐具；用陶器来加热制熟食物，便有了炊具，又由于陶器拥有远胜于石材的传热力和较高的耐火性能，可以在陶器内加水煮熟食物，就出现了严格意义上的烹饪，可见陶器的使用在中国烹饪史上具有划时代的意义。其后出现的青铜器及其在烹饪中的使用，对中国烹饪历史同样影响巨大，它既象征着中国烹饪器具已进入金属时代，也展示着中国烹饪技术从水煮汽蒸向油炸油煎过渡过程，促进了中国烹饪技术的发展和提高。接踵而至的薄型铁器的发明和使用，使众多的烹饪方法，特别是复合烹饪法得以实现；锋利的金属薄形刀具出现后，才可能有精细的刀工技法，食雕和工艺菜才开始兴起；只有石磨和机磨等加工设备的出现，才有了精制的面点和其他主食。随着时代的进步和科技的发展，新型的烹饪器具和先进的机械设备大量涌现，可以生产出灶具、调理、储藏、洗涤、冷藏、加热烘烤六大类几百种规格和品种的烹饪设备，向手工为主的传统烹饪注入新鲜血液。

在现代烹饪加工过程中，每个加工单元都可以利用烹饪器具与设备来改进传统的烹饪技术。例如，在原料的切配环节，传统的方法是要求厨师练就过硬的刀工，才能快速切配出符合要求的原料。如果选用切配机械，不仅可以大大提高工作效率，而且可以保证切配质量的稳定性，不受厨师刀工技术的影响，使切配的原料整齐、均匀（切片厚度最小仅有1毫米）。又如，面点制品"千层酥"的制作，可以利用起酥机在4毫米厚度内叠加96层面皮，从而使制品产生更加丰富的层次，大大改善生产技术。再如烹饪加热环节，为了满足菜肴的口味外焦里嫩，可以使用万能蒸烤箱，烤出"外焦"，蒸出"里嫩"，从而改变传统的挂糊油炸方法。

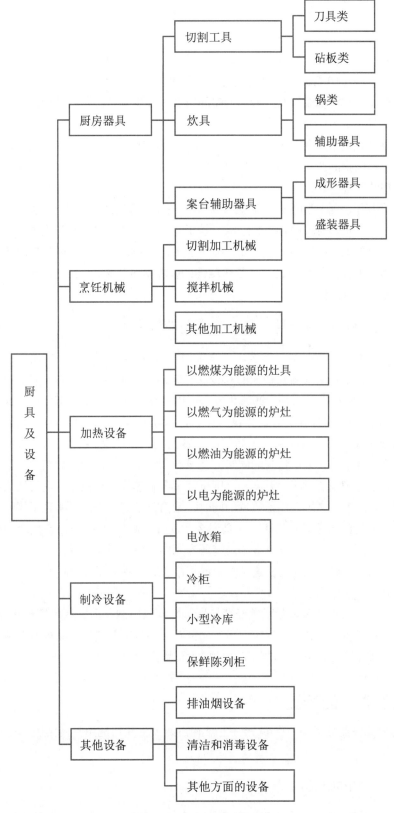

图4-3 厨具设备的种类

（二）烹饪设备器具影响烹饪产品的质量

工欲善其事，必先利其器。烹饪设备器具的使用，有利于烹饪加工中控制菜品的生产标准，最终保证菜品工艺质量。例如，传统的燃气、燃油设备，由于使用明火加热，火力大小靠调节油阀或气阀来控制，菜肴制作中准确的油温无法显示，只是靠经验判断火候，成品质量难以保持稳定。而使用先进的电热设备，将油温控制、炒焖的时间以及放多少调料都进行精确的设定，然后通过机械操作，真正保证菜品工艺质量的始终如一。

同时，设备的使用有利于保证菜品的卫生质量。用电热烘烤的方式代替烟熏火烤的加热方式，可以有效降低化学致癌物的产生。当然充分地利用烹饪设备代替手工操作，本身就有利于减少手工操作中引入污染物的风险。

烹饪设备还有利于改善食物的营养质量，例如，烹饪中常见的"打糁"，通过设备搅拌桨叶的高速旋转使食物组织破碎，所得的糁质感细腻，易于菜肴的制作，也有利于人体的消化吸收，而这种特殊的加工手段是手工难以达到的。再如，在热加工设备中，由于独特的加热原理，微波炉烹饪原料时，其营养素的损失是最小的，尤其是热敏性的营养素维生素C，常规加热最多只能保存30%左右，而微波加热几乎可以保存100%。

（三）先进的烹饪设备器具有利于餐饮企业做大做强

有着"中国第一餐饮"美誉的百年老店"全聚德"，近年来逐渐走上了规模化、现代化和连锁化的经营道路，门店数量从集团组建初期的3家发展到如今的100多家，品牌价值由1994年时的2.69亿元猛增到2006年的106.34亿元，并于2007年成为中国餐饮行业的首家上市公司。2015年品牌价值达120亿元。全聚德是如何保证100多家门店吃到的烤鸭都是一样的味道呢？一个门店最多的时候一天的销量可以达到3000只鸭子，如果人工烤制如何做到?这样的问题在任何一个餐饮企业做大做强的过程中都会碰到。全聚德在继承传统的同时，并没有拘泥于传统，而是总结人工制作的经验，开发烤鸭的专用烤炉，将烤制的时间、温度和湿度全都由电脑芯片自动控制，用智能烤鸭炉替代传统的明火果木挂炉工艺。电脑烤炉在保证质量的同时，又简化了烤制程序，实现了烤鸭的标准化和自动化。如今在全聚德各门店品尝到的烤鸭还是那么"皮酥肉嫩"，却并非出自传统的果木挂炉，而是全自动智能烤鸭炉的杰作。目前，全聚德烤鸭所专用的鸭坯、甜面酱、荷叶饼等，均已实现了产业化生产。这样一来，全聚德既保证了连锁经营的标准化，又保证了品牌信誉，正向着"世界一流美食，国际知名品牌"的目标迈进。

杭州楼外楼酒店，虽然其客流量受到经营场所和时间的限制，但是利用烤箱和油炸锅等设备，将叫化鸡、东坡肉做成包装食品，不仅扩大了产品销路，并且随着这些产品被游客带到全国乃至世界各地，还提升了楼外楼的影响力，增加了企业的无形资产价值。

二、烹饪设备器具的种类

烹饪中使用的设备器具很多（图4-3），主要有临灶设备和切配用具两大类，此外还有制冷设备、清洁和消毒设备等。

（一）临灶使用的厨具设备

临灶使用的厨具设备是指在不同炉灶台岗位（比如灶台岗、蒸锅岗、发制原料岗等）工作中使用的各种烹饪设备器具以及辅助器具等。广义上它包括蒸锅、大锅灶的煮锅在内的各种加热炊灶器具；狭义上专指临灶岗位工作中所用的加热器具和辅助器具，如炒锅（炒勺）、手勺、滤器、调料罐等。

1. 炉灶设备

炉灶设备按使用热源的不同可分为固体燃料炉灶、液体燃料炉灶、气体燃料炉灶、电热炉灶和其他热源炉灶五大类。其中，固体燃料炉灶有柴草炉、煤炉、新型固体燃料炉、炭炉等；液体燃料炉灶有柴油炉、煤油炉、酒精炉等；电热炉灶较多，包括电灶、电烤箱、电磁炉、微波炉等。炉灶以节约能源和能自由控制火候者为佳。

2. 锅具

锅是用于煎、炒、烹、炸、烧、扒、炖、蒸等各种烹调方法的加热工具。按质地可分为铁锅（生铁锅、熟铁锅）、铜锅、铝合金锅、不锈钢锅、沙锅、搪瓷锅等；按用途可分为炒锅、蒸锅、卤锅、汤锅、煎锅、笼锅、火锅、压力锅等。此外，炊灶具合一的电锅、微波炉也属此类。

3. 其他器具

其他器具是指在临灶烹饪过程中使用的烹调辅助器具，如手勺、手铲、锅刷子、锅勺枕器、锅盖、钩、叉、签、筷、铁丝网、油罐、漏勺、笊篱、箩筛、调料罐等。

（二）切配用具

切配用具主要包括刀具、磨刀石、砧板、案板等。

1. 刀具

刀具指专门用于切割食物的工具，其种类繁多，形状各异。除了一些专用刀具，如雕刀、刮刀、刨刀、涮羊肉刀、烤鸭刀等，最常见的刀具（俗称菜刀）大致可分为四类，即片刀、切刀、砍刀、前切后砍刀（表4-3）。在使用时，应保持刀具锋利，每隔一段时间要进行磨刀。每次使用后必须擦洗干净，挂在刀架上以免生锈，且刀刃不可碰到硬物上。

表4-3　最常见厨刀的特点和用途

名称	特点	主要用途
切刀	切刀比片刀大，略宽、略重，刀口锋利，结实耐用，用途最广。如广州的双狮不锈钢刀	最适宜于切片、丁、条、丝、粒、块等，也可用于加工略带小骨和质地较硬的原料
片刀	片刀又称批刀，刀身较窄，刀刃较长，体薄而轻，重500～750克。刀口锋利、尖劈角小，使用灵活方便，如广东商刀	主要用于制片，也可切丝、丁、条、块等
砍刀	砍刀又称劈刀、斩刀、骨刀、厚刀，刀身较重，1000克以上，厚背、厚膛，大尖劈角	宜于砍骨或体积较大坚硬的原料
前切后砍刀	前切后砍刀又称文武刀，其综合了切刀与砍刀的用途，大小与切刀基本一致，刀根部位比切刀厚，重750～1000克	刀口锋面的中前端刀刃适宜批、切无骨的韧性原料及植物性原料，后端适宜砍带骨的原料（只能砍带小骨的原料如鸡、鸭等），既能切又能砍故称文武刀，刀背还可捶蓉

2. 磨刀石

磨刀石主要有粗磨刀石和细磨刀石。粗磨刀石的主要成分是黄沙，因其质地粗糙，摩擦力大，多用于给新刀开刃或磨有缺口的刀。细磨刀石的主要成分是青沙，颗粒细腻，质地细软，硬度适中，因其细腻光滑，刀经粗磨刀石磨后，再转用细磨石磨，适于磨快刀刃锋口。这两种磨石属天然磨石。还有采用金刚砂合成的人工磨刀石，同样有粗细之分，也有人称之为油石。

3. 砧板

砧板属切割枕器，是刀对烹饪原料加工时使用的垫托工具，包括砧墩和案板。砧板的种类繁多，主要有天然木质、塑料、复合型制品三类，通常使用天然木质的。砧板还可分为生食砧板与熟食砧板。近年来，英国生产出一种以耐振的天然橡胶为原料制成的无声砧板，不仅切剁时无声，且不易因刀刃滑动而伤到手指，切完后还可把砧板对折存放，安全且实用。砧板在使用时应保持其表面平整，且保证食品的清洁卫生；使用后要及时刮洗擦净，晾干水分后用洁布罩好。

（三）加工机械

在现代厨具设备中，食品加工机械占有重要位置，它大大减轻了厨师的劳动强度，使工作效率成倍增长。包括初加工机械、切割加工机械、搅拌机械等。初加工机械主要是指对原料进行清洗、脱水、削皮、脱毛等设备，如蔬菜清洗机、脱毛机、蔬菜脱水机、蔬菜削皮机等。切割加工机械主要有切片机、锯骨机、螺蛳尾部切割机等。切片机采用齿轮传动方式，外壳为一体式不锈钢结构，维修、清洁极为方便，所使用的刀片为一次铸造成型，刀片锐利耐用。切片机是切、刨肉片以及切脆性蔬菜片的专用工具。该机虽然只有一把刀具，但可根据需要，调节切刨厚度。切片机在厨房常用来切割各式冷肉、土豆、萝卜、藕片，尤其是刨切涮羊肉片，所切之片大小、厚薄一致、省工省力，使用频率很高。搅拌机械主要有绞肉机和多功能搅拌机。绞肉机由机架、传动部件、绞轴、绞刀、孔格栅组成，使用时要把肉分割成小块并去皮去骨，再由入口投进绞肉机中，启动机器后在孔格栅挤出肉馅。肉馅的粗细可由绞肉的次数来决定，反复绞几次，肉馅则更加细碎。该机还可用于绞切各类蔬菜、水果、干面包碎等，使用方便，用途很广。多功能搅拌机结构与普通搅拌机相似，多功能搅拌机可以更换各种搅拌头，适用搅拌原料范围更广。

知识链接

● 中国菜肴自动烹饪机器人

2006年10月，世界第一台中国菜肴烹饪机器人"爱可"（AIC-AICookingrobot）诞生，它第一次将机械电子工程学科和复杂的中国烹饪学科交叉融合。其基本原理为：将机电一体化技术和烹饪技术相结合，将烹饪工艺灶上动作标准化并转化为机器可解读的语言，应用机械设计、自动控制、计算机技术等进行烹饪机器人系统软硬件开发。烹饪机器人可通过自身的锅具运动机构、工具运动机构、火候控制装置和其他必要辅助装置，完成中国烹饪灶上工艺的基本动作，可自动完成烹饪过程，从而实现中国烹饪的标准化与自动化。

根据市场需求，未来的AIC市场可以划分为两个走向，一是商用AIC，主要是针对酒店、快餐行业所设计的一种可用于连续生产的专业烹饪机器人；一是家用AIC，主要面向城市家庭。等到条件成熟时，AIC还会支持DIY开发方式。AIC的诞生，将给人们的生活带来巨大变化，包括减轻繁重的烹饪劳动、改善人们的生活水平、加速数字化社会进程、提高厨师社会地位和自身素养、传承和推动中国烹饪走向世界。

（四）盛装器具

我国菜肴的盛器种类特别多。按质料的不同分，有瓷器、陶器、玻璃器皿、搪瓷器皿，以及铜器、锡器、铝器、银器、不锈钢器皿等。其中以瓷器应用最为普遍。实际应用中，一般按盛器的形状和用途将它们分为盘、碟、碗、盆、锅、钵、铁板、攒盒、竹器、藤编等。其中以盘的种类最为丰富，有平盘、凹盘等品种；有圆盘、腰盘、长方盘、异形盘（如船形盘、叶形盘、方形、蟹盘、鸭盘、鱼盘盛器）等形状。碗有汤碗、蒸碗（扣碗）、饭碗、口杯；锅有品锅、火锅、汽锅、沙锅。每一种又有型号不一的各种规格。

第三节 厨房

厨房泛指从事菜点制作的生产场所，国外经常将厨房描述成"烹调实验室"或"食品艺术家的工作室"。它必须具备有一定专业技术的厨师、厨工及相关工作人员，烹饪所必需的设施和设备、空间和场地、烹饪原材料、适用的能源等要素。厨房的组织运作其实更像工厂的生产：进入的是烹饪原料，输出的是形态、质感均发生变化了的烹饪产品。

一、厨房的种类

（一）按厨房规模划分

厨房按规模可分为大型厨房、中型厨房、小型厨房、超小型厨房等。

1. 大型厨房

大型厨房是指生产规模大、能给众多顾客同时提供用餐的厨房。一般餐位在1500个以上的综合型饭店，大多设有大型厨房。这种大型厨房是由多个不同功能的厨房组合而成的，各厨房分工明确，协调一致，承担饭店大规模的生产出品工作。单一功能的餐馆、酒楼，其经营面积在2000平方米或餐位在800个以上，其厨房也多为大型厨房。这样的厨房场地开阔，大多集中设计、统一管理经营数种风味的大型厨房，多需归类设计、细分管理、统筹经营。一般中餐烹调厨房布局见图4-4。

2. 中型厨房

中型厨房是指能同时生产、提供300～500个餐位的厨房。中型厨房场地面积较大，大多将加工、生产与出品等集中设计，综合布局。

3. 小型厨房

小型厨房多指同时生产、提供200个左右餐位甚至更少餐位的场所。小型厨房多将厨房各工种、岗位集中设计、综合布局，占用场地面积相对节省，其生产的风味比较单一。

4. 超小型厨房

超小型厨房是指生产功能单一、服务能力十分有限的烹饪场所。比如在餐厅设置面对客人现场烹饪的明炉、明档，综合型饭店豪华套间或总统套间内的小厨房，商务行政楼层内的小厨房，公寓式酒店内的小厨房等。这种厨房虽然小，但其设计都比较精巧、方便、美观，与其他厨房配套完成生产出品任务。

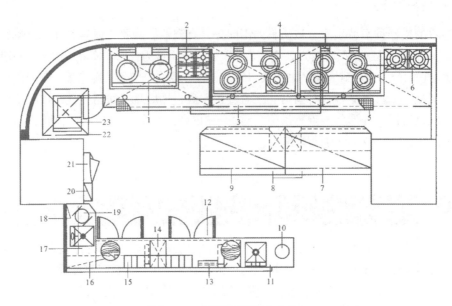

图4-4 中餐烹调厨房布局

1-双头蒸炉；2-煲仔炉连烤箱；3-运水烟罩；4-双头双尾炒炉；5-明沟垫板；6-双头矮身炉；7、9-移门工作台；8-保温出菜台；10-活动垃圾桶；11-工作台；12-冷柜工作台；13-灭蝇灯；14-冷柜工作台；15-低温配料槽；16-双层吊架；17-单星盘工作台；18-双层吊架；19-活动垃圾桶；20-消防系统；21-运水烟罩控制箱；22-烟罩；23-蒸柜

（二）按餐饮风味类别划分

厨房按经营风味不同，大体分为中餐厨房、西餐厨房和其他风味菜厨房等。

1. 中餐厨房

中餐厨房是生产中国不同地方、不同风味、不同风格菜肴、点心等食品的场所，如广东菜厨房、四川菜厨房、江苏菜厨房、山东菜厨房、宫廷菜厨房、清真菜厨房、素菜厨房等。

2. 西餐厨房

西餐厨房则是生产西方国家风味菜肴及点心的场所。如法国菜厨房、美国菜厨房、俄国菜厨房、英国菜厨房、意大利菜厨房等。

3. 其他风味菜厨房

除了典型的中餐风味、西餐风味厨房，还有一些生产制作特定地区、民族的特殊风格菜点的场所，即其他风味厨房，如日本料理厨房、韩国烧烤厨房、泰国菜厨房等。

（三）按厨房生产功能划分

按厨房主要从事的工作或承担的任务，可分为加工厨房、宴会厨房、零点厨房、冷菜厨房、面点厨房、咖啡厅厨房、烧烤厨房、快餐厨房等。

1. 加工厨房

加工厨房是负责对各类鲜活烹饪原料进行初步加工（宰杀、去毛、洗涤）、对干货原料进行涨发，并对原料进行刀工处理和适当保藏的场所。

加工厨房在国内外一些大型餐饮企业、大饭店中又称为主厨房、中央厨房，负责餐饮企业内各烹调厨房所需烹饪原料的加工；在特大型餐饮企业或连锁、集团餐饮企业里，加工厨房有时又被切配中心取代，其工作性质和生产功能仍基本相同。由于加工厨房每天的工作量较大，进出货物较多，垃圾和用水量也较多，因而许多餐饮企业都将其设置在建筑物的底层或出入便利、易于排污和较为隐蔽的地方。

● 中央厨房——中国食品产业新的增长极

中央厨房又称中心厨房，其主要生产过程是将原料按照菜单制作成成品或者半成品，配送到各连锁经营店进行二次加热或者进行销售组合后销售给顾客，也可以直接加工成成品或组合后直接配送销售给顾客。

"中央厨房"的概念是从国外引入的，其主要作用是为连锁餐饮提供成品或半成品。国外连锁餐饮业重视并建设中央厨房工程已有几十年的历史。以日本为例，许多成功的餐饮连锁企业都是在店面开设初期就积极运筹建设中央厨房。

1970年，吉野家在日本仅有几家店，但其在1971年便建设了中央厨房，这一模式为其后来在全球建立连锁店奠定了坚实的基础，目前该企业在全世界拥有1100多家店面。在美国、日本等发达国家，中央厨房工程的另一个作用是服务于学生午餐和社会零售店。美国学校供餐经历了漫长的发展过程，在营养立法、组织机构、营养指导、监督管理和调查研究等方面已经形成完整的科学体系；日本学校的供餐则开始于第二次世界大战后，目前日本中小学生学校供餐模式基本形成以中央厨房为核心，以卫星厨房和学校厨房为辅的模式。

中央厨房与连锁配送相结合促进了经济发展和社会繁荣。通过对2010年中国餐饮百强企业品牌的调查发现，在行业有一定影响力并快速发展的连锁餐饮企业中，不管是西式代表肯德基、麦当劳，还是中式代表全聚德、真功夫和大娘水饺，其背后都有一个强大的生产和配送系统，即中央厨房，连锁企业通过中央厨房确保菜单中菜品的标准化、生产工厂化、经营连锁化和管理科学化。

建立中央厨房已经成为中型以上餐饮企业发展的趋势，中央厨房的建立，不仅仅服务于快餐业，也推动传统小吃业的发展，同时也变革了食品产业中产品分销模式。中央厨房分销方式有两种：第一种形式把所有菜品全部在一个统一的厨房烹饪完毕后，运送至各连锁餐厅给顾客。这样的形式，实质上是一种与麦当劳相似的大批量生产运作，主要是通过中央厨房的集中生产，形成较好的生产规模并实施标准化，从而保证了质量的恒定，并降低了生产成本，这种生产形式一般局限于品种较少的快餐经营或产品加工手法比较单一的连锁餐饮企业。如真功夫餐厅，其原料都由后勤统一采购、加工、真空包装、检验，最后通过冷链送至真功夫餐厅；第二种形式则是不集中烹饪，只是把所有的原料都集中管理和进行初步处理，然后运送到各连锁餐厅的分厨房进行最后的烹饪，为求品质统一，各连锁餐厅的烹饪方法会被要求一致化。这样的经营方法在成本的控制上非常有效，质量也有了保证，同时也能提供更多的产品品种，如一些餐饮连锁企业的中央厨房，整个厨房被分为调汁组、烧腊组、熏酱组和调馅组等，连锁餐饮必需的饺子馅、调味料、菜品的粗加工、熟食等都是从中央厨房配送到各店面的，消费者点餐时只需将半成品稍作加工即可。此外，随着食品产业的发展和产品细分，中央厨房自身未来将会升级成为专业化的服务于餐饮企业的专业工厂，这样的工厂将不隶属于某个餐饮企业，而是为所有的餐饮企业提供某一种类的餐饮产品，比如肉类、面点等。中央厨房生产模式实际上是为餐饮行业注入了工业化的生产优势。目前，中央厨房也已经从快餐进入正餐。今后，中央厨房将是餐饮企业发展到一定规模之后的必然选择，而中央厨房的运营也将发展成为对接食品工业和餐饮行业的一个新型业态。

综上所述，中央厨房既是整个企业的运转核心，又是店面建设的保障。连锁经营的发展催生了中央厨房，中央厨房的建立也为连锁餐企的规模扩张和安全经营提供了重要支撑。二者的发展是一个互动的过程。连锁规模经营带来的标准化操作、工厂化配送、规模化经营和科学化管理也将保证餐饮行业的更快发展。

----

2. 宴会厨房

宴会厨房是指为宴会厅服务、主要制作宴会菜点的场所。大多餐饮企业为保证宴会规格和档次，专门设置此类厨房。设有多功能厅的餐饮企业，宴会厨房大多同时负责各类大、小宴会厅和多功能厅开餐的烹饪出品工作。

3. 零点厨房

零点厨房是专门用于制作客人临时、零散点用菜点的场所，即该厨房对应的餐厅为零点餐厅。零点餐厅是给客人自行选择、点食的餐厅，故列入菜单经营的菜点品种较多，厨房准备工作量大，开餐期间工作也很繁杂。这种厨房多设有足够的设备和场地，以方便制作和及时出品。

4. 冷菜厨房

冷菜厨房又称冷菜间，是加工制作、出品冷菜的场所。冷菜制作程序与热菜不同，一般多为先加工烹制，再切配装盘，故冷菜间的设计在卫生和整个工作环境温度等方面有更加严格的要求。冷菜厨房还可分为冷菜烹调制作厨房（如加工卤水、烧烤或腌制、烫拌冷菜等）和冷菜装盘出品厨房，后者主要用于成品冷菜的装盘与发放。

5. 面点厨房

面点厨房是加工制作面食、点心及饭粥类食品的场所，中餐又称其为点心间，西餐多叫包饼房。由于其生产用料的特殊性，操作工艺与菜肴制作有明显不同，故又将面点生产称为白案，菜肴生产称为红案。各餐饮企业分工不同，面点厨房生产任务也不尽一致，有的面点厨房还承担甜品和巧克力小饼等制作。

6. 咖啡厅厨房

咖啡厅厨房是负责生产制作咖啡厅供应菜肴的场所。咖啡厅相对于扒房等高档西餐厅，实则为西餐快餐或简餐餐厅。咖啡厅经营的品种多为普通菜肴，甚至包括小吃和饮品。因此，咖啡厅厨房设备配备相对较齐，生产出品快捷。也正因为有此特点，许多综合性饭店将咖啡厅作为饭店内每天经营时间最长的餐厅，咖啡厅厨房也就成了生产出品时间最长的厨房。有的咖啡厅厨房还兼备房内用餐食品的制作出品功能。

7. 烧烤厨房

烧烤厨房是专门用于加工制作烧烤类菜肴的场所。烧烤菜肴如烤乳猪、叉烧、烤鸭等，由于加工制作工艺、时间与热菜、普通冷菜程序、时间和成品特点不同，故需要配备专门的制作间。烧烤厨房一般室内温度较高，工作条件较艰苦，其成品多转交冷菜明档或冷菜装盘间出品。

8. 快餐厨房

快餐厨房是加工制作快餐食品的场所。快餐食品是相对于餐厅经营的正餐或宴会大餐食品而言的。快餐厨房大多配备炒炉、油炸锅等便于快速烹调出品的设备，其成品较简单、经济，生产流程的畅达和生产节奏的快捷是其显著特征。

二、厨房的面积和高度

（一）厨房面积

厨房面积对顺利进行厨房生产至关重要，它影响到工作效率和工作质量。面积过小，会使厨房拥挤和闷热，不仅影响工作速度，而且还会影响员工的工作情绪；面积过大，员工工作时行走的路程就会增加，工作效率自然会降低。厨房面积的确定一般考虑原材料的加工作业量、经营的菜式风味、厨房生产量的多少、设备的先进程度与空间的利用率、厨房辅助设施状况等因素。在一个中型的酒店，中心厨房的整体面积一般与整个餐饮经营服务面积的比例为3∶5或4∶5，天花板与地面之间的高度为3~4米，设备之间的主要通道宽度不少于1.6米，进货口和出菜口通道不少于2.2米。

（二）厨房的高度

厨房应有适当的高度，一般应在4米左右。如果厨房的高度不够，会使厨房生产人员有一种压抑感，也不利于通风透气，并容易导致厨房内温度增高。反之，厨房过高，会使建筑、装修、清扫、维修费用增大。依据人体工程学要求，根据厨房生产的经验，毛坯房的高度一般为3.8~4.3米，吊顶后厨房的净高度为3.2~3.8米为宜。这样的高度，其优点是便于清扫，能保持空气流通，对厨房安装各种管道、抽排油烟罩也较合适。

三、厨房环境的基本要求

（一）讲究卫生

厨房卫生，首先是外部环境无污染，有清洁的水源、空气、地面。在厨房内部，设备、地面应整洁、干净、易清洗，并具有抗御污染的能力。特别要防止苍蝇、蚊子、蟑螂、老鼠、蚂蚁等进入厨房，以免对食品造成污染，防止病从口入。因而，必须定时对厨房进行打扫、消毒。

（二）布局合理

厨房的空间有限，烹饪工艺需要有合理流程，因而在布局上，应按流程的顺序排列。如原料进口储藏、生料加工处理，案板设置，冷菜、热菜烹制炉灶设置，调味品的放置，炊具的放置，出菜口与进食间的联结处置，器皿盥洗间与灶台堂口的位置安排，废气、污水、下脚料和残羹的处置，都有一个"最佳"选择点问题。

（三）通风良好

厨房未充分燃烧的煤炭、燃油或城市煤气及菜肴制作过程中的热油烟气（其中含有一氧化碳、氮氧化合物、飘尘，以及致癌物苯并芘等），对人体的危害很大，直接影响厨房的清洁和厨师的身心健康。为此，必须解决厨房的排油烟和通风问题，维持良好的室内空气。

（四）照明适宜

厨房在生产时，操作人员需要有充足的照明，才能顺利地进行工作，特别是在炉灶上烹调时，若光线不足，容易使员工产生疲乏劳累感，产生安全隐患，降低生产效率和质量。要保证菜点的色泽和档次，厨房的灯光，不仅要从烹调师正面射出，没有阴影，而且还要保持与餐厅照射菜点的灯光一致。通常，厨房照明应达到10瓦/米^{2}以上，在主要操作台、烹调作业区照明更要加强。

（五）噪声较小

噪声一般是指超过80分贝以上的强声。厨房噪声的来源有排油烟机电机风扇的响声、炉灶鼓风机的响声，还有搅拌机、蒸汽箱等发出的声音，其噪声在80分贝左右。特别是在开餐高峰期，除了设备的噪声，还有人员的喊叫声。强烈的噪声不仅破坏人的身心健康，还容易使人性情暴躁，工作不踏实。因此，对噪声的处理也是一件很重要的工作。

（六）厨房的温度和湿度

绝大多数餐饮企业的厨房内温度太高。在闷热的环境中工作，不仅员工的工作情绪受到影响，工作效率也会变得低下。在厨房安装空调系统，可以有效地降低厨房环境温度。在没有安装空调系统的厨房，也有许多方法可以适当降低厨房内温度，例如在加热设备的上方安装排风扇或排油烟机；对蒸汽管道和热水管道进行隔热处理；散热设备安放在通风较好的地方，生产中及时关闭加热设备；尽量避免在同一时间、同一空间内集中使用加热设备；通风降温（送风或排风降温）等。

湿度是指空气中的含水量多少；相对湿度是指空气中的含水量和在特定温度下饱和水气中含水量之比。厨房中的湿度过大或过小都是不利的。湿度过大，人体易感到胸闷，有些食品原料易腐败变质，甚至半成品、成品质量也受到影响；反之，湿度过小，厨房内的原料（特别是新鲜的绿叶蔬菜）易干瘪变色。厨房内较适宜的温度应控制在冬天22～26℃，夏天在24～28℃，相对湿度不应超过60%。

■ 思考题

1. 烹饪原料的基本要求是什么？烹饪原料的热物理特性有哪些？
2. 中国烹饪原料有什么特点？
3. 烹饪设备器具如何分类？
4. 烹饪设备器具在烹饪中的作用是什么？
5. 厨房有哪些种类？
6. 厨房的环境要求有哪些？

C CHAPTER 5

第五章
烹饪工艺

■ 学习目标

（1）掌握烹饪工艺的概念和特点，了解烹饪工艺的基本流程。

（2）了解烹饪工艺的要素，掌握其主要内容。

（3）了解并掌握烹饪工艺的基本原理。

（4）了解烹调方法的概念和分类。

■ 核心概念

烹饪工艺、烹饪工序、烹饪流程、烹饪方法、刀工、火候、勺工、调味

■ 内容提要

烹饪工艺要素，烹饪工艺流程，烹饪工艺原理，烹饪工艺方法。

烹饪主体作用于烹饪客体，形成烹饪产品的过程就是烹饪工艺。烹饪工艺是人类在烹饪过程中积累起来并经过总结的操作技术经验，是烹饪技术的积累、提炼和升华。

第一节　烹饪工艺要素

烹饪工艺要素是实施烹饪工艺所必须具备的基本因素，主要包括选料、刀工、火候、风味调配、勺工、盛装等。

一、选料

"巧妇难为无米之炊"，选料是烹饪工艺的第一要素，实施烹饪工艺首先要根据烹饪菜点要求，有目的地选择烹饪原料，以保证烹饪工艺的正常实施和菜点的质量。从技术角度看，选料的关键问题是两个：一是选料的原则；二是选料的方法。

（一）选料的原则

1. 因时选料

因时选料即根据原料的生长季节或生长周期，在最适宜食用时采用。虽然现在人工培育的原料已不分季节性，但就风味而言，目前仍不能取代天然生长的原料。许多烹饪原料受季节因素的影响较大，同一原料一年之中处在不同的时期，其状态差异较大。如鲥鱼在每年春季上溯入江产卵时体内脂肪肥厚，肉味最为鲜美；蔬菜一般在刚上市时鲜嫩，下市时老韧。《随园食单·时节须知》中曾说："冬宜食牛羊，移之于夏，非其时也。夏宜食干腊，移之于冬，非其时也。辅佐之物，夏宜食芥末，冬宜用胡椒。当三伏天而得冬腌菜，贱物也，而竟成至宝矣。当秋凉时而得行鞭笋，亦贱物也，而视若珍馐矣。有先时而见好者，三月食鲥鱼是也；有后时而见好者，四月食芋艿是也。其他也可类推。有过时而不可吃者，萝卜过时则心空，山笋过时则味苦，刀鲚过时则骨硬。所谓四时之序，成功者退，精华已竭，褰裳去之也。"

2. 因地选料

因地选料即尽量选择特定地区生产的特色原料。由于地理、气候等环境因素影响，不同的地区各有自己的特产原料。即使是同一种原料，也会因地区不同而出现品质差异。为了保持某些地方菜品的独特风味，原料产地的选择显得尤为重要。如四川菜中的鱼香肉丝，必须选用四川郫县产的豆瓣酱和泡辣椒，才能烹制出正宗的四川风味；北京全聚德的烤鸭，必须选用北京的填鸭；金华火腿必须选用金华特产"两头乌"猪的后腿，才能保持肉质丰满，骨细皮薄的特点。

3. 因质选料

因质选料即在区分原料等级档次的前提下，因需而用。每种原料都有其本身固有的品质，如有不同等次的品种，有的最佳，有的次之，有的则最差。如果熟悉并掌握了原料自身的档次，就能正确鉴别和选用所需品种。如香菇有花菇、厚菇、平菇的等级之分，哈士蟆油有上、中、下及等外的区分，面粉有韧性强、中、弱之分。再如竹笋，有鲜笋和干笋之分，鲜笋又有冬笋、春笋、鞭笋之分，干笋又有玉兰片、笋衣、春笋干、笋丝等。它们虽然有时可以互相取代，但制出的菜肴质量、风味以及营养都有不同。

4. 因菜选料

任何一种菜肴都有相应的选料范围，如爆炒菜的原料必须质地细嫩、易于成熟；质地细嫩的绿叶蔬菜，适合高温速成的烹调方法，如果超出了各自的范围，就很难达到菜肴的要求。同是鱼类菜品，沙锅鱼头、拆骨鱼头一般选用鳙鱼，含脂肪多的鲥鱼、鲞鱼一般适合于清蒸；做鱼丸一般选用含胶质比较多的鱼类，草鱼、金枪鱼等肉质厚而小刺少的鱼，宜于切片、切丝、剔肉，鲜活的鲫鱼宜于氽汤等。又如鸡，小笋鸡，肉质最嫩，适合于制作"炸八块鸡""油淋子鸡"等。大笋鸡，肉质较嫩，可剔肉烹制"炒鸡丁""宫保鸡"等菜肴。雏母鸡，肉质肥嫩，既适合于剔肉用于爆炒，又宜于整料蒸、烤、炸，但不宜于煮汤。老母鸡营养丰富，肉多而老，宜于煮汤或烹制沙锅菜肴。

5. 因人选料

烹饪原料可以供给人体所需要的营养素，但不同的人对营养的需求有一定差异。首先是年龄的差异，如儿童、成人和老人的需要不同；其次是工作性质的差异，如体力劳动者爱肥浓，脑力劳动者喜清淡；再有，性别差异也会影响到他们对营养的需求。不同健康状况的人也有各自的膳食特征，选料时要因人而异。此外，由于各地区的民族习俗、宗教信仰、个人嗜好不同，从而使饮食习俗也有所不同，食物的喜好也各不相同。如回族信奉伊斯兰教，禁血生、禁外荤；蒙古族信奉喇嘛教，禁鱼虾，不吃糖醋菜。选择原料要了解各地的民俗风情，投其所好，避其所忌。

（二）选料的方法

在实际工作中，对烹饪原料的选择有两种情况：一是根据一定的要求选择合适的原料；二是根据一定的原料选择恰当的加工和烹调方法。在具体的选择过程中，主要是对原料的品种、质量、数量和形态进行确定（图5-1）。

烹饪原料的选择大致分为三个层次。第一个层次是根据烹饪原料营养安全卫生标准和法规选料，即决定什么能作为烹饪原料，什么不能作为烹饪原料。第二个层次是根据烹饪原料自身的性质、特点和烹调工艺及菜肴的具体要求来选料，即决定在能够用于烹饪的原料中，什么样的原料适用于什么样的加工或烹调方法；或者说什么样的加工或烹调方法，才能最大限度地发挥该种烹饪原料的优点。第三个层次是根据人体健康状况、民俗风情、宗教信仰、法律法规等人文社会因素选料，以保障消费者身体健康，遵守民族、宗教政策。

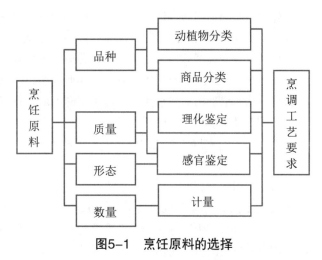

图5-1　烹饪原料的选择

二、刀工

刀工是根据烹调和食用的要求，使用各种不同的刀具，运用各种不同的刀法将不同质地的烹饪原料加工成特定形状的一项技艺。俗话说"三分灶，七分案"，"良厨一把刀"，这话虽有些夸张，但确也道出了刀工在烹饪中的重要作用。精妙绝伦、变幻无穷的刀工艺术，赋予了中国烹饪艺术的生命力。

（一）刀工的作用

1. 使原料便于成熟、便于入味

完整的、体形较大的原料，在正式烹调时既不利于热量的传递，也不利于调味料向内部渗透。针对这种情况，将原料经过刀工处理，可以使原料由大变小，由粗变细，由整变碎，将其切割成块、片、丝、条、丁、粒、末、蓉泥等各种不同的形状，使菜肴取得快速成熟、入味三分的效果。我们还可以运用刀工技术在原料表面剞上深浅不一的刀纹，比如在鸡、鸭、鱼、腰、肉、肚等原料表面剞花刀，通过扩大原料的受热面积，同样可以使原料快速成熟，使调味品快速渗透到原料的内部。

2. 使菜肴便于美化造型

中国菜除了用火、水、调味品等因素来改变原料的色泽和形状以外，刀工也具有很强的艺术表现力。运用刀工可以将各种烹饪原料加工成特定的形状，可以创造千姿百态的生动形象。一块肉、一条鱼、甚至于一些内脏都可以用刀切成各种几何形；有的还可以用剞花刀的方法将原料加工成各种形状，诸如"菊花形""麦穗形""松果形""梳子形""眉毛形""松鼠形""燕子形"等；有的原料还可以制成蓉泥，通过蓉泥可以制成各种花、鸟、虫、鱼、草等图案，因此说刀工本身就是一门艺术，厨师们运用各种刀法将普通的原料综合制成一道道色香味形俱佳的美味佳馔，实际上就是菜肴艺术品。

3. 可以改进菜肴的质感

动物性原料肉质的嫩度是相对韧度而言的。使肉类菜肴软嫩适口、易于咀嚼和消化吸收，是厨师和食客共同追求的目标。肌肉中纤维的粗细、结缔组织的多少及含水量是影响菜肴嫩度的内在因素。要改变菜肴的质感，除了依托于挂糊、上浆、拍粉等保护性加工措施以外，还可以通过刀工刀法来加以改变，即运用刀工技术对各种原料采用切、剞、捶、拍、剁等方法进行加工处理，使肌肉纤维组织和结缔组织断裂或解体，扩大肌肉蛋白与外界的接触面积，使更多的蛋白质亲水基团暴露出来，从而增加肉的持水性，经过烹制即可取得良好的质感。

4. 可以丰富菜点品种

刀工技术的发展，为花样繁多的中国菜肴奠定了良好的基础。运用切、砍、剁、批、排、抖、旋等刀法，可以把各种不同质地的原料加工成各种不同的形状，每一种形状都能制作出多种菜肴；运用剞刀法可以加工多种花式菜肴；将各种刀法辅之以拼摆、镶、嵌、叠、卷、排、扎、酿、包等工艺手法，可以制成各种式样、造型优美的菜肴；通过刀法将原料制成蓉泥，可以塑造出"花""草""鱼""虫"等多种艺术形象的菜肴，也可以通过做馅心来丰富菜肴的品种。因此，菜肴数量和品种与刀工刀法的作用是分不开的。

（二）刀工操作的基本要求

1. 安全操作

刀工操作时，要凝神于运刀之中，注意力随着刀刃走，做到"安全第一"。熟练掌握各种刀法技巧和用力方法，下刀稳准，干净利落。特别是劈、砍、剁较硬或体积较小的原料时，材料要放稳，尽量避免用手抓握，防止翻滚，发生危险。

2. 配合烹调

不同的原料，不同的烹调方法，对原料的加工要求也不尽相同，原料的刀工处理要与烹调的要求密切配合。一般来说，对爆、炒等旺火速成的菜肴，原料要切得小、细、薄；对焖、炖等小火长时间加热的菜肴，原料要切得大、粗、厚。再如，香酥里脊丝与清烩里脊丝，前者口味酥脆，后者则口味鲜嫩。这就要求前者的里脊丝要切得粗而长，以防止里脊丝过于细短经油炸收缩后显得更细短，变得老而无味；后者则要切得细而短，以达到鲜嫩、美观的目的。

3. 均匀整齐

刀工处理后的原料，无论是丁或丝，条与片，还是剞花刀，应保持刀口均匀，整齐划一。这不仅是为了美观的需要，而且关系到菜肴火候的掌握和控制。

4. 物尽其用

"物尽其用，避免浪费"，是每个厨师都应努力做到的。大材大用、小材小用、因材施用，做到物尽其用。每种原料，都应充分发挥其应有的作用。所谓的下脚料，可能在另一个地方，可以成为主料。一个训练有素的好厨师，手下是不会有很多下脚料的。如芹菜叶的营养价值很高，可以洗净焯水后凉拌食用；茄子的皮，比茄肉的营养价值还要高很多，可以收集起来，切丝炒，或烘干后炖肉，风味颇佳。总之，一切可利用的原料，都要充分合理地加以利用，不应随意抛弃和浪费。

5. 清洁卫生

保证菜肴的洁净卫生，让食者吃得放心，是每个厨师应遵守的基本原则。刀工操作时，要养成良好的操作习惯。刀、砧板和砧板周围的原料、物品的摆放，都应有条不紊，清洁整齐，干净利索，力求做到"手下清，脚下清，收档清"。同时，还应具备一定的专业知识。如发芽的土豆应剔除芽尖，挖除芽根及变色部分；肉中的淋巴要去除。整日邋里邋遢，不学无术的厨师，是很难在烹饪事业中有所建树的。

（三）刀工中的刀法

刀法是根据烹调和食用的要求，将各种烹饪原料加工成一定形状的行刀技法。刀法的种类很多，各地刀法的名称和操作要求也不尽相同。

1. 基本刀法

基本刀法是指在行刀过程中，刀面与原料（或砧墩面）始终成一定角度的刀法。通常根据所成角度的大小可分为直刀法、平刀法和斜刀法三种（表5-1）。直刀法是指刀具与墩面基本保持垂直角度运行的刀法，依据用力大小的程度可分为切、剁、砍3类。平刀法是指刀面与墩面平行，刀保持水平运动的刀法。运刀要用力平衡，不应此轻彼重，而产生凸凹不平的现象。依据用力方向，这种刀法可分为平刀直片、平刀推片、平刀拉片、平刀抖片、平刀滚料片等。斜刀法是一种刀面与墩面呈斜角，刀做倾斜运动，将原料片开的刀法。这种刀法按刀的运动方向与砧墩的角度，可分为斜刀拉片（也称正斜刀法、正刀批、斜刀片等）和斜刀推片（也称反斜刀法、反刀批、反刀片等）两种方法。

表5-1　刀法分类一览表

刀法种类			操作方法	技术要领	适用原料
直刀法	切法	直切	左手扶稳原料，右手持刀，用刀刃的中前部位对准原料被切位置，垂直上下起落将原料切断	刀身不可里外倾斜，作用点在刀刃的中前部位	脆性原料，如白菜、油菜、荸荠、鲜藕、莴笋、冬笋及各种萝卜等
		推切	左手扶稳原料，右手持刀，用刀刃的前部位对准原料被切位置。刀具自上至下、自右后方朝左前方推下去，将原料切断	用刀要有力，克服连刀现象，要一刀将原料推切断开	各种韧性原料，如无骨的猪、牛、羊各部位的肉；硬实性原料，如火腿、海蜇、海带等

刀法种类			操作方法	技术要领	适用原料
直刀法	切法	拉切	用刀刃的后部位对准原料被切的位置。刀具由上至下、自左前方向右后方运动，用力将原料拉切断开	用刀要有力，避免连刀的现象。要一拉到底，将原料拉切断开	韧性较弱的原料，如里脊肉、通脊肉、鸡脯肉等
		推拉刀切	先用推刀的刀法将原料前端切断，然后再运用拉切的刀法将原料的后端切断。如此将推刀切和拉刀切连接起来，反复推拉切	将原料完全推切断开以后再做拉刀切，用刀要有力，动作要连贯	韧性较弱的原料，如里脊肉、通脊肉、鸡脯肉等
		锯切	用刀刃的前部位接触原料被切的位置。刀具在运动时，先向左前方运动，刀刃移至原料的中部位之后，再将刀具向右后方拉回。如此反复多次将原料切断	刀具与墩面保持垂直，刀具在前后运动时的用力要小，速度要缓慢，动作要轻，下压力要小，避免原料因受压力过大而变形	质地松软的原料，如面包等；软性原料，如各种酱肉、黄白蛋糕、蛋卷、肉糕等
		滚料切	滚料推切：左手扶稳原料，使其与刀具保持一定的斜度，右手持刀，用刀刃的前部对准原料被切位置，运用推刀切的刀法，将原料推切断开。每切完一刀后，即把原料朝一个方向滚动一次，再做推刀切，如此反复进行	通过推切或直切来加工原料。由于原料质地的不同，刀法也有所不同。每完成一刀后，随即把原料朝一个方向滚动一次，每次滚动的角度都要求一致，才能使成形原料规格相同	直刀滚料切适合加工一些断面为圆形或近似圆形的脆性原料，如各种萝卜、冬笋、莴笋、黄瓜、茭白、土豆等
			滚料直切：左手扶稳原料，右手持刀，用刀刃的前部对准原料被切位置，原料与刀膛保持一定的斜度，运用直刀切的刀法，将原料断开。每切完一刀后，即把原料朝一个方向滚动一次，如此反复进行		
		铡切	左手握住刀背前部，右手握刀柄；刀刃前部垂下，刀具后部翘起，被切原料放在刀刃的中部；右手用力压切，如此上下反复交替压切	左右两手反复上下抬起，交替由上至下摇切，动作要连贯	带软骨或比较细小的硬骨原料，如蟹、烧鸡等；圆形、体小、易滑的原料，如花椒、花生米、煮熟的蛋类等
	剁（斩、排）法	排剁	有单刀排剁和双刀排剁两种，方法大致相同。单刀排剁时，将原料放在墩面中间，左手扶墩边，右手持刀（或双手持刀），用刀刃的中前部位对准原料，用力剁碎。当原料剁到一定程度时，将原料铲起归堆，再反复剁碎原料直至达到加工要求为止	用手腕带动小臂上下摆动，要勤翻原料，使其均匀细腻。用刀要稳、准，富有节奏，同时注意抬刀不可过高，以免将原料甩出造成浪费	脆性原料，如白菜、葱、姜、蒜；韧性原料，如猪肉、羊肉、虾肉等

刀法种类			操作方法	技术要领	适用原料
直刀法	剁（斩、排）法	刀尖（跟）排（捶）法	操作时要求刀要作垂直上下运动，用刀尖或刀跟在片形原料上扎上一些分布比较均匀的刀纹，用以剁断原料内的筋络，防止原料因受热而卷曲变形。同时也便于调料入味和扩大受热面积，宜于成熟	刀具要保持垂直起落，刀距间隙要均匀，用力不要过大，轻轻将原料扎透即可	呈厚片形的韧性原料，如大虾、通脊肉、鸡脯肉等
		刀背排（捶）	左手扶墩，右手持刀（或双手持刀），刀刃朝上，刀背朝下，将刀抬起，捶击原料。当原料被捶击到一定程度，将原料铲起归堆，再反复捶击，直至符合加工要求	刀背要与菜墩面平行，用力要均匀，抬刀不要过高，避免将原料甩出，要勤翻动原料	经过细选的韧性原料，如鸡脯肉、里脊肉、净虾肉、肥膘肉、净鱼肉等
	砍（劈）法	直刀砍	左手扶稳原料，右手持刀，将刀举起，用刀刃的中前部，对准原料被砍的位置，一刀将原料砍断	右手握牢刀柄，防止脱手，将原料放平稳，左手扶料要离落刀点远一点，以防伤手。落刀要有力、准确，尽量不重刀，将原料一刀砍断	形体较大或带骨的韧性原料，如整鸡、整鸭、鱼、排骨、猪头和大块的肉等
		跟刀砍	左手扶稳原料，右手持刀，用刀刃的中前部对准原料被砍的位置快速砍入，紧嵌在原料内部。左手持原料并与刀同时举起，用力向下砍断原料，刀与原料同时落下	选好原料被砍的位置，刀刃要紧嵌在原料内部（防止脱落引起事故）。原料与刀同时举起同时落下，向下用力砍断原料。一刀未断开时，可连续再砍，直至将原料完全断开为止	脚爪、猪蹄及小型的冻肉等
		拍刀砍	左手扶稳原料，右手持刀，刀刃对准原料被砍的位置上。左手离开原料并举起，用掌心或掌根拍击刀背，使原料断开	原料要放平稳，用掌心或掌根拍击刀背时要有力，原料一刀未断开，连续拍击刀背，直至将原料完全断开为止	形圆、易滑、质硬、带骨的韧性原料，如鸭头、鸡头、酱鸡等
平刀法	平刀直片	第一种	将原料放在墩面里侧（靠腹侧一面），左手伸直顶住原料，右手持刀端平，用刀刃的中前部从右向左片进原料	刀身要端平，不可忽高忽低，保持水平直线片进原料。刀具在运动时，下压力要小，以免将原料挤压变形	固体柔嫩性原料，如豆腐、鸡血、鸭血、猪血等

刀法种类			操作方法	技术要领	适用原料
平刀法	平刀直片	第二种	将原料放在墩面里侧，左手伸直，扶按原料，手掌和大拇指外侧支撑墩面，右手持刀，刀身端平，对准原料上端被片的位置，刀从右向左做水平直线运动，将原料片断。然后左手中指、食指、无名指微弓，并带动已片下的原料向左侧移动，与下面原料错开5~10mm	刀身端平，刀在运行时，刀膛要紧紧贴住原料，从右向左运动，使片下的原料形状均匀一致	脆性原料，如土豆、黄瓜、胡萝卜、莴笋、冬笋等
	平刀推片	上片法	将原料放在墩面里侧，距离墩面约3mm。左手扶按原料，手掌作支撑。右手持刀，用刀刃的中前部对准原料上端被片位置。刀从右后方向左前方片进原料。原料片开以后，用手按住原料，将刀移至原料的右端。将刀抽出，脱离原料，用中指、食指、无名指捏住原料翻转。紧接着翻起手掌，随即将手翻回，将片下的原料贴在墩面上	要端平，用刀膛加力压贴原料从始至终动作要连贯紧凑。一刀未将原料片开，可连续推片，直至将原料片开为止	韧性较弱的原料，如通脊肉、鸡脯肉等
		下片法	将原料放在墩面右侧。左手扶按原料，右手持刀并将刀端平。用刀刃前部将片下的原料一端挑起，左手随之将原料拿起。再将片下的原料放置在墩面上，并用刀的前端压住原料一端。用左手四个手指按住原料，随即手指分开，将原料舒平展开，使原料贴附在墩面上。如此反复推片	原料要按稳，防止滑动，刀片进原料后，左手施加向下压力，刀在运行时用力要充分，尽可能将原料一刀片开，一刀未断开可连续推片，直至原料完全片开为止	韧性较强的原料，如五花肉、坐臀肉、颈肉、肥肉等
	平刀拉片		将原料放在墩面右侧，用刀刃的后部对准原料被片的位置。刀从左前方向右后方运动，用力将原料片开。然后，刀膛贴住片开的原料，继续向右后方运动至原料一端，随即用刀前端挑起原料一端。用左手拿起片开的原料，放在墩面左侧，再用刀的前端压住原料一端。将原料纤维伸直并用左手按住原料，手指分开使原料贴附在墩面上，如此反复拉片	原料要按稳，防止滑动。刀在运行时用力要充分，原料一刀未被片开，可连续拉片，直至将原料完全片开为止	韧性较弱的原料，如里脊肉、通脊肉、鸡脯肉等
	平刀推拉片		先将原料放在墩面右侧，左手扶按原料，右手持刀，先用平刀推片的方法片进原料。然后，运用平刀拉片的方法继续片料，将平刀推片和平刀拉片连贯起来，反复推拉，直至原料全部断开为止	首先要求掌握平刀推片和平刀拉片的刀法，再将这两种刀法连贯起来。操作时，要将原料用手压实并扶稳。无论是平刀推片还是平刀拉片，运刀都要充分有力，动作要连贯、协调、自然	韧性较强的原料，如颈肉、蹄髈、腿肉等；韧性较弱的原料，如里脊肉、通脊肉、鸡脯肉等

刀法种类			操作方法	技术要领	适用原料
平刀法	平刀滚料片	滚料上片	将原料放在墩面里侧，左手扶按原料，右手持刀与墩面平行。用刀刃的中前部对准原料被片的位置。左手将原料向右推翻原料，刀随原料的滚动向右运行片进原料，刀与原料在运行时同步进行，直至将原料表皮全部片下为止	刀要端平，不可忽高忽低，否则容易将原料中途片断，影响成品规格，刀推进的速度要与原料滚动保持相等的速度	圆柱形脆性原料，如黄瓜、胡萝卜、竹笋等
		滚料下片	将原料放在墩面里侧，左手扶按原料，右手持刀端平，用刀刃的中前部对准原料被片的位置。用左手将原料向左边滚动，刀随之向左边片进，直至将原料完全片开	刀膛与墩面始终保持平行，刀在运行时不可忽高忽低，否则会影响成品的规格和质量，原料滚动的速度应与进刀的速度一致	圆形的脆性原料，如黄瓜等；近似圆形、圆锥形或多边形的韧性较弱的原料，如鸡心等
	平刀抖片		将原料放在墩面右侧，刀膛与墩面平行，用刀刃上下抖动，逐渐片进原料，直至将原料片开为止	刀在上下抖动时，上下抖刀不可忽高忽低，进深刀距要相等	固体性原料，如黄白蛋糕等；脆性原料，如莴笋等
斜刀法	斜刀拉片		将原料放在墩面里侧，左手伸直扶按原料，右手持刀，用刀刃的中部对准原料被片位置，刀自左前方向右后方运动，将原料片开。原料断开后，随即左手指微弓，带动片开的原料向右后方移动，使原料离开刀。如此反复斜刀拉片	刀膛要紧贴原料，避免原料粘走或滑动，刀身的倾斜度要根据原料成形规格灵活调整。每片一刀，刀与右手同时移动一次，并保持刀距相等	各种韧性原料，如腰子、净鱼肉、大虾肉、猪牛羊肉等；白菜帮、油菜帮、扁豆等
	斜刀推片		左手扶按原料，中指第一关节微曲，并顶住刀膛，右手操刀。刀身倾斜，用刀刃的中部对准原料被片位置。刀自左后方向右前方斜刀片进，使原料断开。如此反复斜刀推片	刀膛要紧贴左手关节，每片一刀，刀与左手都向左后方同时移动一次，并保持刀距一致。刀身倾斜角度，应根据加工成形原料的规格灵活调整	各种脆性原料，如芹菜、白菜等；熟肚子等软性原料

2. 剞刀法

剞刀，有雕之意，所以又称剞花刀，就是在原料表面切割上深而不透（一般为原料的三分之二或五分之四左右）的各种刀纹，经过烹调后，可使原料卷曲成各种形状（如麦穗、菊花、玉兰花、荔枝、核桃、鱼鳃、蓑衣、木梳背等）的刀法。根据运刀方法的不同，剞花刀法可分为直刀剞、斜刀剞和平刀剞等（表5-2）。直刀剞与直刀切相似，只是刀在运行时不完全将原料断开，根据原料成形的规格，刀进深到一定程度时停刀，在原料上剞上直线刀纹。也可结合运用其他刀法加工出蓑衣黄瓜、齿边白菜丝、鱼鳃块等各种形状。斜刀剞是运用斜刀法在原料表面切割具有一定深度刀纹的方法，适用于稍薄的原料。斜剞条纹长于原料本身的厚度，层层递进相叠，呈披覆之鳞毛状。又有正斜剞与反斜剞之分。

表5-2　剐花刀法的种类和技术要领

种类		操作方法	技术要领	适用原料	加工举例
直刀剐	直刀直剐	右手持刀,左手扶稳原料,中指第一关节弯曲处顶住刀膛,用刀刃中前部对准原料被剐位置。刀自上而下做垂直运动,刀剐到一定深度时停止运行。然后再施刀直剐,直至将原料剐完	左手扶料要稳,运行指法从右前方向左后方移动,保持刀距均匀,控制好进刀深度,做到深浅一致	脆性原料(如黄瓜、冬笋、胡萝卜、莴笋等)和质地较嫩的韧性原料(如腰子、鱿鱼等)	蓑衣黄瓜、齿边白菜丝、鱼鳃块等
	直刀推剐	左手扶稳原料,中指第一关节弯曲处顶住刀膛,右手持刀,用刀刃中前部对准原料被剐位置。刀自右后方向左前方运动,直至进深到一定程度时停止运行。然后将刀收回,再次行刀推剐。如此反复进行直刀推剐,直至原料达到加工要求为止	刀与墩面始终保持垂直,控制好进刀深度,做到深浅一致,左手从右前方向左后方移动,使刀距相等	各种韧性原料,如腰子、净鱼肉、通脊、鱿鱼、鸡肫、鸭肫、墨鱼等	荔枝形、麦穗形、菊花形等
斜刀剐	斜刀推剐	左手扶稳原料,中指第一关节微弓,紧贴刀膛。右手持刀,用刀刃中前部对准原料被剐位置。刀自左后方向右前方运动,直至进深到一定程度时刀停止运行。然后将刀收回,再次行刀推剐,直至原料达到加工要求为止	刀与墩面的倾斜角度及进刀深度,要始终保持一致,刀距要相等	各种韧性原料,如腰子、鱿鱼、通脊、鸡肫、鸭肫等	荔枝形、麦穗形、松果形、菊花形等
	斜刀拉剐	左手扶稳原料,右手持刀。用刀刃中部对准原料被剐位置,自左前方向右后方运动,进深到一定程度时即停止运行。然后将刀抽出,再反复斜刀拉剐,直至原料达到成形规格为止	刀与墩面的倾斜角度及进刀深度,要始终保持一致,刀距要相等。刀膛要紧贴原料运行,防止原料滑动	韧性原料,如腰子、通脊肉、净鱼肉等	麦穗形、灯笼形、锯齿形等
平刀剐		有平刀推剐和平刀拉剐两种。与平刀法相似,只是平刀剐在刀刃进入原料一定深度后便停止,不将原料片断	刀纹相互间平行,间距相等,深浅一致	较小的原料,如虾球等	

3. 其他刀法

其他刀法如削、剔、刮、塌、拍、撬、剜、剐、铲、割等,大多数是作为辅助性刀法使用。

三、调味

调味是传统烹饪之道的核心,配组、火候都是为调味服务而最终体现在调味中的。五味调和如宫、商、角、徵、羽五音协配产生优美的旋律一样,是一种技术,更是一种艺术。

（一）调味的内涵

狭义的味，指溶于水的呈味物质作用于舌头乳头味蕾所引起的知觉反应，俗称味觉。广义的味则相当复杂，它包括纯粹的味觉（咸、甜、苦、酸），还有嗅觉（香、臭）和触觉（辣、涩），以及物理、化学、生理、心理诸因素等对味觉影响后所造成的"变异现象"，如"一热三鲜""若要甜加点盐""饱不知味""悲而厌食"等。

调味就是把组成菜肴的主、辅料与多种调味品恰当配合，在不同温度条件下，使其互相影响，经过一系列复杂的理化变化，去其异味，增其美味，形成各种不同风味菜肴的过程。准确地讲，调味应当包括原料拼配与调料组合两个方面。前者是"调本味"，即将不同性味的原料巧相配伍，使其"本味"彼此扩散、渗透或融合，衍生出新的美味（如皮蛋拌豆腐、绿豆煮稀饭、苦瓜炒辣椒、藜蒿炒腊肉）；后者是"调他味"，即利用调味品中呈味物质的相互作用，协调组合，收到除异味、树正味、添滋味、广口味的效果（如鱼香腰花、麻婆豆腐、蚝油牛肉、糖醋鲤鱼）。调料组合必须在原料拼配的基础上进行，即先配后调，依据配料来调味。只有这样，才能以"本味"为主，"他味"为辅，因料制菜。许多厨师重视原料的鲜活，正是用其"本味"的纯正。当然，"本味"也不是万能的，在需要施加"他味"时，还须施用。这就和化妆一样，什么人化淡妆，什么人化浓妆，什么人不化妆，要因年龄、肤质和长相、场合而定。

（二）调味的作用

1. 增加滋味

调味能使一些无味的原料，经过调和获得人们喜爱的适口滋味。如笋、豆腐、粉皮、海参等，本身不具备鲜美的滋味，必须借助于调味品或具有鲜味的原料，如鲜猪肉、鸡、蘑菇等共烹使其获得鲜味，且更有营养。通过调味使单一的味变成鲜美可口的复合味，如奶汤大杂烩、红烧什锦、砂锅豆腐、坛子肉、佛跳墙等菜肴，其鲜美的复合味是由多种原料与调味品互相渗透、融合而成的。

2. 协调滋味

把滋味较浓与较淡或荤菜与素菜加以调和，起到协调滋味的作用。如蔬菜与肉类的共烹或牛羊肉类的烹调是通常协调滋味的调和方法。不仅使其味互相渗透，特别能起到解腻、增鲜、除异味的协调作用。

3. 突出地方风味

菜肴的调味，都具有地方风味特色。如粤菜重清淡香鲜；鲁菜味重清鲜；苏菜味浓带甜；浙菜新鲜清香；徽菜讲究突出本味，酥烂香鲜；闽菜味重甜酸；湘菜味重酸辣；而一提起麻辣味厚，鱼香味醇的菜肴风格，就会联想到四川菜的特色。所以，调味在地方菜的不同运用中，虽有其共性，也有其个性，只要我们能认识它、掌握它，并不断总结提高，就必然会使菜肴的地方风味更加突出。

4. 美化菜肴色彩

烹饪原料通过调味，在调味品的作用下，还可以起到增加菜肴色彩或决定其颜色的效果。如金钩红豆腐、雪花鸡淖、冰糖肘子、鱼香虾仁等菜肴色彩，就是在调味品的辅助或作用下形成的。

（三）调味的基本原则

调味的原则是味无者使之入，味藏者使之出，味淡者使之厚，味异者使之正，味浮者使之定，以相乘、消杀、互渗、扩散、收敛等方式发生作用。调味讲求调料和调料的配合、调料和主配料的配合，还讲求按照工序、针对季节、个人口味的不同而灵活变化。

四、火候

中国烹饪重视火候，不亚于重视调味。因为五味的体现与定型，口感的嫩脆柔滑清爽绵烂等，全靠对火的大小、用火时间长短等的把握。"火候"这个词，本义就是指火力大小久暂的"度"。先秦叫做"火齐"，《周礼·月令》讲酿酒中一个重要条件是"火齐必得"。《本味》篇说："凡味之本，水最为始。五味三材，九沸九变，火为之纪。时疾时徐，灭腥去臊除膻，必以其胜，无失其理。"就是讲在水、五味、火三者之中，用火是个"纲"，原料异味的消除，美味的产生，靠用火实现。

（一）火候的含义

火候就是根据烹饪原料的特点及烹饪方法和食用的要求，通过一定的烹制方式，在一定时间内给予烹饪原料的热量。这些热量能使原料分子在规定的高温中按规定时间作高速运动，从而产生物理变化和化学反应，完成由生到熟的质变。如果加热量把握得准确，就可以排异味、增鲜香、改善原料组织、促使养分分解、味料均匀吸附，制出理想的菜品。

对于火候的定义，我们需要从以下几方面理解。

首先，一般情况下所说的火候，指的是"最佳的火候"，即把烹饪原料烹制到最理想的程度。所谓理想的程度，有内外两层意思：就外在来说，就是多少原料需要多少热量，达到多高的温度，才能烹熟烹饪原料，这一程度是可以精确计算出来的，如现在的微波烹饪，红外线烤箱烹饪等都可如此。至于内在的程度，则是指通过加热，把烹饪原料烹制得鲜美香嫩恰到好处，这是烹制工艺的最高要求，也是最难把握的。

其次，烹饪中的火候含有三个层次的意义，它们分别由热源、传热介质和烹饪原料三者通过一定的表现形式（外观现象或内在品质）呈现出来。对热源而言，火候就是热源在一定时间内向原料或传热介质提供的总热量，它由热源的温度或其在单位时间内产生热量的大小和加热时间的长短决定；对传热介质而言，火候就是传热介质在一定时间内产生的总热量，它由热源及传热介质的种类、数量、温度和对原料的加热时间所决定；对烹饪原料而言，火候就是原料达到烹饪要求时所获得的总热量，它由热源、传热介质、原料本身的状况及其受热时间所决定。

其三，对于一定种类一定数量的烹饪原料，或一个菜肴来说，它的烹制质量预先都有一个标准（由于存在主观因素，但至少应有一个范围）。因此，其应达到的"火候"就是一个定值。一般情况下，加热时间长，热源（或传热介质）的温度（火力）就应高（大）；反之，热源（或传热介质）的温度低（或火力小），加热时间就短。火候的掌握关键是找出时间与热源温度（火力）的比例关系。

其四，火候是以原料感官性状的改变而表现出来的，火候的表现形态是人们判断火候的重要依据。因为原料在受热的过程中，内部的各种理化变化都会由色泽、香气、味道、形状、质地的改变所反映。其中最核心的是口感（质感）的变化程度。原料受热口感的变化是一个动态的过程，从生到刚熟、再到成熟、到熟透以至于发生解体、干缩、焦煳。不同的菜肴，火候要求不同；每类菜肴都有自己的标准，如炒爆一类的菜，口感要求脆爽、细嫩；烧菜、蒸菜、卤菜要熟软，这些特点在制作中应通过经验判断和感官鉴别体现出来。

（二）火候的要素及相互关系

1. 火候的要素

从火候的定义可以看出，火候的运用和把握离不开热源在单位时间的发热量、热媒温度和加热时间，这三者是构成火候的基本要素。

（1）热源发热量　热源的发热量既包括炉口火力（即燃料燃烧时在炉口或加热方向上的热流量），也包括电能在单位时间内转化为热能的多少。炉口火力的大小受燃料的固有品质、燃烧状况、火焰温度，以及传热面积、传热距离等因素的影响，火力的大小仍然主要靠经验判断。电能转化为热量的多少则主要由加热设备所控制，可以通过设备上的调控部件来调节。

（2）热媒温度　热媒温度即原料在烹制时受热环境的温度。热源释放的能量通常要通过热媒的载运，才能直接或转换后作用于原料。要使原料在一定的时间内获取足够的热量而发生适度的变化，一般都要求热媒必须具有适当高的温度。如上浆原料的滑油，油温要求保持在90~140℃，否则不是脱浆，就是原料表层发硬、质地变老。但微波加热不需要热媒，而是决定于微波所载电子能的多少，这是一个特例。

（3）加热时间　原料在烹制过程中受热能或其他能量作用的时间长短，也是火候的要素之一。热媒温度的高低，能够决定热媒与原料之间传热时热流量的大小，而不能确定原料吸收热量的多少。一定温度的热媒或微波只有经过一定的加热时间，才能保证原料获取足够的热量而达到规定的火候。

2. 火候各要素之间的相互关系

火候三要素在烹制工艺中相互联系，相互制约，构成若干种火候形式，不同的火候形式又具有不同的功效。如果把它们粗略地划分为三个档次，热源发热量分为大、中、小，热媒温度分为高、中、低，加热时间分为长、中、短，那么从理论上讲就可得到27种不同的火候形式，也就是27种不同的火候功效。在实际烹制工艺中，火候各要素的档次划分远不止三个，按原料性状和烹饪要求的不同，所组成的火候形式简直难以数计。这就是我国烹饪的火功微妙之处。

（三）掌握火候的原则

1. 根据原料在加热前的性状特点掌握火候

不同菜肴所使用的原料性能不尽相同（包括品种、部位、形态、耐热性、含水量、一次投料量等情况），在加热时必须选择与之相适应的条件（传热介质、受热方式、火力变化等），才能达到预期效果，满足成菜后该菜品的特色要求。

2. 根据传热介质的传热效能掌握火候

不同的传热介质，其传热效能各不相同，而传热效能直接影响原料的受热情况和成熟速度，所以火候的掌握要根据传热介质的不同而区别对待。

3. 根据不同的烹调方法掌握火候

传热介质不同，菜肴的烹饪方法也不同；即使传热介质相同，由于其数量多少、温度高低、加热时间长短等因素的不同，也会形成不同的烹调方法。而不同的烹调方法有不同的火候要求，因此火候的掌握还需要根据不同的烹饪方法来掌握。

4. 根据原料在加热中的变化情况掌握火候

火候的掌握是否恰到好处，取决于烹饪原料在加热中所发生的物理、化学变化是否达到最佳的程度。原料在加热过程中的火候掌握，通常要根据其所产生的各种现象及其变化，如颜色、质感、声音、气味等的变化进行掌握。如调味前、中、后的变化，焯水、过油、汽蒸过程中的变化，汤芡汁运用中的变化；原料的软硬度、色泽度、浓缩度、成熟度的变化等。尤其是瞬间的变化更为重要。比如拔丝菜中的炒（熬）糖工艺，其看火候的方法一般就是看色、看起花现象。有经验的烹调师可以通过操作时持手勺的手感来判断火候。此外，还可以借助工具体察观看火候，比如将鸡（鸭、鱼、肉）煮后或蒸后用筷子戳，察看其断生度、软硬度、成熟度、老嫩度。

5. 根据菜肴的质量要求和人们的饮食习俗、需求掌握火候

不同的菜肴有不同的质量要求，如有的要求脆鲜，有的要求酥烂，有的要求色黄，有的要求色白等，所以火候的掌握必须要以菜肴的质量要求为准绳。但有三条是最基本的，即食用安全、营养合理、适口美观，这是火候掌握的首要原则。

菜品烹制的最终目的是供食客食用，因此食者对菜品质量的要求（包括火候）应当是第一位的。中外宾客百里不同风，十里不同俗，各地区、各民族、各年龄段的食客对于菜品的火候要求，对于原料加热后的断生度、成熟度的感受与标准，往往是不相同的。故而火候运用，应以人为本，因人而异。

五、配菜

配菜又称配料，就是根据菜肴的质量要求，把各种加工成形的原料加以适当的配合，使其可以烹制出一份完整的菜肴，或配合成可以直接食用的菜肴的过程。

配菜分为生配和熟配。前者用于制作热菜，是刀工与烹饪之间的承接环节；后者用于制作凉菜，是刀工与烹饪之后的收束环节。二者顺序和作用尽管不同，但都能使菜品定量、定质、定级和初步定形。原料怎样组配，就得怎样制作，确定配什么，做什么，配多少，做多少。所以，配菜就是确定各类原料的组合比例，完成菜品的设计过程。

（一）配菜的作用

1. 奠定菜肴的质量基础

原料是构成菜肴的物质基础，各种菜肴都是由一定的质和量的烹饪原料构成的。所谓质，是指组成菜肴的各种原料的品质；所谓量，是指菜肴中原料的单位分量和各种烹饪原料之间在数量上的配比。固然，除组配工艺之外的所有制作工艺对菜肴质量或多或少地都有影响，甚而有时是否定性影响，如烹调制熟过程，但是组配工艺作为关键性中心环节，它规定和制约着菜料结构的优劣、精粗、营养成分、技术指数、用料比例、数量多少，对菜肴的质量有重要影响。

2. 奠定菜肴的风味基础

菜肴的风味不是随机性的，各种菜肴感官性状、风味特征的确定，虽然离不开烹制工艺，但要达到菜肴的质量要求，组配工艺也起着非常重要的作用。通过组配工艺，能使菜肴的主体风味，即色、形、香、味、质等基本确定。

3. 使菜肴的营养价值基本确定

不同种类的烹饪原料所含的营养素种类不同；同一种类的烹饪原料，因其部位的不同，营养素的种类及含量也不同。从一定意义上来说，配菜人员就相当于"营养调剂师"。要达到人体所需要的营养要求，使各种营养素之间搭配合理，配菜起着决定性作用。

4. 控制菜肴的成本

菜肴的成本与菜肴所用的原料有很大的关系。各种烹饪原料有高、中、低档之分，不同原料数量的比例，同一原料不同部位的合理利用与否决定了菜肴成本的高低。所以合理配料，物尽其用，是控制成本、提高经济效益的重要措施之一。

5. 菜品创新的基本手段

菜肴创新的方式虽然很多，但在很大程度上是原料组配工艺的作用。原料组配形式和方法的变化，必然会导致菜肴的风味、形态等方面的改变，并使烹调方法与这种改变相适应。不同的原料，经过合理的搭配，或一种原料单独使用，或一种主料配多种不同的辅料，或几种相同的原料以不同数量搭配等，可以形成品种繁多的菜肴。

（二）配菜的内容

配菜一般包括原料色彩的组配、滋味的组配、形状的组配、质地的组配、营养的组配和性味的组配等内容。

1. 色彩的组配

不同的原料有不同的色泽，不同色泽的原料对人有不同营养作用和心理作用。对原料的色彩组配，首先要确定其主要色彩，即"主调"或"基调"。在菜肴中通常以主料的色彩为基调，以辅料的色彩为辅色，起衬托、点缀、烘托的作用。主辅料之间的配色，应根据色彩间的变化关系来确定。

2. 滋味的组配

滋味是通过舌头上的味蕾鉴别的。烹饪原料本身的味道，特别是经烹制后的味道，有些是人们喜欢的，有些则是人们不喜欢的。原料滋味组配是保留、发挥人们所喜欢的味道和去除或改变不良味道的重要手段之一。

3. 形状的组配

菜肴原料形状的组配是指将各种加工好的原料按照一定的形状要求进行组配，组成一盘特定形状的菜肴。菜肴原料形状的组配，不仅关系到菜肴的外观，而且直接影响到烹调和菜肴的质量，是配菜的一个重要环节。菜肴好的形态能给人以舒适的感觉，增加食欲；臃肿杂乱则使人产生不快，影响食欲。

4. 质地的组配

烹饪原料的品种很多，不同的品种或同一品种的原料，由于生长的环境和时间不同，性质有所差异，它们的质地也就有软、硬、脆、嫩、老、韧之别。在配菜时应根据它们的性质进行合理的搭配。

5. 营养的组配

不同的原料所含的营养成分各不相同，配菜时必须根据原料的营养成分、性能、特点进行合理、科学地搭配，尽可能地使食用者得到必要的、全面的营养，以增进人体的健康。

6. 原料性味的组配

药膳在制作时需精选具有某种功效的药物和含有某些成分的食物合理组合、搭配。由于药物和食物内所含成分复杂、作用各异，能使一种药物或食物与另一种药物或食物合用时，产生毒性反应及强烈的副作用，或者减轻甚至消除原有的功效。为了避免此情况发生，在药膳的选料、配制时要遵循历代医学和膳食理论中的配伍禁忌。其中包括药物与药物的配伍、药物与食物的配伍以及食物与食物的配伍。

（三）配菜的要求

1. 要按照菜肴的质量标准和净料成本进行组配

菜肴组配工艺，首先要保证同样的菜名，原料的配份必须相同。配份不定，不仅影响菜肴的质量稳定，而且还影响到餐饮的社会效益和经济效益。因此，配菜必须严格按标准菜谱进行，统一用料规格标准，并且管理人员应加强岗位监督和检查，使菜肴的配份质量得到有效地控制。配菜时要按照原料的性能、菜肴的要求、成本和价格等确定菜肴的质和量，既不能随意增加原料的数量，提高原料的质量，使菜肴成本增加，企业受损；又不能随意减少原料的数量，降低原料的质量及整个菜肴的成本，损害消费者利益。

2. 必须将主料和辅料分别放置

在配制两种或两种以上原料的菜肴时，应将不同性质的原料（特别是主、配料）分别放置在配菜盘中，不能混杂一起。因为不同的原料，其性质和特点不同（如老嫩不一，生熟有别），成熟方法、调味方法也不一样。有的须先下锅，有的要后下锅，有的不下锅，而是在菜肴烹调好后撒在上面。如不分别放置，烹制时将无法分开，会造成生熟不均的现象，既影响菜肴质量，也影响烹调的顺利进行。

3. 注意营养成分的配合

人们饮食的目的，是从食物中摄取各种营养素，以满足人体生长发育和健康的需要。不同原料所含营养成分的种类不同，数量也相差很大，而人体对各种营养素的需要则要求种类齐全、数量充足、比例适合。因此，在配菜时，要在掌握合理营养原则的同时，了解各种烹饪原料的营养特点，以便配制出色、香、味、形俱佳，既营养又卫生的菜肴。

4. 菜肴组配的卫生要求

首先，所选择的原料必须保证安全、无毒、无病虫害、无农药残留；所用的配菜器皿应与盛装菜肴成品的餐具区分开来。

5. 物尽其用，综合利用

烹饪原料种类繁多，性能各异，它们在烹调中发生的变化也不一样；同一种原料，因部位的不同，质量也不相同，适用范围也有差异；同一种原料，因为季节、产地、饲养和种植条件不同，又有优劣之分。在配料时，都要物尽其用，合理配合。对一些下脚料要物尽其用，如家禽的肠、血，可烹制成美味的菜肴"肠血羹"等。

六、勺工

勺工是中国烹饪特有的一项技术，它把烹饪工艺过程中的加热、调味、勾芡等各道工序巧妙有机地结合起来，要求操作者既要顾及到器具的特点，又要考虑到火力的情况、温度的变化以及烹饪原料的变化，依法（技法）使力施艺，实施烹与调的活动。勺工是烹制中国菜肴最基本的手段，晃勺、翻勺、出勺构成其三大环节，其中翻勺是最重要的环节。

（一）勺工的作用

1. 保证烹饪原料均匀地受热成熟和上色

原料在勺内不停移动或翻转，使原料的受热均匀一致，成熟度一致，原料的上色程度一致；及时端勺离火，能够控制原料受热程度、成熟程度。

2. 保证原料入味均匀

原料的不断翻动使投入的调味料能够迅速而均匀地与主辅料溶和渗透，使口味轻重一致，滋味渗透交融。

3. 形成菜肴各具特色的质感

如菜肴的嫩、脆与原料的失水程度相关，迅速地翻拌使原料能够及时受热，尽快成熟，使水分尽可能少地流失，从而达到菜肴嫩、脆的质感。不同菜肴其原料受热的时间要求不同，勺工操作可以有效地控制原料在勺中的时间和受热的程度，因而形成其特有的质感。

4. 保持菜肴的形状

保证勾芡的质量，通过晃勺、翻勺可使芡粉分布均匀，成熟一致。对一些质嫩不宜进行搅动、翻拌的原料，可采用晃勺，而不使料形破碎；对一些要求形整不乱的菜肴，翻勺可以使菜形不散乱，如烧、扒菜的大翻勺。

（二）勺工技法

1. 晃勺

晃勺也称晃锅、转菜，是指将原料在炒勺内旋转的一种勺工技艺。晃勺可以防止粘锅，可以使原料在炒勺内受热均匀，成熟一致。对一些烧菜、扒菜，勾芡时往往都是边晃勺边淋芡，使勾出的芡均匀而不会局部太稠或太稀。此外，晃勺可以调整原料在炒勺内的位置，以保证翻勺或出菜装盘的顺利进行。

2. 翻勺

在烹调工艺中，要使原料在炒勺中受热均匀、成熟一致，入味、着色、挂浆均匀，除了用手勺搅拌以外，还要用翻勺的方法达到上述要求。翻勺是烹调操作中重要的基本功之一，翻勺技术功底的深浅可直接影响到菜肴的质量。因为炒勺置火上，料入炒勺中，原料由生到熟，只不过是瞬间变化，稍有不慎就会影响菜肴的质量。因此，翻勺对菜肴的烹调至关重要。

翻勺的技法很多，通常按翻勺方向的不同，可分为前翻、后翻、左翻、右翻。前翻，也称顺翻、正翻，是将原料由炒勺的前端向勺柄方向翻动，其方法分拉翻勺和悬翻勺两种。后翻，也叫倒翻，是指将原料由勺柄方向向炒勺的前端翻转的一种翻勺方法。可防止汤汁和热油溅在身上引起烧烫伤，有人形象地比喻为"珍珠倒卷帘"。左翻和右翻，也称侧翻。左翻就是将炒勺端离火口后，向左运动，勺口朝右，手腕肘臂用力向左上方一扭一抛扬，原料翻个身即可落入勺内；右翻则是将原料从炒勺的右侧向左翻回即可。

根据翻勺的幅度大小，翻勺可分为小翻勺和大翻勺。小翻勺又称颠翻、叠翻，即将炒勺连续向上颠动（每次翻勺只有部分原料做180°翻转，翻起的部分与另一部分相重叠），使锅内菜肴松动移位，避免粘锅或烧焦，使原料受热均匀，调料入味，卤汁紧包。因翻动时的动作幅度较小，锅中原料不颠出勺口，故称"小翻勺"。大翻勺是指把炒锅（勺）中的原料一次性做180°翻转，因翻勺的动作及原料在勺中翻转的幅度较大，故名。大翻勺的方法也多种多样，讲究上下翻飞，左右开弓。按方向分为顺翻、倒翻、左翻、右翻，一般采用顺翻和左侧翻居多，以顺翻较为保险，按其位置分为灶上翻、灶边翻。当然，采用什么翻法主要随个人的习惯及实际效果而定。根据翻勺时是否有手勺协助可分为单翻勺和助翻勺。单翻勺是指炒勺在做翻勺动作时，不需要手勺协助推动原料翻转的一种翻勺技法。助翻勺是指炒勺在做翻勺动作时，手勺协助推动原料翻转的一种翻勺技法。

3. 出勺

出勺，也称出菜、装盘，就是运用一定的方法，将烹制好的菜肴从炒勺中取出来，再装入盛器的过程。它是整个菜肴制作的最后一个步骤，也是烹调操作的基本功之一。出勺技术的好坏，不仅关系到菜肴的形态是否美观，而且对菜肴的清洁卫生也有很大的关系。出勺的手法很多，主要有拨入法、倒入法、舀入法、排入法、拖入法、扣入法等。

（三）勺工的基本要求

第一，要了解勺工工具的特点和使用方法，并能正确掌握和灵活运用。

第二，要掌握勺工技术各个环节的技术要领。勺工技术由端握勺、晃勺、翻勺、出勺等技术环节组成。不同的环节都有其技术上的标准方法和要求，只有掌握了这些要领并按此去操作，才能达到勺工技术的目的。

第三，要动作快捷、利落、连贯协调。

第四，要有良好的身体素质与扎实的基本功。

知识链接

● 优美潇洒大翻勺

翻勺技法是我国厨师的独特创造，翻勺技法的优劣高低直接影响着菜肴烹制的成败。我们知道，翻勺的方法多种多样，而其中的大翻勺则难度最大，历来受到厨师的重视。

所谓大翻勺，就是把炒锅（勺）中的原料一次翻个底朝天（即一次性全部翻过来），并保持形整不散。它讲究上下翻飞，左右开弓，要求整个动作灵活敏捷、稳准协调、优美潇洒。我国厨师在长期的烹调实践中，总结出了各种各样的大翻勺方法，并赋予它不少趣称，现介绍如下。

怀中抱月：也称"百鸟朝凤"，即通常所说的前翻（顺翻）大翻法。具体方法是：先将炒锅放在炉口边晃动，使原料在锅内旋转，边晃勺边拉向胸前，让肩部放松，肘与臂的夹角收在45度至90度之间，然后迅速向前上方推送到一定高度（约与眼部同高），顺势将炒锅的前端向里猛勾一下，使原料脱锅而出，在空中整体翻转180度自动落下，随即用锅将已翻身的原料接住，并顺势下移一段距离至胸前。

珍珠倒卷帘：这种翻法也称"逆水推舟"，实际上就是通常的倒翻（后翻）大翻勺。即先晃炒锅，使原料在锅中旋转起来，待转至或接近锅柄位置的一瞬间，将炒锅突然后拉（拉的同时使前端略低），再把后端猛地抬起，并同时将炒锅向前方推送，这样，原料即从锅柄处抛起，向前翻过，这时再将锅的前端抬起接住原料。

白鹤亮翅：也称"空中摘月""九霄通天"翻勺法，即左侧大翻勺。方法是：左手握炒锅，晃动原料，然后将炒锅向左前上方轻松提臂，把炒锅举过头顶，伸展左臂与身体呈45度角，随即抖腕，向上抛送，借用腕力和臂力将原料腾空向上而起，来一个180度的大翻身，同时，轻轻收腕，把原料稳稳接住，顺势下移一段距离，使原料整齐地光面朝上落入炒锅中。

顺手牵羊：就是右侧大翻勺。方法是：先将原料在锅中晃动，然后将炒锅向右前上方举起，伸展左臂，就势抖腕，使原料从锅中右侧抛起，翻转，再准确地接住原料，顺势下移至胸前。

当天划月：这种方法是右侧大翻勺的变化形式，不同处是其运动幅度更大，原料随炒锅从胸前至右前上方，从右前上方弧行至左前上方，然后再行至胸前。具体方法是：先使原料在炒锅中逆时针旋转，然后将炒锅迅速推送至右前上方，左臂伸直，抖腕，使原料从炒锅右侧向上翻起，这时炒锅要紧随原料向左运动的方向向左运动（以左臂为半径在头部前上方弧行），待至左前上方时稳稳接住原料，就势移至胸前即可。

海底捞月：这种大翻勺方法称上翻下接法，也称大拉勺技法。就是先晃动原料，欲翻勺时，将身体后移蹲成骑马蹲裆式（或左脚退后半步，右腿下蹲），迅速把炒锅从灶上顺势拉下，当锅即将触地面的一瞬间，马上提起，整个原料便从前往后翻了过来。

以上介绍的是几种常见的大翻勺方法。当然，大翻勺的方法也没有固定不变的模式，其运用之妙，存乎一心，具体采用什么方法，随各自的习惯和实际效果而定。

七、盛装

菜点作为一种特殊的商品，在厨房烹调好以后必须盛装在一定的器皿中才能上桌供人食用。顾客在饮食时不仅仅注重菜品的香、味、质等，还注重菜品的色、形。而菜肴的色、形是否美观，除了与刀工、配菜、加热、调味等有关外，与造型和盛装技巧也有很大关系。一般认为，菜肴的精致来源于刀工，菜肴的口味取决于烹调，菜肴的美化依赖于盛装。因此菜肴的盛装是产品的包装，是演员出场的化妆，是评判菜肴质量的一项指标，也是体现厨师精湛厨艺的一个重要方面。

（一）盛装的基本要求

菜点的盛装如同商品的包装，质量好还需包装好，因此菜点装盘要新颖别致，美观大方，出奇制胜，同时要注意下列事项。

1. 选用合适盛器

菜肴盛装时，要选配合适的器皿。美食佳肴要有精致的餐具烘托，才能达到完美的效果。盛器选用要根据菜肴的造型、原料、色彩、数量、风味、筵宴的主题而定。比如，一般来说，腰盘装鱼不易产生抛头露尾的现象，汤盘盛烩菜利于卤汁的保留，炖制全鸡、全鸭宜用大号品锅，紧汁菜肴宜装平盘，利于表现主料。加量菜宜用大号餐具盛装，2～3人食用的小盆菜宜用小号餐具盛装等。另外，宴席菜肴的盛器要富于变化，如选用橙子、菠萝、小南瓜等瓜果蔬菜作容器；选用面条、面片等制成面盏、花篮作容器。

冬天为了使菜肴保持温度，在盛装前要对餐具进行加热，一般餐具放在保温柜中，上菜时再取出食用。用沙锅、铁板盛装的菜肴，要把握准上菜的时间，需将沙锅、铁板在烤箱或平灶上烧热保温，需要时及时上桌。

2. 讲究操作卫生

菜肴的盛装必须选用已消毒并烘干的盛器；不要用手（冷菜盛装有时不得不用手直接烹调菜肴时，双手必须干净、卫生，最好带上消过毒的薄胶皮手套操作或菜肴盛装完成后经紫外线消毒后再上席）或未经消毒的工具直接接触菜肴；不要将锅底靠近盛器或用手勺敲锅；菜肴应装在盘中间，不能装在盘边，也不能将卤汁溅在盘边四周。

3. 盛装数量要适中

菜肴的盛装数量既要与食用者人数相适应，也要与盛具的大小相适应。菜肴盛装于盘内时，一般不超越盘子的底边线，更不能覆盖盘边的花纹和图案。羹汤菜一般装至占盛器容积的85%左右，如羹汤超过盛具容积的90%，就易溢出容器，而且在上席时手指也易接触汤汁，影响卫生。但也不可太浅，太浅则显得分量不足。

如果一锅菜肴要分装数盘，每盘菜必须装得均匀，特别是主辅料要按比例合装均匀，不能有多有少，而且应当一次完成。

4. 色彩搭配和谐，形态丰满匀称

色彩是菜肴形式美的重要组成部分，因此盛装除要保证形态美观之外，还应在形的基础上注意色彩搭配和谐，这对于由多种不同颜色的原料构成的工艺菜（包括热菜和冷菜）的盛装尤为重要。普通菜可以用与菜肴原料颜色搭配和谐的一些有色原料来围边或点缀，以衬托出菜肴的色彩。另外，菜肴应该装得饱满丰润，不可这边高，那边低。

5. 突出主料和优质部位

如果菜肴中既有主料又有辅料，则主料应装得突出醒目，不可被辅料掩盖，辅料则应对主料起衬托作用。即使是单一原料的菜，也应当注意突出重点。例如滑炒虾仁，虽然这一道菜没有辅料，都是虾仁，但要运用盛装技巧把大的虾仁装在上面，以增加饱满丰富之感。

对于整鸡、整鸭，在盛装时应腹部朝上，背部朝下。这样做的目的是因为鸡、鸭腹部的肌肉丰满、光洁；头应置于旁侧，鸡鸭颈部较长，因此头必须弯转过去紧贴在身旁。蹄髈的外皮色泽鲜艳、圆润饱满，故应朝上。对于整鱼，单条鱼应装在盘的正中，腹部有刀缝的一面朝下；两条鱼应并排地装盘，腹部向盘中，紧靠一起，背部向盘外。

（二）菜肴盛装的手法

不同类别菜肴的盛装方法不完全相同，同一菜肴的盛装方法也不是固定不变的，通常可以采用许多不同的盛装方法。有些菜肴不用装盘，如既是炊具又是餐具的沙锅菜肴、汽锅菜肴、煲制菜肴、部分笼蒸菜肴（连笼上桌）等，火锅菜肴则是用生料装盘，上桌后供客人自行涮食。

热菜常用的盛装手法有一次性倒入法、拉入法、拨入法、覆盖法、拖入法、铲入法、夹入法、拼盛法等。冷菜的盛装有排、堆、叠、围、贴、覆等多种方法。

第二节 烹饪工艺流程

流程是做事情的顺序，有输入，有输出，是一个增值的过程。烹饪工艺流程，就是把烹饪原料加工成成品菜点的整个生产过程。它是根据烹饪工艺的特点和要求，选择合适的设备，按照一定的工艺顺序组合而成的生产作业线。具体烹饪产品的生产必须通过若干不同工序的有序组合才能完成，这种根据一定的目的而形成的工序的有机组合，即构成了一个完整的工艺流程。烹饪工艺流程随具体成品的要求而定。烹饪工序是烹饪工艺流程中各个相对独立的加工环节，不同的工序有不同的目的和操作方法。

工序与流程的关系是：流程具有明确的目的性，而目的是通过工序的作用来实现的。一个流程所要实现的营养、安全、卫生以及品质方面的种种目的与加工工序间具有对应关系。

一、烹饪工艺的一般流程

一个烹饪工艺流程的形成，不是随心所欲的简单工序的拼凑，而是根据一定的加工要求，选择适合的加工条件，采用恰当的工序组合形式而形成的。一个烹饪工艺流程实际上，就是不同烹饪工序间的恰当的组合形式，它应该有明确的烹饪目的。为达到不同的烹饪目的，需要对不同的烹饪工序进行组合；为了实现不同的烹饪工序的目的，就需要选择相应的加工条件。

每个具体的菜式均有与之相对应的基本工艺流程。每一个具体产品的加工制作则是在基本工艺流程的基础上加以一定的工序组合来完成的。中国菜点风味流派众多，品类繁杂，其制作工艺流程一般随具体成品的要求而不同。中国烹饪的一般工艺流程见图5-2。

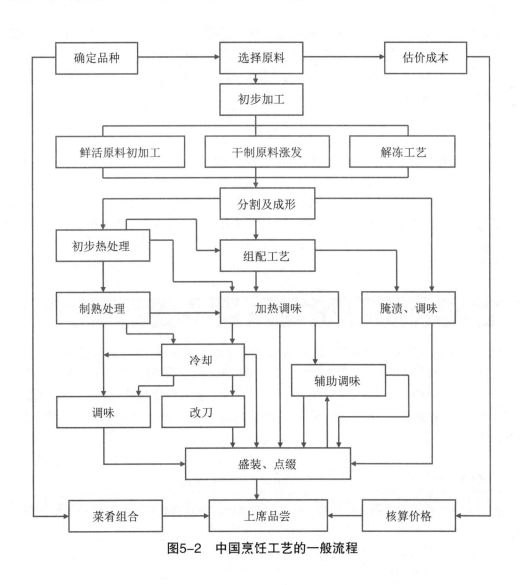

图5-2　中国烹饪工艺的一般流程

二、工艺流程的特点

（一）多样性

烹饪工艺流程的多样性是与烹饪产品的多样性相关联的。一个具体菜点的烹饪工艺流程的确定，要取于原料、菜式和具体的品种要求，而原料、菜式、品种要求的变化范围是很大的，因此必须有多种工艺流程才能适应实际烹饪的需要。

（二）模式化

烹饪工艺流程作为具体的菜肴加工方法，在长期的烹饪实践中经过无数人的总结和摸索，已经形成了相对稳定的若干个模式化的流程。这种模式化的流程就是一些基本的烹饪加工方法，如炒、炸、煮、蒸、煎、熘、烩等。每一个较稳定的模式化的流程都有其独特的加工性能，都与一定的原料种类、菜式、产品特征相对应。

模式化的流程是烹饪工艺流程的主要形式，绝大多数的菜肴的烹饪过程都是按固定的模式进行的。固定模式是一种基本定型的工艺流程，它在实际工作中也有两种表现形式：一是菜谱；二是烹饪方法。每一个菜谱化的产品，对烹饪工艺流程都有明确的指示。每种定型的烹饪方法，对加工条件、工序组合、产品的品质特征都有明确、具体的要求。

（三）可变性

烹饪工艺流程具有非常灵活的可变性，因为生产力的发展，人们饮食观念的变化不断地给烹饪工艺带来新的内容。新的原料、新的加工条件、新的饮食观点要求有新的加工方法、工艺流程与之相适应。所谓创新流程就是根据新的原料、加工条件、饮食观点对传统工艺流程的改造和新的工艺流程的创造。所谓模式化的流程，也是指其主要的熟制方法、调味方法等的相对稳定，在实际运用中模式化的流程有时仍会不同程度的变动。

第三节　烹饪工艺原理

原理通常指某一领域、部门或科学中具有普遍意义的基本规律。科学的原理以大量的实践为基础，经过归纳、概括而得出的，既能指导实践，又必须经受实践的检验。烹饪工艺过程中每个工序都有自己的基本原理，如烹饪原料分割原理、刀工原理、配料组合原理、加热成熟原理、风味调配原理、盛装与造型原理等。但总的来说，烹饪工艺应符合安全卫生、五味调和、奇正互变、畅神悦情的原理。

一、安全卫生

烹饪工艺要符合食品安全卫生原理，实施绿色烹饪，保证所生产的食品安全卫生，有利于身体健康。

（一）控制加热时间和温度

烹饪的重要目的之一便是对烹饪原料杀菌、消毒，使烹饪原料由生变熟，既卫生安全，又易于人体的消化吸收。

采用适当的火候烹制食品，不仅能杀菌消毒，还能确保食物营养，使制品色、香、味俱佳。若温度过高或加热时间过长都可能会产生有害成分。高温、长时间加热对食物产生的有害物质主要来源于两个方面：一是来自加热的客体——原料，二是来自加热的主体——油脂。长时高温情况下，原料中的蛋白质和碳水化合物都极易转变产生有害物质。另外，随着加热温度升高、时间延长，糖类等其他物质亦发生分解炭化，并随着加热时间的延长，糖焦化过程由表及里，这也是我们看到食物烧煮时间太长造成炭化的原因。故此，烹饪过程中也应严格控制高温，切忌将原料烧焦或烧煳。油脂在高温下反复使用，经各种复杂的反应后，生成的物质对人和动物有害。其中，三聚体因分子质量大、不易被机体吸收而毒性较小；分子质量较小、易被机体吸收的环状单聚体和二聚体的毒性较强，可使动物生长停滞、肝脏肿大、甚至可能有致癌作用。此外，油脂在高温发生热聚，还可形成致癌性较强的多环芳烃类物质，值得引起重视。

烹饪过程中要尽量避免持续高温煎炸食品，一般烹饪用油温度最好控制在200℃以下。反复使用油脂时，应随时加入新油，并随时沥尽浮物杂质。

（二）保证食物安全，谨防N–亚硝基化合物对食品的污染

一些食品中含有合成N-亚硝基化合物的前体物质仲胺及亚硝酸盐，烹饪不当或在微生物作用下，可形成亚硝胺或亚硝酰胺。影响N-亚硝基化合物合成的因素，主要有pH、反应物浓度、胺的种类及催化物的存在等。

亚硝胺合成反应需要酸性条件，如仲胺亚硝酸基化的最适pH为3.4。在中性及碱性条件下，如果增加反应浓度，延长反应时间或有催化剂卤族离子及甲醛等羰基化合物存在时，也可形成亚硝胺。合成亚硝胺的反应物包括胺类和亚硝酸盐等。凡含有—N＝结构的化合物均可参加合成反应，如胺类、酰胺类、氨基甲酸乙脂、氨基酸胍类等。胺类中伯胺、仲胺、叔胺均可亚硝化，但仲胺速度快，仲胺比叔胺快大约200倍。

大肠杆菌、普通变形杆菌等硝酸盐还原菌也可将仲胺及硝酸盐合成亚硝胺。但这常在人体胃内及食品发酵过程中发生。香肠、腊肉、水晶蹄制作过程中，加入硝酸盐或亚硝酸盐作护色剂的盐腌干鱼，也会含有N—亚硝基化合物；腌制腊肠用作料事先将黑胡椒、辣椒粉等香料与粗制盐、亚硝酸盐等混合，腊肠中就会有亚硝酸基吡咯烷、亚硝基哌啶检出。因此应禁用事先混合的盐腌作料来腌制腊肠，盐和香料要分别包装。烟熏肉和鱼，煎炸咸肉片、暴露于空气中的直接烤制也会形成一部分亚硝胺。

（三）慎防多环芳烃对食品的污染

烹饪过程中，产生有害化学物质中危害性最大的便是多环芳烃。多环芳烃是指具有2个以上的苯环的一系列芳烃化合物及其衍生物。它们对人有致癌作用，特别是具有5个苯环的苯并芘更具强的致癌性。据研究，烹饪过程中产生多环芳烃的主要途径，一是上述已提到的油脂经高温聚合而产生多环芳烃苯并芘；二是主要源于烟熏和烘烤食品。人们在用煤、汽油、木炭、柴草等有机物进行高温烟熏烤制食品时，有机物的不完全燃烧将产生大量的多环芳烃类化合物，而被熏烤的食物原料

往往直接与火、烟接触，直接受到所产生的多环芳烃的污染，随着熏烤时间的延长，多环芳烃由表及内，不断向原料内部渗透。尤其是含油脂和胆固醇较多的食品熏烤时，由于内部所含油脂的热聚作用，也能产生苯并芘。据相关统计发现，熏烤食品中苯并芘的含量大致为：一般烤肉、烤香肠内含量0.17～0.63克/千克，广东叉烧肉和烧腊肠用柴炉加工使苯并芘量上升最多，其次为煤炉及炭炉，电炉烧制的量最少；新疆烤羊肉如滴落油着火后，则含量为4.7～95.5克/千克，平均3.9克/千克；至于烟熏、烧烤食品所含多环芳烃较多且具有强致癌作用，特别是容易导致胃癌这一特点，已被一系列事实所证明。

为防止多环芳烃对食品的污染，可采用以下措施：一是熏烤食品时，不要离火太近；二是避免食物与炭火直接接触；三是温度不宜高于400℃；四是不让熏制食品油脂滴入炉内，因为烟熏时流出的油含苯并芘多；五是设法改进烟熏和烘烤的烹饪过程，改用电炉；六是改良食品烟熏剂或使用冷熏液等。

（四）有效消除原料中对人不利的成分，确保食品安全

如人们常通过焯水去除菠菜、苋菜等原料中的有机酸，可防止其与人体摄入的其他高钙或高蛋白质食物在体内形成不能被吸收的结石性有机物，如鞣酸蛋白、草酸钙等。加工发芽土豆时，除去净皮、芽周围组织外，还应注意煮熟煮透，辅加适量的醋，以破坏所含有对人体有害的龙葵素碱。烹制四季豆时，注意须长时间煮沸，加热彻底才能破坏所含有的对人体不利成分皂素和豆素。烹制白果时，加热彻底才能免除银杏酸对人体的毒害。烹制含氰苷的木薯、苦杏仁等，加热彻底并不加盖烹制，可让生成的氰氢酸挥发。加热被绦虫、肝吸虫、蛔虫等寄生虫卵污染的食品，应使加热时间稍长，使原料内部中心温度达到杀菌温度时，才能彻底灭杀寄生虫。

二、营养保健

烹饪可以使食物发生一系列的理化变化，提高食物的感官性质，增加人们的食欲，促进营养物质的消化和吸收。相反，不科学的烹饪方法会极大地破坏食物中的营养素，降低其生理价值。

（一）帮助消化，促进食欲

人们常用的烹饪方式有炒、爆、熘、烤、炸、炖、焖、煨、蒸、煮、涮等。这些烹饪方法的采用，不但增加了食物的风味，同时也有助于人体对食物中营养素的利用。经过烹饪，动物性原料中的蛋白质会变性凝固，部分分解成氨基酸和多肽类，增加了菜肴的鲜味；而芳香物质的挥发、水溶性物质的渗出，使食物具有了鲜美的滋味和芳香的气味；另外食物中的营养素往往被组织所包含，通过烹调，部分营养素会发生不同程度的水解，如淀粉加热后变化为糊精，部分淀粉分解成双糖，更易被人体所吸收。

（二）保护营养素，减少流失

烹饪过程中也会导致部分营养素流失、破坏。比如，烹饪可使食物所含的维生素受到不同程度的破坏，其中受到破坏最大的是维生素C和维生素B_1，其次为维生素B_2和维生素E，而维生素D的稳定性较高。

不同的烹饪方法所带来的营养素流失也不同。如水煮食物，会使水溶性维生素和无机盐溶于

水；若在烹煮食物时加入碱，则几乎全部的B族维生素和维生素C都会被破坏。焖的时间长短同营养素损失的多少成正比，而炒对维生素C的破坏较大。

为减少营养素的损失，我们可以在烹饪中采用各种防护措施，如对过油的原料尽可能上浆或挂糊，避免原料直接与高温油接触；在炒制含水分较高的蔬菜时，通过勾芡的方法把汤汁变浓，使流入菜汤中的水溶性维生素等营养物质靠浓汤汁的吸附作用粘在菜肴上，以尽量减少营养素的损失。

另外，还可以通过改变烹饪方法来保留更多营养素。例如水、高温都是营养的"杀手"，如果采用"低温免水煮食法"，就能减少营养的流失。所谓"低温免水煮食法"，就是通过锅具良好的闭合性，将水蒸气和热量"锁"在锅内，以蒸汽热力的均匀循环来烹煮食物。由于"低温免水煮食法"不需要大火，只需要加少量的水或不加水，所以煮出的食物可保留更多的维生素及矿物质，口感也更佳。表5-3为常用烹饪方法对营养素的作用和影响。

表5-3　常用烹饪方法对营养素的作用和影响

烹调方法	时间	选料特点	优点	缺点	措施
烧	中、长	大块原料	油脂乳化，部分蛋白质水解，有利于消化吸收	B族维生素、维生素C损失较大	控制添加水量及加热时间
煮	长	荤素皆宜	蛋白质、脂肪酸、无机盐、有机酸和维生素、淀粉等充分溶入汤汁中	水溶性的维生素和无机盐易流失	汤汁合理利用
汆、涮	短	植物原料为主，其次是羊肉、丸子等	营养素破坏较少	水溶性成分易流失	严格控制加热时间并防止外熟里生
炖、焖熬、煨	中、长	大块动物原料为主	油脂乳化，部分蛋白质水解，有利于消化吸收	维生素损失较多	宜用胶原蛋白质和粗纤维含量丰富的原料，适当搭配植物原料
炸	短、中	适用于各种原料	热能和脂肪含量高，饱腹作用强，促进维生素A、维生素E吸收	易脱水，水溶性维生素破坏大，蛋白质过度变性，脂肪酸被破坏	油温不宜过高，可采用拍粉、上浆、挂糊等方式处理，不宜将油脂反复多次使用
煎、贴、塌	短、中	宜选用蛋白质含量丰富的原料	营养素流失较少	受热不均匀	防止外焦里生
炒、爆、熘	短	原料切配后较细小，易熟	营养素流失少，B族维生素损失也少	维生素C损失较大	有些原料需经过上浆、挂糊等方式处理，成熟后内部温度不低于70℃

烹调方法	时间	选料特点	优点	缺点	措施
熏	长	动物原料	防腐，形成特殊香味	水溶性成分易流失，有致癌物产生	可采用"液体烟熏法"
烤	中、长	整只原料	营养素流失少	维生素损失大，蛋白质过度变性	防止外焦里生，不可在燃油或明火上烤
蒸	中、短	新鲜原料	营养素流失少	B族维生素破坏较多	选择蛋白质和纤维多的原料

（三）合理搭配，平衡膳食

中国烹饪工艺历来注重在配餐时营养平衡，并将它落实到每一餐饭、每一盘菜中。与此同时，还强调医食结合，补治并举，以养生长寿。《黄帝内经·素问》："五谷为养，五果为助，五畜为益，五菜为充。气味合而服之，以补精益气。此五者，有辛酸甘苦咸，各有所利。"这段话的大意是，人的肌体要靠五谷杂粮养育，鱼肉禽蛋增加营养，用蔬菜补充消耗，以瓜果助其不足。按照身体需要选用不同的食料，就可以补充精力、增强真气。这些食料有寒、热、温、凉和辛、酸、甘、苦、咸等区别，各有不同功用。由于这段话中包含了中医学阴阳平衡、脏腑协调、性味和谐、因异制宜等养生观点，故被视作古代的平衡膳食学说；还因为它符合中国国情和民情，能够益身长寿，经过数千年的验证而得到了肯定。所以不少学者又认为，谷、果、畜、菜的有机配合，便是中国传统的营养卫生理论。

在这一思想指导下，中国烹饪历来讲究烹调原料的组配。如饭配菜、荤配素、干配湿、粗配精、点心包馅料、面条加臊子、素菜荤油炒、荤菜素油炒、"每食不用重肉"节假日"打牙祭"、饭前吃蜜脯、饭后用水果等。更值得注意的是，中国不仅三餐和四时注意调配饭菜，而且菜点几乎都不是用一种原料制成的，而是2种、3种、4种乃至更多，如"全家福""佛跳墙""白菜肉馅饺子""牛肉拉面"之类，这样，膳食平衡思想就直接落实到每一道菜点之中。显然，这对养营摄生是有利的。还由于相当多的中药材都是可以直接食用的动植物，如绿豆、木耳、虫草、燕窝之类，而西药多是不同元素的化合物，不可作为食品原料，因此中国有药膳，而西方则没有药食合一的菜品。这既是养助益充营养卫生理论的又一种表现形式，也是中国餐饮与西方餐饮的一个重大区别。中国膳食一贯重视食医结合。早在先秦，医生和厨师就配合默契，药品与食物常常一致。后来食与医虽然分了家，但是饮膳仍以医学作指导，医家也多用食方来治病。特别是古医学的药物炮制、饮食洁净、力戒偏嗜、调味禁忌、食物中毒、季节进补等学说，都被菜谱食经直接吸收，充实了烹饪理论的内容。所以中国烹饪选料十分注重药食兼用的飞潜动植，将它们的根、茎、叶、花、果与皮、肉、骨、脂、脏巧妙配合，以达到满足食欲、滋补身体、疗疾强体、养生延年等目的。中国烹饪中以药入馔的菜品（如燕窝粥、人参鸡、虫草金龟、枸杞鸭子）备受欢迎，道理也在于此。

三、五味调和

中国烹饪中，五味是本体，调是手段，和是目的。五味调和是烹饪目的和手段的统一体。

（一）五味调和源于五行学说和儒家中庸之道

中国烹饪重"味"，源自中国古典哲学中的五行学说。原始五行学说把自然现象和人的活动归结为水、火、木、金、土五种物质的运动，并且认为存在着阴与阳两个对立面。因为动植物大都依赖土地而生存，因而把饮食归于"土"的范畴。五行学说还认为：水、火、木、金、土在性味上的属性，分别是咸、苦、酸、辛、甘，合称"五味"。它们也存在着阴阳对立、互相制约的关系。厨师欲使五味调和，就必须掌握"调"的本领，以达到"和"这一饮食审美的极致。

古代先民还根据五行学说中春、夏、秋、冬分别与木、火、金、水相对应的关系，认为饮食的季节性应当与五味相吻合，这就是"春多酸，夏多苦，秋多辛，冬多咸，调以滑甘"的季节调味规律的由来。还由于地理上的东、南、西、北、中分别与木、火、金、水、土相对应，所以饮食口味的地区差异，古人同样认为与五行相关，并由此总结出"北咸、南甜、东淡、西浓、中和"的地域嗜味规律。

中国烹饪重"和"，则与儒家的中庸之道和古典美学的最高境界有关。"和"的实质，就是中庸之道追求的持中、协调、适度与节制，要求人们按照一定的道德原则和规范，自觉地调节个人的思想感情和言论行动，使之不偏不倚，中规中矩。它体现在饮食中，便是菜品的软硬、甜咸、厚薄、大小、多少、生熟、冷热、荤素、浓淡等对立因素的恰当统一，色、香、味、形、器、名、时（时令）、疗（疗效）等审美标准的相成相济，加热量与施水量以及调味料的适度均衡等，以求取整体上和谐统一的审美效果。

中国烹饪"和五味以调口"不仅仅是为了"甘而不哝，酸而不酷，咸而不减，辛而不烈，澹而不薄，肥而不腻"（《吕氏春秋·本味》），更重要的是"宰夫和之，齐之以味，济其不及，以泄其过。君子食之，以平其心"（《左传·昭公二十年》）。五味食物在通过调和、调节五脏阴阳平衡的同时，滋养人体生命协调运动，对于人体健康长寿有着重要意义，"谨和五味，骨正筋柔，气血以流，腠理以密，如是则骨气以精。谨道如法，长有天命"（《黄帝内经·素问·生气通天论》）。这种中国人独立于世界民族之林的饮食营养观，经历了两千多年世世代代实践检验，至今仍为真理。

（二）五味调和中"和"的内容

在中国烹饪中，和包括的范围十分广泛。和既是烹（加热手段）饪（炙熟过程）的统一，也是菜肴色、香、味、形、器的整体性协调。

第一，和是存异。不同味（五味）的存在是五味调和的起点和基础。异，是酸、苦、甘、辛、咸及其所代表的千差万别的食物，和是无限多样食物的统一。异与和既相对立，又统一，相互依存，无异就无所谓和。

第二，和是协调。和是烹饪的最终目的，是不同味相配合、相和谐、相统一，形成高于本味的"至味"或复合味的肴馔。五味调和是烹制出多样菜肴不可缺少的重要条件，有了调和原则就开拓了创新菜肴的途径，在这里关键是在烹调过程中如何建立味与味的平衡机制。

第三，和是折中。和是菜肴组配中味与味的平衡机制。任何菜肴配伍中的味相对整体菜都具有共性与个性，折中就是取其共性，宽其个性，达到五味调和，各种异味在菜肴中不可固执于绝对的对立，即"无太过亦无不及"。

第四，和是融变。和的功能是将原料中的原生味在烹饪中融合生成菜肴的综合新味，如牛肉中的氨基酸、肽、核酸、糖类和脂类，加热后通过化合反应，形成含有醇、酮、醛、酸、酯香的复合味;烤鸭经炭火烤制发生羰氨反应与调料融合渗透产生芳香味。即在肉存本味、鸭存本味、菜存本味的同时，形成菜肴本身自在的独特新味。一道菜肴的制作，调配、刀工、火工，都是融变过程。

五味调和的过程，不仅包含存异、协调、折中、融变四个层次，而且彼此间又相互制约、相互协调，形成一个味和系统，它的结构不可缺少任一要素和环节。

（三）五味调和是中国烹饪的精华

在中国传统文化的影响下，中国烹饪形成了以五味调和为核心的系统理论，以及独特的调和结构和意义。五味调和并不意味着把所有的肴馔都调和成一个味，恰恰是异彩以纷呈。元代朱丹溪说："味有出于天赋者，有成于人为者。天之所赋者，谷蔬菜果，自然冲和之味，有食之补阴之功，此《内经》所谓味也。人之所为者，皆烹饪调和的偏厚之味"（《茹淡论》）。人们食用出于天赋之味而逐渐形成了本味论。这种食用"自然冲和之味"的行为是从各种各样的谷蔬菜果中，选择那些能适合五脏阴阳平衡协调功能的味，通过烹饪是为了便于享用，李时珍说："五味入胃，喜归本脏，有余之病，宜本味通之"（《本草纲目》）。食用"人之所为者"即是运用五味调和出多种多样的复合味，以适人口，在烹饪理论中形成了适口论。最初，神农尝百草以味择食;后来，人们面对众多食物以适口称意，反映了人类物质文明和精神文明的发展。清代钱泳说："饮食一道，如方言各处不同，只要对口味，但期适口，即是佳肴"（《履园丛话》）。辨味择食，是为了无害于人体获食充饥;适口称意，是在满足五脏功能协调的同时怡情逸志。于是，中国烹饪就从物质文明升华到与精神文明相结合的高度。以五味调"合"出的复合味，有咸鲜味、怪味、蒜泥味、五香味等，总之就像画家用三原色、音乐家用七音符依照和谐原则创造出各种各样的图画、音乐一样，烹饪者运用五味调和的原则可以创造出千变万化的美味来。

四、辩证施烹

辩证施烹是指中国烹饪中既有各地通行的厨规（正格），又有不拘程式的应变方法（奇格），二者交互为用，原则性与灵活性统一，矛盾的普遍性与特殊性兼顾。故而烹饪工艺不僵化，鼓励"千个厨师千个法"，给厨师留下发挥聪明才智的广阔天地。

中国烹饪崇尚变化之学、创新之学。一方面烹饪中存在辩证法，有对立统一的法则;另一方面烹调法中兼有"正格"与"奇格"，可以"以不变应万变"，把握临灶主动权。烹饪中的辩证法表现在许多地方。如选料中的荤与素，刀口上的大与小，加热时的水与火，调味中的浓与淡，质地上的绵与脆，火候上的生与熟，排菜中的冷与热，装盘时的多与少，配餐时的干与湿，这都是烹调内部矛盾的反映，它制约着菜品的属性;又如烹调原料与烹饪工艺是内因与外因的关系。内因是成菜的基础，外因是成菜的条件，外因通过内因而起作用，促使原料内部矛盾转化，从而制出理想菜品;再如烹调还须处理好一般与特殊的关系。像臭味，绝大多数菜品是千方百计加以排除，而屯溪臭鳜鱼、长沙臭豆腐等却是极力使之强化，追求带有异香的"臭味"。至于肯定否定规律，烹调中也比比皆是。否定一种旧菜，肯定一种新菜，标志着烹饪工艺的进步;不断地否定，不断地肯定，加快了烹饪产品的更新换代。

再就烹与调来分析，同样如此。"烹"是加热过程，主要表现为量变；"饪"指菜品成熟，表现为质变。而众多烹调法的区别，则体现在加热量与施水量的"度"上，故而原料是否"抗烹"和热能大小，应当是制菜中的主要矛盾。至于"调"，也应当突出主要调味料、主要味型和主要调味方法，这又是矛盾的主导方面。不论采用对流调味、扩散调味、浸染调味、渗透调味，还是文调、武调、循序渐进或一锤定音，都须遵循质量互变规律，控制调味品的量，并与加热、施水巧妙结合。

"正格"，就是通行的厨规，可以以简驭繁，举一反三，普遍适用。像采购原料时审慎挑选，加工时料尽其材，综合利用；切削配菜注意营养，操作过程讲究卫生；"着衣"（指拍粉、上浆与拖糊等）、施水恰当均匀，灵活使用炉灶炊具；正确识别水温、油温与锅温，及时投料、下味与控火；翻勺颠锅操纵灵活，点水、用汤、勾芡及淋油恰到好处；出锅及时，装盘利索，走菜程序有条不紊；炉案之间密切配合，各司其职又彼此照应等。中国绝大多数菜品是通过"正格"制作的，有一套完整规程。如嫩藕炒，老藕炖；脂肪多的活鱼清蒸，脂肪少的死鱼红烧；炒肉片大多先走油，炒青菜一般不出水；姜末先煸，味精后下等方法，都通行全国。

"奇格"，就是不拘程式而采用的"救急措施"，阴错阳差常可"歪打正着"。如用料部位有改变，技法相应也改变；原料质地不理想，调味用火来补救；原料组合有出入，味料比例作调整；调料品种不齐全，相近之物可替用；火力不能随心所欲时，不妨随机应变，顺火成菜；炊具不能得心应手时，应当随遇而安，因器变法；芡汁太厚或太薄，酌量增减高汤用量来冲匀；季节有春夏秋冬，技法宜加区别使用；客人分东西南北，味型亦应变通等。中国烹饪中不少名食（如叫花鸡、屯溪臭鳜鱼、竹筒饭、燃面），多是运用"奇格"创造的。由于"奇格"破除常规，它往往可以开启智慧，创制很多新菜。浙江厨师将蚝油牛肉的制法运用到猪肉菜中，在全国大赛中一举夺走5面金牌，便是一个生动的例证。"正格"和"奇格"相机使用，也是烹饪中的辩证法。对此，有人称之为"手艺是死的，人是活的"。中国烹饪之所以有别于西餐和食品工程，能够看似"无法"实则"有法"，正是在于它具有"不变中有变，变中有不变"这一极富生命力的特质。

五、畅神悦情

中国烹饪的目的不仅是为了果腹充饥，还要追求精神享受。一方面要求吃得饱吃得好；另一方面要求将肴馔美化，蕴含许多文化成分，使菜品内涵增加，外延扩大，能够吃得开心，吃出情味。中国烹饪中有自然美、社会美、生活美、艺术美，厨师按照自己的审美意识进行审美活动（制作菜品），食客获取美感（即欣赏、评价、消费菜品），双方都可得到生理和心理上的满足，畅神悦情。

从烹饪美的创造看，烹饪是一种复杂的体力劳动和脑力劳动。厨师在临灶操作时，眼、耳、鼻、舌、身全神贯注，如同一个将军冷静观察瞬息万变的战场局势、随时果断地采用相应策略、竭尽全力以求取胜。当他制作的一道道佳肴呈现在客人面前被尽情享用和赞誉时，就意味着厨师的劳动创造了社会价值，得到肯定。这对厨师来说，是最大的安慰和奖赏，也是精神上最愉悦的时刻。所以厨界有这样的说法："菜是厨师的儿，有人爱就高兴。"

从烹饪美的欣赏看，当客人品尝一道道美食时，不仅可以果腹充饥，大饱肚福，还可以通过对菜品的审名、辨色、观形、看器、闻香、品味，大饱眼福和口福，增进知识，获取精神享受，这又是客体的畅神悦情。特别是那些精美的工艺菜，集味觉艺术、色彩艺术、造型艺术于一体，立意高雅，图像具有吉祥意义，风格为中华民族所喜闻乐见，构图分宾主、讲虚实、重疏密、有节奏，形似与神似结合，色彩靓丽，手法简洁，宛如工艺品，更能使食客心旷神怡。

中国烹饪能够畅神悦情，与中国传统文化密切相关。自古以来，中国人就重视吃，并有"食、色，性也"（追求美食与美色是人的天性），"夫礼之初，始诸饮食"（文明源于饮食）等名言传世，而且把主要精力都集中在饮食上，以此作为民族文化的基石。所以不少外国学者把中国传统文化称为"饮食文化"，以与西方的"男女文化"相对照。由此而来，不论古今，中国人都是把饮食美作为生活审美的主要对象，重视美食、美名、美味、美器、美情、美景、美趣、美育的协调，将食用与观赏、养生与养性、生活与教育、小康与大同紧密结合在一起。正因如此，不仅提高了中国烹饪的难度，增加了对厨师的要求，还要求调动一切物质技术手段和文学艺术形式将看馔加以美化。于是，出现了制作讲究的餐具，清雅秀美的餐室，"全家福"之类的祥和菜名，"全羊席"之类的高难宴席，"霸王别姬"之类的掌故，"佛跳墙"之类的传闻，"虫草金龟"之类的补品，"人参鸡"之类的药膳，还有茶礼、酒令、席规与宴俗，以及迎宾、导引、安座、奉食等礼仪。总之，为了畅神悦情，在菜品中"追加"了许多东西，使人们在进食过程中，把"民族传统文化"也"吃"下去。这些东西在西餐中较少见到，可以说是中国的"国粹"之一。中餐较之西餐复杂，主要原因也在这里。

综上可见，中国烹饪驰誉世界，受到各国人民的由衷喜爱，绝非偶然。这是它在近万年发展历程中，不断地从博大精深的中华民族传统文化中吸取营养，将养助益充营卫论、五味调和境界说、奇正互变烹调法、畅神悦情美食观完美结合的产物。

第四节　烹饪工艺方法

烹饪工艺方法，简称烹饪法。广义的烹饪法泛指人类创造美食的智慧和知识技能，包括烹饪工艺流程中各个工艺环节所使用的技术方法。狭义的烹饪法仅指对烹饪产品的制作有决定意义的某些具体的技术方法，餐饮业通常指的是后者。

一、中国烹饪法的种类

在古今流传的中餐菜谱上，涉及烹饪法的汉字可能有上百个，而我们常见的也有六七十个，其中有些是古汉语，今已不见使用，例如"石上燔谷"的"燔"字；有些源于方言，流传范围不广；有的技术内涵相同，但口语和行业习惯中常常有不同的名称。不过这些字多为形声字，主要以"火"字旁和"灬"字旁为多，从水的只是个别的，如氽、涮等。再就是为某项操作专创的专门名词如拔丝、挂霜等，而冷菜制作中的调味方法，也有人将它仍列为烹饪法的，如卤、拌等。

名目繁多的烹饪法，我们如从其科学本质上去认识，只有烤、煮、蒸、炸、煎、炒、拌等最基本的几种，我们称为单一烹饪法，当然它们也可以变调或衍化。中餐烹饪过程中，往往将这些单一的烹饪法重复交替使用，这就出现了许多复合加热技法。

（一）热菜烹饪法

热菜的烹饪法按照直接传热介质的不同，主要可分为以油为主要传热介质的烹饪法、以水为主要传热介质的烹饪法、以汽为主要传热介质或辐射导热为主的烹饪法、以固态物质为主要传热介质的烹饪法等。这几类烹饪法中的每一种具体烹饪法都有与之相对应的相对固定的传热方式（或传热介质），我们称之为基本烹饪法。此外，还有一些烹饪法没有固定的传热介质，本书把它们归入特殊烹饪法或特殊烹调形式（图5-3）。

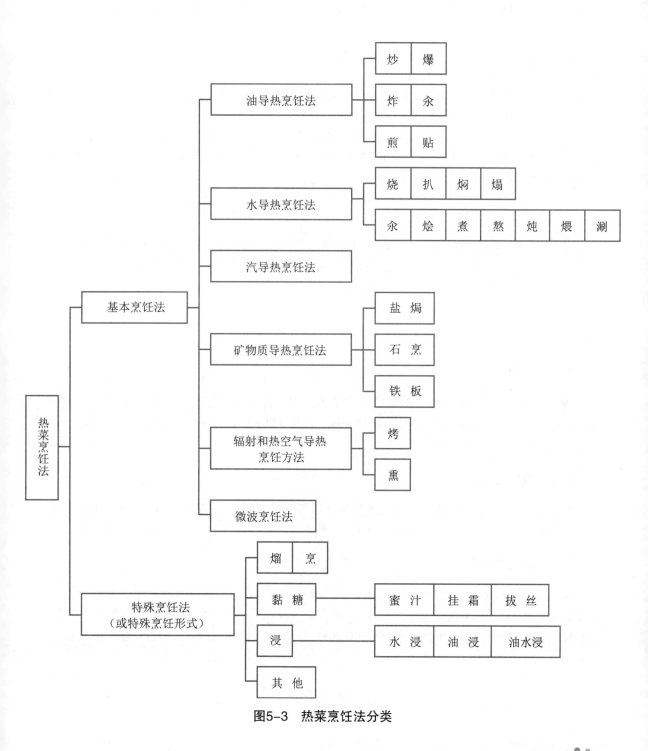

图5-3　热菜烹饪法分类

（二）冷菜烹饪法

冷菜烹饪法是指对经过加工整理的烹调原料，通过加热和调味的综合或分别运用，制成冷菜的操作技法。

冷菜烹饪法的种类，根据在制作过程中是否加热划分，可分为只调不烹的冷菜烹饪法（也叫冷制冷吃法）和既烹又调的冷菜烹饪法（也叫热制冷吃法）两大类。根据加热方式是否相对固定划分，可分为基本烹饪法和综合烹饪法两大类（图5-4）。

基本烹饪法是指加热方式相对固定的烹饪法，也就是说这些烹饪法是以一种介质为主要传热导体烹调成菜的。此类烹饪法大致可分为四小类，即以水为主要导热体的卤煮类，以蒸汽为主要导热体的汽蒸类，以油或油与金属（锅）共同导热的炸炒类和以热空气及辐射为热导体的熏烤类，这四类中多数是热菜烹饪法的变格和延伸。

综合烹饪法是指调味方式相对固定，而加热方式不固定（包括不加热）的烹饪法。这类烹饪法根据调味方式与实践的不同，可分为拌炝类、腌泡类、熘烹类、冻制类和黏糖类五小类，其中熘烹类和黏糖类是热菜烹饪法的变格。

（三）面点烹饪法

中国面点的烹饪法分为蒸、煮、煎、炒、烙、炸、烤、烩、拌，以及蒸煮后煎炸烤或蒸煮后炒等综合熟制方法，运用以上各种方法将成形的生坯（半成品）加热，使其在热量的作用下产生变化，成为色、香、味、形俱佳的成品。

二、烹饪法的主要特点

（一）种类多

中国地域辽阔，物产丰富，菜肴的品种成千上万，其烹饪法也很多。目前流行的烹饪法有四十余种，有人推测中国的烹饪法将会超过千种，这是世界上任何一个国家所不能比的，也是中国烹调享誉天下的一个重要因素。

（二）地方性强

在热菜烹饪法的种类中，相当一部分烹饪法带有明显的地方特色，如鲁菜的"爆""熻""扒"，川菜的"小煎""小炒""干煸""干烧"，苏菜的"焖"、粤菜的"焗""煀""白灼"等。

（三）灵活性强

由于地区的差异，原料的品种、质量，使用的燃料、炊具，生活习惯等，对于烹饪法的具体操作都有影响，运用同一烹饪法制作不同原料的菜肴，或者同一类菜肴在不同条件下制作，都需要根据具体情况采取具体细节调整，才能达到好的效果。烹调技法相当细腻，相当复杂，有多元性的特征。

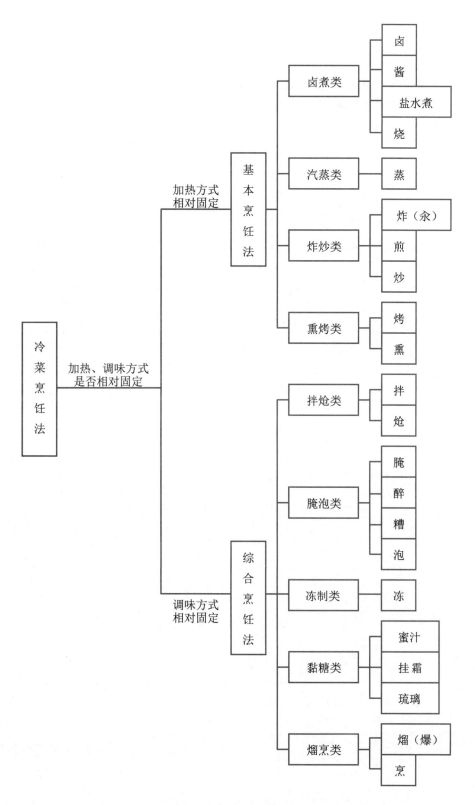

图5-4　冷菜烹饪法分类

■ 思考题

1. 什么是烹饪工艺的概念，烹饪工艺的特点是什么？
2. 简述烹饪工艺的基本流程。
3. 烹饪工艺包含哪些基本要素？简述其主要内容。
4. 简述烹饪工艺的基本原理。
5. 简述中国烹调方法的种类和主要特点。

CHAPTER 6

第六章
烹饪产品

■ **学习目标**

　　（1）了解烹饪产品的概念和分类。
　　（2）理解烹饪产品的特点和属性。
　　（3）掌握烹饪产品命名的分类、原则和文化心理。

■ **核心概念**

　　狭义的烹饪产品、广义的烹饪产品、菜肴、面点、小吃、宴席

■ **内容提要**

　　烹饪产品的种类和特点，烹饪产品的属性，烹饪产品的命名。

第一节　烹饪产品的种类和特点

一、烹饪产品的概念

　　传统意义上的产品是指具有某种特定物质形状和用途的物品，是看得见、摸得着的东西。这是一种狭义的定义。现代产品观念改变了传统产品观念的"单一性"，拓展了传统产品观念的内涵，认为产品是能够通过交换满足人们某种需求和欲望的任何事物，它既包括具有物质形态的产品实体，又包括非物质形态的利益。

　　烹饪产品是烹饪工艺的结果，是餐饮企业提供给消费主体的消费对象，也是餐饮企业经营的核心。随着市场经济的发展，人们对烹饪产品的认识在深化，烹饪产品的内涵也在不断发展。

（一）狭义的烹饪产品

狭义的烹饪产品是烹饪工作者利用烹饪设施设备所生产出的可供直接食用的、具有色香味形的、各式各样的有形菜肴和面点等食物成品。在传统观念中，有形的烹饪产品是餐饮消费的主要对象，甚至是唯一对象。没有色香味形俱佳的有形烹饪产品，餐饮企业就无法吸引更多的消费者。本书所讲的烹饪产品主要是狭义的烹饪产品。

（二）广义的烹饪产品

广义的烹饪产品是指餐饮企业经营者凭借烹饪设施设备，通过劳动和服务，向消费者提供的用于满足其在餐饮消费活动中综合需要的物质及精神产品和服务的总和。它不仅包括消费者在饮食过程中所享用的美味佳肴等有形产品，还包括其在消费过程中所享受的各项服务、餐饮企业精心设置的就餐环境以及在各种就餐设备和菜点中所体现的饮食文化等无形产品。

广义的烹饪产品由核心产品、形式产品、期望产品、附加产品、潜在产品五个层次构成（图6-1）。其中，核心产品是烹饪产品最基本的层次，是指烹饪产品本身的功能，即烹饪产品

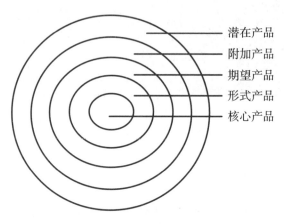

潜在产品
附加产品
期望产品
形式产品
核心产品

图6-1 广义的烹饪产品

可以满足消费者最基本的饮食生理及其他心理方面的需求，又称核心利益。餐饮企业提供的菜点食品是为了满足消费者最基本的饮食生理需要，能否满足消费者这方面的需要，是消费者决定是否到一家餐厅就餐的最根本的要素。缺乏了这一要素，消费者最基本的饮食生理需要无法得到满足，饮食活动本身就失去了最根本的目标，烹饪产品也就失去了存在的意义。同时，在企业为顾客提供的烹饪产品中，服务占据了极为重要的地位，贯穿顾客进店消费活动的始终。与菜肴食品等有形烹饪产品不同，餐饮服务是依托这些有形的菜肴及餐饮接待设施等向餐饮消费者提供的无形性产品，这种无形服务以满足客人心理精神方面的需求。在收入和生活水平日益提高的今天，部分消费者在饮食活动中对于烹饪产品的功能要求已经超越了最基本的生理性需求，他们更关注餐饮活动中在心理方面的感受，完善周到、细致温馨的餐饮服务能够满足客人受欢迎、受尊重、讲身份、显气派等方面的心理需求。

形式产品是广义烹饪产品的第二个层次，是核心产品的价值赖以存在并在消费者头脑中所留下的印象的具体载体。形式产品具有：质量、特色、形式、品牌四个特征，其中质量是烹饪产品的各项性能的水平；特色是烹饪产品与其他大多数同类产品不同之处，即个性特征；形式指烹饪产品的式样、风格与类型；品牌是烹饪产品的标志和内涵。这四个特征可以用来描述和评价烹饪产品的状态和优劣。

期望产品是指消费者在餐厅消费时期望得到的与核心产品密切相关的一整套属性和条件。消费者的预期期望包括他们从主要媒体、广告、促销人员和其他消费者的口碑获得烹饪产品或服务的信息和经历。预期质量受到诸如个人需求、他人口碑、成本价格及其企业形象、预期的风险等因素的影响。这种期望可能是正面的也可能是负面的，当消费时感知质量高于这种预期，烹饪产品就会

在消费者中留下较高的满意度；当感知质量低于预期，产品对消费者的满意度就会降低，进而对消费者的重复购买产生消极影响，不利于产品的口碑宣传。

附加产品又称为附加利益，是顾客消费烹饪产品时所获得的一些附加利益或优惠条件的总和。如餐饮消费时的折扣优惠、烹饪产品中表现的文化品位以及各类促销活动为顾客带来的在视觉、听觉及其他方面的享受和利益，以及餐厅为就餐者提供免费泊车、洗车、送餐、电话咨询等。附加价值好像并不重要，甚至可有可无。但是，有了它就可以更好地体现产品的价值，就能够使这一产品与其他产品区别开来。

潜在产品是为了满足个别客人的特殊需求而提供的特殊的和临时性的服务。客人在餐厅就坐之后会临时提出各种各样的要求，这些要求有的服务人员事先估计得到，有的则出乎意料之外，有的合理，有的不尽合理。服务人员的责任是千方百计满足客人的合理要求。优秀服务人员的特点不只是千方百计满足客人的合理要求，他们常常能正确地预计客人的需求，在客人提出要求之前，便热情地向客人提供。这种正确预计的能力需要经验和时日，更需要细心观察，即中国人所谓"察言观色"。

二、烹饪产品的种类

烹饪产品的种类很多，分类比较复杂。因所依前提的不同，分类的方式和分类的结果不同。此外烹饪产品与品种、种类的复杂关系也给烹饪产品的分类带来了一定的难度。烹饪产品种类之间有交叉，有的品种难以归类，传统的称谓难以明确界定。通常，烹饪产品的分类主要有以下几种方法。

（一）按社会意义划分

一是以地理位置、行政区域划分。通常把世界范围的烹饪产品按地理概念分为东方菜点、西方菜点（西餐），以及介于二者之间的中东菜点。在此大概念的划分之下则是具有各自特点的不同国别的烹饪产品。如就菜肴来说，就有俄式大菜、法式大菜、中国菜、日本菜、印度菜、德国菜、墨西哥菜、土耳其菜、美国菜等之分。不同国别之内又可再依不同的行政区划进行划分，或是依据一定的地理方位进行划分。如中国菜可按东（扬）、南（粤）、西（川）、北（鲁）进行划分，再按省别进行划分，每个省又可再按一定的行政区划进行划分。这种划分主要是因为不同的区域因地理气候、物产、民俗、经济、政治、宗教等的影响形成了不同的烹饪生产特点、产品形式和消费形式。

二是宗教意义的划分。宗教教义对教徒饮食的影响以伊斯兰教较为明显。宗教的影响具有超越民族、超越国界的力量。

三是民族意义的划分。一个民族起源于同一聚居地，有共同的传统和习惯，一个民族总体的饮食习惯总是具有共同的基本特征。民族的饮食对本民族人的影响力也能超越国界，超越宗教。

（二）按生产意义划分

烹饪产品按生产意义的划分，有生熟之分、冷热之分、干湿之分、技术难度之分、加工流程之分、口味之分等。

烹饪产品有的经过成熟处理，有的未经成熟处理；前者为熟食，后者为生食。熟食又因消费要求的不同而分为冷食和热食。

　　烹饪产品所具的外部形式可分为三种类型：一是干型，无汤汁；二是湿型，略带汤汁；三是汤型，原料浸入汤汁中，或混为一体。

　　烹饪产品根据加工的难度大小可将产品分为：一般型、功夫型；普通型、工艺型。

（三）按消费意义划分

　　从消费的角度看烹饪产品，人们习惯作以下的区分。

　　一是主食、副食之分。人们通常把菜肴叫做副食，米和大部分面（粉）制品叫做主食。

　　二是酒菜、饭菜之分。这是菜肴的再一次划分，酒菜是用以下酒的菜肴；饭菜是用以下饭的菜肴。

　　三是主次之分。中式宴席菜中或是西方餐式中通常有一道菜叫"主菜"，中国又叫"头菜"，是指此菜的档次最高。中餐常以原料档次的高低来区分，西餐则不一定。

　　四是荤食、素食之分。荤食通常是指以动物原料制作的食物；素食是指用植物性原料制作的食物。

　　五是正食、零食之分。正食是指在每日三餐的用餐时间内吃的东西；零食是指三餐进餐时间以外吃的东西。

　　六是家菜、店菜之分。家菜即家庭制作的食物，通常叫"家庭菜"；店菜即餐饮业制作的食物。这实际上是"专业"与"业余"的区别。

　　此外，还有大锅菜、小锅菜之分等。

（四）按生产和消费意义划分

　　在餐饮业，通常将烹饪产品分为单一产品和组合产品。单一产品又分为菜肴和面点；组合产品又称套餐，套餐分为普通套餐和宴席套餐。菜肴是红案烹调师制作的烹饪产品，面点是白案面点师制作的烹饪产品。把一定数量的菜肴和面点按照一定规格和程序组合而成的烹饪产品叫做宴席（另含酒水和果品）。具体分类见图6-2。

三、烹饪产品的特点

（一）营养性

　　烹饪产品的营养性，是判断烹饪产品的第一标准，不管采取何种烹调程序或烹饪技法，都应尽可能地使食物原料中的营养素成分不受或少受损失。传统的和新创的烹调技法和菜肴品种，都要受到这种第一性标准的检验。

（二）安全性

　　民以食为天，烹饪产品的安全问题关系人民群众的身体健康、生命安全和社会的稳定。烹饪产品的安全性，主要表现为食品是否卫生。其实，烹饪的发端即基于此，《韩非子·五蠹》中说："上古之世，民食果蓏（luǒ）蚌蛤，腥臊恶臭而伤腹胃，民多疾病。有圣人作，钻燧取火，以化腥臊，而民悦之。"可见熟食的卫生安全性是古代人民发明烹饪法的最原始的目的。

（三）多样性

中国烹饪的原料品种多，成形样式多，烹饪、调配方法多，所以，烹饪产品丰富多彩，能够满足人们多方面的饮食需求。主要表现在：一是数量多，中国历史上出现过的菜点之多，历代见于文字资料的累计不下万种，现代菜点的数量则不计其数；二是名食多，如仅《中国名菜谱》（中国财政经济出版社，1990）就收录了数千种，《中国名特小吃辞典》（陕西旅游出版社，1990）收录了各地、各民族小吃2200多种；三是种类多，各大类之中又包含若干分类，每一分类中又包含小的种

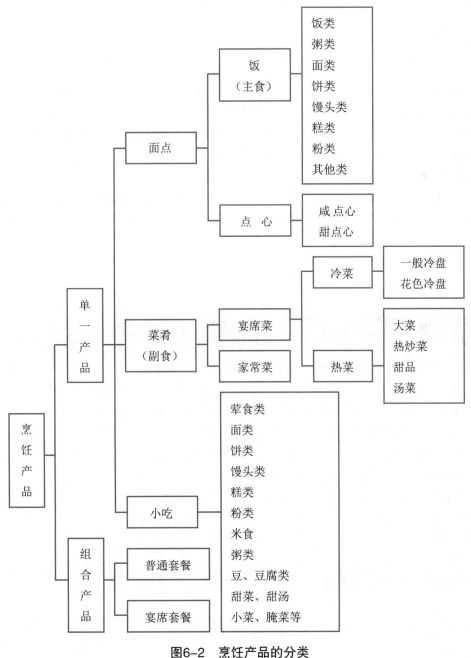

图6-2　烹饪产品的分类

类。简单不过的土豆，可加工成块、丁、条、片、丝、泥，可炒、蒸、炖、焖、煎、烧、烩。如土豆块，除煮、焖、烧、烩、蒸外，还可炸而拔丝、炸而糖醋、炸而蜜渍、炸而椒盐。土豆泥可以制出"葱油土豆泥"，以素仿荤的鱼等菜；四是风味风格多，各种风味流派有人的类别划分，每一风味流派中又有小的划分，又都有多种多样的菜。

（四）组合性

烹饪产品在实际消费中往往有一定的组合形式，不同原料、不同菜式、不同口味之间要进行合理的搭配；菜肴、主食、饮品、甜品、果品之间要进行合理的搭配。组合的目的主要在于营养、进食、动机、消费形式和经济条件等的考虑。烹饪产品只有通过合理的组合才能充分满足人们的物质需求和精神需求。

（五）层次性

烹饪产品具有明显的档次。同样的原料、同样的做法却可以形成不同档次的产品；不同等级的原料也有明显的档次；产品的档次还与消费条件等因素有明显的关联作用。烹饪产品的档次一般是与消费行为的层次和消费条件的层次相对应的。总的说来产品的档次与下列因素有关：原料等第（档次），制作者的知名度，技术成分的比重，产品的装饰与造型，盛装器具的档次，产品的知名度和经营单位的知名度。

烹饪产品一般具有自己的个性，如用手工进行单件生产，比较精细；虽有菜谱但不固定，虽有规程但不拘泥；花色品种繁多，三餐四时常变；有鲜明的民族性、地区性、家庭性和个人嗜好性；家庭与单位是现烹现吃，餐馆和食贩是生产、销售、服务一条龙，一般都没有储藏、包装与运输环节；与乡风民俗紧密结合，饮食文化情韵浓厚。

第二节 烹饪产品的属性

属性是物质的固有特性、特征、特质。具体在逻辑学概念中，属性是对象的性质及对象之间关系的统称，如事物的形状、颜色、气味、美丑、善恶、优劣、用途等都是事物的性质；事物的大小、对事物的喜好、对事物的情感等都是事物的关系。属性包含了物质的物理及化学性质，并且包括了与物质有关联的其他物质载体，是一个综合的物质体。

通常，人们在认识某物质的属性时，往往习惯性地将注意力集中在物质的特有属性上，如事物最直接的外化表现，这包括事物的颜色、气味、形态特征及功能性，而对物质的本质属性，如隐藏于事物内部的结构、事物的规律等，则认识较少或者说难以认识。

烹饪产品属性是烹饪产品所具有的特性及特质。在现代相关科学体系下，结合社会生活实际和烹饪工艺发展，它包括烹饪产品的本质属性、特有属性和文化属性（图6-3）。

一、烹饪产品的本质属性

一直以来，烹饪产品的可食性，是人们关注的焦点。它的卫生状况以及生熟程度，直接影响着人体的基本状态和健康。从这一点出发，我们将烹饪产品的可食性确定为第一属性，或者称本质性。

二、烹饪产品的特有属性

烹饪产品的特有属性主要表现在烹饪产品的色泽、香气、滋味、形态、质感、温度、盛器和营养（养生）等方面。

（一）色泽

色泽是构成烹饪产品风味质量的重要因素之一，烹饪产品的色泽之美往往是人们欣赏烹饪产品美的第一感觉，它能给人以强烈的印象。美好的色泽能增进人的食欲，增加人体对营养素的吸收。烹饪产品的颜色和人的味觉之间也有某种特有的联系。如红色给人的印象强烈，味觉鲜明，会感到浓郁的香味和酸甜的快感；白色给人以洁净、清淡、软嫩的感觉；黄色给人软嫩、松脆、干香、清新的味觉感受；绿色给人清新、鲜嫩、淡雅、明快的感觉；褐色给人带来芳香、浓郁的感觉。

烹饪产品的颜色是指主料、辅料通过烹制和调味后显示出来的色泽，以及主料、辅料、调料相互之间的配色。烹饪产品色泽美，首先是烹饪产品内在质地美的反映，色恶、色臭既是烹饪产品的外感不佳的反映，也是其内部质量不佳或下劣不中食的反映。

（二）香气

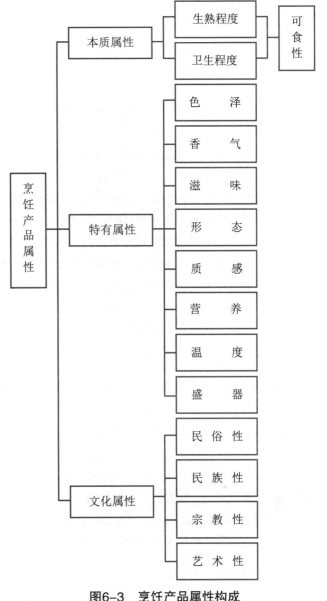

图6-3　烹饪产品属性构成

烹饪产品的香气指的是烹饪产品的主、辅、调料等经烹制后而挥发出来的能诱发食欲的美好气味，如谷香、肉香、鱼香、菜香、花香、果香等。在饮食活动中，人的嗅觉往往先于味觉，正如有关形容闽菜传统名菜"佛跳墙"中的诗句中说的那样，"坛启荤香飘四邻，佛闻弃禅跳墙来。"这无疑是对烹饪产品香气诱人食欲精妙绝伦的描述，由此可见，烹饪产品之"香"作用之大，非同一般。

一般说来，食物原料的香气，是由它们所含的醇、酚、醛、酮、酸、酯类等化合物，在烹制加热过程中挥发后，被人吸进鼻腔刺激嗅觉神经所反映出来的感觉。烹饪产品成品呈现的香气不是单一的，而是一种综合的香气。烹饪产品的"香"虽然没有"味"这么明确，但是作为烹饪产品质量的一个要素，常常是比"色、形"更直接影响就餐者的情绪和食欲的，是比美味更具有诱惑力的，或者说其本身就是构成美味的一个重要部分。

（三）滋味

中国烹饪产品个体味千差万别，严格意义上讲，每一种烹饪产品都有不同的滋味，就像世界上没有两片树叶是完全相同的一样。这也是人们常讲"一菜一格、百菜百味"的道理所在。

烹饪产品的滋味是由选择原料、掌握火候、注重调味三个步骤构成的。烹饪原料不仅是味的载体，构成美食的基本内容，而且原料本身就是美味的重要来源。火候是烹饪中的重要环节，中国烹饪产品烹制过程中掌握运用火候相当考究，掌握适宜的火候不只是为了使原料成熟，或者为了改变原料的质感，更是为了体现和提取原料中特有的美味。注重调味是决定烹饪产品口味质量最根本的关键。原料自身以及在加热过程中虽然为食物提供基本的滋味，但最后的美味还需调味来参与，不需要调味的烹饪产品几乎没有。从欣赏的角度看，中国烹饪是一门味觉艺术，从创造的角度看，中国烹饪也可以说是一门调味的艺术。烹饪的所有环节，最终都是服务和服从于调味的，获得美味毕竟是烹饪的最终目的，调味是重要的又是复杂的，它的复杂不仅在于调味本身的千变万化，而且还在于对口味的要求是因人而异的。

（四）形态

烹饪产品的形态是指烹饪产品主、辅料成熟后的外表形状、或造型、或图形，以及盛装在容器中的形态。虽然饮食以食用为目的，饮食艺术也是以味美为主旋律的艺术，但它也需以具体的外在形态为依据，来表现它的题材和内容。

随着人们生活水平的提高和烹饪技艺的发展，对烹饪产品"形"的要求也不断提高，在形状上并不局限于一般的丁、丝、片、块、条、粒等，搭配上也不仅仅是块配块、片配片、丁配丁、丝配丝的一般搭配方法，而是在块、片、条、丝、丁、粒、蓉泥，整只、整形的基础上，用巧妙的艺术构思和精巧细致的操作手法，使这些常用的形状，变得丰富多彩、形象生动。常见的有模拟动物、花卉、建筑等，取形要求美观、大方、吉利、高雅。

（五）质感

烹饪产品的质地是决定烹饪产品风味的主要因素，它以口中的触感判断为主，但是在广义上也应包括手指以及烹饪产品在消化道中的触感判断。烹饪产品的质地主要取决于选料、配料、烹调技法、火候和刀工的技艺水平。它体现了烹饪产品的特色，同时集中地反映了中国菜的特点，烹饪产品质地的好坏在一定程度上也反映了烹调师操作水平的高低，烹饪产品质地的优劣，在很大程度上影响人们的食欲。

烹饪产品的质地反映了烹饪产品特色的一个重要方面。中国的烹饪产品成千上万，任何一份烹饪产品都有它各自特定的"质"的要求。烹饪产品质地的种类很多，烹饪行业中通常把烹饪产品的质地即"质感"划分为单一型质感和复合型质感两大类（图6-4）。单一型质感简称单一质感，它是烹调专家和学者为了研究上的方便而借用的一个词，以作为抽象研究的一种手段，它实质上不是烹饪产品质感的存在形式。复合型质感，简称复合质感，细分又有双重质感和多重质感。双重质感由两个单一质感构成，多重质感由三个以上的单一质感构成。复合性是烹饪产品质感的普遍特征。

以上这些概念只是一种行业习惯语，并没有科学的界定。近代食品科学从研究食品的力学特性出发，按硬度、脆度、耐嚼性、胶弹性、黏着性和黏性等几个方面，规范了一批食品质感的评价语言，使之成为国际通用的学术语言。

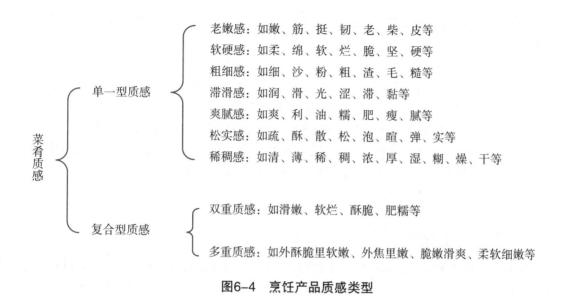

图6-4　烹饪产品质感类型

（六）营养

烹饪产品营养，即烹饪产品所具有的营养价值和养生调理价值，包括烹饪产品所具有的营养素、营养密度及生物价值，也包括中国烹饪所独有的养生保健特性。有人习惯性地将烹饪产品营养归纳于烹饪产品的本质属性，但是凡是作为食物的烹饪产品，都或多或少或单一或比较全面的具有一定的营养价值，并非可食性范畴，故应将其归纳于烹饪产品的特有属性中。

烹饪产品是否具有本身所应有的营养价值，是评价它质量高低的重要指标。评价烹饪产品营养价值的高低，主要应该看组成烹饪产品本身的各种主辅和调料是否做到了合理利用，科学搭配，还要考虑是否做到了合理烹调，也就是通过烹调加工营养成分保持的程度，或者说是营养成分受损和破坏的程度以及消化吸收的难易程度。但仅从这一方面考虑还不够，因各种原料的成分在烹制过程中总会发生一些变化，总会有一些营养成分遭到损失和破坏，这些损失是难以避免的，但若采取恰当的烹调加工方法，损失会明显地减少。在烹制加热过程中，由于蛋白质等营养成分的变性，烹饪产品由生变熟，消化吸收率会有明显的提高，从而也就提高了烹饪产品的营养价值。若火候不够，烹饪产品不热或火候过了，使烹饪产品变焦、煳等，都会影响人的消化吸收，从而降低烹饪产品的营养价值。

（七）温度

烹饪产品的温度，即烹饪产品出品时的温度。同一种烹饪产品，出品食用的温度不同，口感质量会有明显差别。如拔丝苹果，趁热上桌食用，可拉出千丝万缕，冷却后则糖饼一块，更别想拔出丝来。不同的烹饪产品对温度的要求也不同，"一滚当三鲜"可见烹饪产品的温度在就餐时的重要性。通常热菜的最佳食用温度为60～65℃，冷菜的最佳食用温度在10℃左右。因此，冷菜宜在客人就坐时上桌，热菜则应在冷菜即将品尝完时再逐个上桌，以保证烹饪产品温度。

（八）盛器

烹饪产品的盛器虽然有独立于烹饪产品之外的个体完整性，但是作为烹饪产品而言，却不得不依托器皿来呈现，所谓"美食不如美器"，这看似可以独立于烹饪产品本身的盛器，是烹饪产品特有的属性之一。

烹饪产品盛器的形状、大小、颜色、纹饰等与烹饪产品搭配得适当，能给人以目悦神怡的感觉，从而增进人们对烹饪产品的喜爱，并使就餐者的食欲大增。特别是一席菜中，除盛器与菜肴的配合外，还应注意盛器与盛器之间的配合。精美的盛器与美味佳肴相得益彰，能使宴席显得更加丰盛和隆重。如果器皿太劣，配合又不适当，就会削弱或破坏整桌宴席的形态美感。

以上烹饪产品属性的各要素之间是互为依存、相互制约、互相影响、彼此关联。如色的和谐、"香"的生成、"味"的调和、"形"的美观、"质"的感受、"养"的搭配、"器"的配合。否则，就不能成为一个具备完美"属性"的烹饪产品。

三、烹饪产品的文化属性

时代进步，生活品质得以大幅提升，饮食需求也经历了从生理需求向心理需求，从粗犷向精细，从内容向形式，从单一向多元转化的各个阶段。显然，单纯的菜品表现，已经越来越难以适应社会的要求了，必须将研究的范围扩大，将烹饪产品研究的视线转移到烹饪产品的社会环境及文化环境。

（一）民俗性

烹饪是人类生存和发展的最重要、最基本的生活民俗之一。一个民族的烹饪产品及饮食风尚，反映着该民族的生产状况、文化素养和创造才能，也反映着人们利用自然、开发自然的成就和民族特征。

比如中国的节日有着古老的历史。无论是清明祭祖，还是七夕乞巧，都有着动人的民间传说。饺子、年糕、粽子、月饼以及腊八粥，这些年节的食品，蕴含着丰富的文化含义。

（二）民族性

民族，是一个历史性的概念。从狭义上讲，是在历史上形成具有或基本具有共同语言、共同地域、共同经济生活、共同心理素质的稳定的人群共同体。从广义上说，有国度上的民族，如中国人、英国人、美国人等；也有地域上的民族，可分为大地域上的民族和小地域上的民族，如欧洲人、亚洲人等属大地域的民族，东欧人、西欧人、东亚人、西亚人等就属小地域上的民族。

无论是广义上的民族还是狭义上的民族，不同的民族长期赖以生存的自然环境、气候条件、经济生活、生产经营的内容、生产力水平与技术等的不同，以及各地区所索取的食物对象和宗教信仰存在差异，从而形成了以共同的区域、经济文化为基础的烹饪产品文化。

由于各个民族的生活环境、食物资源等自然因素的不同，烹饪产品的主要种类也不同。如中国北方的主要粮食作物是小麦、玉米、高粱、土豆等，因此北方少数民族农民的主食是小麦、玉米、高粱；东北的朝鲜族、宁夏的回族和新疆南疆的维吾尔族种植水稻，他们的主食都是大米，维吾尔族在喜庆节日时常常用大米做抓饭招待客人；青海的撒拉族、土族和部分藏族人民吃青稞面和土豆；南方的少数民族以大米为主食；凉山彝族、羌族、门巴族、珞巴族、纳西族、怒族、普米族等，以玉米、青稞、荞麦等为主食。

此外，我国烹饪产品的民族性还表现在各个民族的特色传统菜肴上。如生活在云南的怒族，喜食用石板烤出来的玉米面与荞麦面混合饼；排湾人以椰壳当锅，烧热石头放入"椰锅"里烫水煮肉；云南纳西族在大理石板上和面，烙出"丽江粑粑"，油而不腻，冷而不硬，驰名远近；西藏珞巴族以石锅做饭煮菜，虽费柴火，但粥香味美；白族将洱海肥美的鲤鱼，剖腹洗净抹上精盐后与火腿片、鲜肉片、猪肝片、冬菇、海参、豆腐、玉兰片等各种适量配料同置沙锅内，置炭火炉上文火煮成的沙锅鱼，是大理的著名佳肴；朝鲜族的泡菜是该族最富特色的传统风味菜肴，几乎家家必备、每餐必食。

（三）宗教性

许多民族都有自己的宗教信仰，每一种宗教在其传播的初始阶段，除了宣传其既定的教理之外，还通过一定的建筑、服饰、仪式及烹饪等方面从日常状态下标识出来。单就烹饪产品看，通过长期的发展，逐渐形成了独具特色的宗教烹饪产品。

道家认为人是禀天地之气而生，所以应"先除欲以养精、后禁食以存命"，在日常饮食中禁食鱼羊荤腥及辛辣刺激之食物，以素食为主，并尽量地少食粮食等，以免使人的先天元气变得混浊污秽，而应多食水果，因为"日啖百果能成仙"。道家饮食烹饪上的特点就是尽量保持食物原料的本色本性，如被称之为"道家四绝"之一的青城山的"白果炖鸡"，不仅清淡新鲜，且很少放作料，保持了其原色原味。

佛教在印度本土并不食素，传入中国后与中国的民情风俗、饮食传统相结合，形成了其独特的风格。其特点首先是提倡素食，这是与佛教提倡慈善、反对杀生的教义相一致的。其次，佛教烹饪产品的特点是就地取材，佛寺的菜肴也称为"斋菜"，善于运用各种蔬菜、瓜果、笋干、菌菇及豆制品为原料。

伊斯兰教教义中强调"清静无染""真乃独一"，所以其饮食形成了自成一格的格局，称之为"清真菜"。穆斯林严格禁食猪肉、自死物、血，以及十七类鸟兽及马、骡、驴等平蹄类动物。所以清真菜以对牛、羊肉的烹饪而著名，仅是羊肉，就有烧羊肉、烤羊肉、涮羊肉、焖羊肉、腊羊肉、手抓羊肉、爆炒羊肉、烤羊肉串、汤爆肚仁、炸羊尾、烤全羊、滑熘里脊等。清真系列中还有一些小吃也颇具特色，如北京的锅贴、羊肉水饺，西安的羊肉泡馍、兰州的牛肉面、新疆的烤馕等。

（四）艺术性

烹饪产品的艺术属性主要体现在烹饪产品的形式上，烹饪产品的色彩、造型、香气、口感无不体现美感。

以烹饪产品的造型而言，有的以自然原型取胜，有的以艺术造型夺人，而更多的是自然型与艺术型的结合，创造出和谐统一的崭新形象。如烤乳猪、松鼠鳜鱼、蝴蝶酥，还有造型冷盘等。有的是平面图案，有的是立体雕塑，有的是完形整一，有的是散碎零件，有的整齐一致，有的参差有度，有方有圆，有长有短，有巨有细，有直线条丝，有曲线弯曲，各得其所，各配其器，各尽其宜。在中国烹饪产品中，要保持原状的菜品是少数，即使是整鸡、整鸭、整鱼的摆放，也要千方百计打破其"失重"之感。一条烧鱼摆在长条形盘中，鱼头一端往往显得大而重，这是一种不平衡的造型。若在鱼尾端旁配置一枚萝卜花，可以构成平衡的造型，给人以安定的心理感觉。

烹饪产品给人的美感是多方面的，如果再有一个美名，便可把人的美感引向新的境界。我国烹饪产品命名十分注重意境之美。有实有虚，也有虚实并举，也有全虚，借题发挥的，总有高度的概括性，言简而意赅，顾名而见其形神。

第三节 烹饪产品的命名

产品是船，美名是帆。在数不尽的烹饪产品里，每个产品都有自己的特点，都有区别于其他产品的方面，都有自己特定的名称。一个美妙的名称，既是产品生动的广告词，也是配菜自身一个有机组成部分。烹饪产品"先声夺人"的是它的名称，菜名给人也有美的享受，它通过听觉或视觉的感知传达给大脑，会产生一连串的心理效应，发挥出菜肴的色、形、味所发挥不出的作用。

一、烹饪产品命名的分类

（一）烹饪产品（菜点）命名的类型

中国菜点的命名很有讲究，不仅反映出菜点的内容、特点，还包含着艺术性与文化意味。命名方法大致可以分为写实类、艺术类、寓意类、典故类等。

1. 写实类

写实类命名是指菜点命名时如实反映菜点的特征如原料搭配、烹调方法、口感或创始人、发源地等，是汉语菜点命名中最主要、最通俗和采用最广泛的直观方法。由于人类的饮食活动主要是生理性与物质性的，它所涉及的内容与形式应是大众化、民俗化的，因此菜点名称的通俗性就应该是主要的，也正是因此，中国菜点中以写实手法命名的占大多数，观其名称，就能了解菜点某方面的特征。如：

以原料命名：尖椒牛柳、鳗鱼豆腐、松仁玉米、香菇油菜、豆豉鲮鱼油麦菜等。

以烹调方法加原料命名：烤鸭、扒白菜、熘肥肠、白灼菜心、油焖大虾、红烧牛肉、干炸里脊、清蒸刀鱼、干煸豆角等。

以味型加原料命名：五香肉、酸辣汤、怪味鸡、香辣蟹、麻辣豆腐、鱼香茄条、酱味羊肉等。

以口感加原料命名：香酥排骨、香酥鸡、酥麻花鱼等。

以口感及烹调技法加原料命名：酥炸鸡条、香煎鸡块、滑熘里脊、香炸豆腐卷等。

以调味料加原料命名：糖醋鱼、醋赤蟹、蒜泥白肉、芥末鸭掌、姜汁猪蹄等。

以色彩加原料命名：五彩蛇羹、五彩鸡丝、橘红糕、青精饭等。

以炊具加原料命名：气锅鸡、铁锅蛋、煲仔饭、沙锅鱼头、罐子鳗鱼、闷炉烧饼、吊炉烧饼等。

以发源地命名：海南椰子盅、扬州炒饭、北京烤鸭、南京板鸭、西湖醋鱼、川北凉粉、黄桥烧饼、南通脆饼、宁波汤圆、南翔馒头、扬州煮千丝、符离集烧鸡等。

以人物命名的，如"东坡肉""宫保鸡丁"等。

2. 艺术类

这类菜点名称不完全着眼于菜点的用料和烹调方法，而是选择并利用菜点本身的色香味及造型的独有特色，针对顾客的猎奇心理，发挥想象，以自然界一切美好的事物、景物加以描绘形容，取一个美丽动听的名字，使得菜点名称富有诗情画意。它们都是从纯文化的角度命名的，运用比喻、象征、夸张、谐音等修辞格，以突出艺术性、追求典雅作为基本原则，给人们一幅幅图画，饱含文化韵味，使人产生丰富的审美联想。如"雪花豆腐""芙蓉鸡片"（"雪花""芙蓉"均指蛋清）、"芙蓉糕""莲花卷"等都以美好的事物来比喻形容菜点的原料；"孔雀开屏""乌云托月"则以形似强调了造型艺术的美。尽管这类菜名不能直接反映菜点在原料、口味等方面的特征，但高雅的名称，增加了菜点的艺术感染力，可以引起人们的兴趣，启发联想，增进食欲。

3. 寓意类

这也是菜点命名当中较为普遍的手法，即抛开菜点的具体内容而另立新意，在菜点名称中寄寓人们的某种感情或愿望的一种命名方法，集中体现了中华民族的意志及文化心理，具有深刻的文化内涵。如婚宴上的"百年好合""白头偕老"，寿宴上的"长命百岁""松鹤延年"，以及希求财富的"发财到手""年年有余"，庆贺团圆的"全家福""老少平安"等，都体现了中国人对于幸福长寿、平安富裕生活的向往和追求。

4. 典故类

这类菜点名称背后都蕴含着一定的历史文化背景，或者与文学艺术相关，如"莼鲈之思""贵妃醉酒"；或来源于宗教、民俗，如"饺子""腊八粥"；或来源于民间传说、历史典故，如"佛跳墙""东坡肉"等。

（二）菜点名称的锤炼与修辞造词

1. 菜点名称的锤炼

（1）菜名的语音锤炼　传情达意需要借助完美的语言形式，声情并茂离不开语音的配合。菜名的语音配合得好，念起来顺口，听起来悦耳，记起来也容易。据统计，菜点名称以4~6个音节为常见，最少的为双音节，最多的不过10个音节。因为菜名总是用于消费者查阅的，一般都是先于菜品与人们见面，这就要求菜名醒目、易认、易读、易记，便于称说和传播。

菜名用字在语音方面要注意音节匀称、平仄相间等问题。音节匀称能使声音富于旋律，有音乐的美感，读来顺口，听着悦耳；平仄相间利用声调的交错运用，能使发出的声音高低错落、抑扬起伏，富于节奏感，增添菜名的语言魅力和感染力，吸引消费者。如"银芽盖被""金钩凤尾""麒麟冬瓜"等分别用了"－－｜｜"或"｜｜－－"的格式，都是语音锤炼方面成功的例子。此外，恰当地运用叠音词语，可以增强菜名音乐美感，突出词语的意义，加强对事物的形象描绘，如"棒棒鸡""渣渣肉""担担面"等。而汉语里独有的双声、叠韵词，在菜名表达上，也有体现，如"鸳鸯鱼""咕噜肉"等，铿锵宛转，别有韵味。

（2）菜名的意义锤炼　意义是菜名的内容，菜名的灵魂，意义是决定菜名好坏的前提和关键。锤炼的目的，在于寻求恰当的词语，既生动贴切又新鲜活泼地表现菜品特色。词义锤炼需要富于创新精神。所谓"创新"，并不是一味去追求那些华丽的辞藻，也不是专门去搜罗新奇怪异的词语。许多看来异常平淡的词语，只要调遣得体，就能淡中藏美、拙中寓奇，具有较强的表达力度和表现活力。菜肴的命名不能随心所欲，要名副其实、雅致得体、引人食欲、耐人寻味。

很多菜名除具有一般的概念意义外，还具有一定的形象色彩和感情色彩。具有形象色彩的菜名更容易激发人们的心理联想，引起人们的情感共鸣，收到言简意明、形色丰满的效果。如"翠柳啼红"（菠菜炒番茄）、"金钩玉牌"（黄豆芽炖豆腐）等菜名就形象鲜明，使人如见其形、如闻其声，有触手可及的质感。但是，如果不顾客观实际，故意使用华丽的词语，效果也会适得其反。利用词语的形象色彩，还需要顾及道德，符合伦理要求。

有些菜名具有感情色彩，可以反映不同的感情、不同的立场。有的求新奇，如"大丰收"；有的求吉祥，如"三元及第""一帆风顺""龙凤呈祥"；有的求情趣，如"佛跳墙""女儿红""百鸟回莺巢""灵芝恋玉蝉"等；有的求境界，如"鸟语花香""春色满园""鱼跃荷香""满坛香"等。具有诗情画意的菜名，不但提升了菜点的内蕴和品质，而且构建起了一种浓郁的艺术氛围，提高了大众的审美情趣。

菜点的命名还要"因人而异"，同一菜肴因食客不同可用不同的名字，如孙莺翔小说《野厨》中描写的那样："一道大路菜：虾仁豆腐。若吃客是一对夫妻，须报'金钩持白玉'，若为一位未婚女子呢，则报'金身玉体'。"又如婚宴菜肴的命名，讲究喜庆吉祥，为迎合广大顾客来饭店办婚宴的新婚祝愿心理，普通的"什锦炒饭"在婚宴上可命名为"金玉满堂"，"百合银耳汤"可命名为"百年好合"。

2. 菜名中的修辞造词

修辞造词是菜点命名中最具特色的部分。辞格在菜点名称中的精巧设计，可以收到事半功倍的效果，给人以充分的艺术享受。当然，并不是所有的辞格用于菜名中都能够收到良好的效果。据统计分析，在菜点名称中常用的辞格主要有比喻、夸张、借代、比拟、谐音、引用、意象、数字修辞等。它们对于表现菜点的特色内容、增强艺术感染力都起到了积极作用。

（1）比喻　给菜点命名妙用比喻会使菜点更形象，内涵更深广，给人的想象更丰富，具有中国传统诗画的美学效果。正缘于此，比喻在菜点命名中得到了极为广泛的运用。有从形设喻的，如将洁白的蛋清泡比作"雪"，把细长的蛇、鳝喻作"龙"，把鸡称作"凤"，把鸽蛋叫作"珠"等；有从色设喻的，如"金针银芽"，实际上就是金色的金针菇和黄豆芽的白茎；有从声设喻的，如"炸响铃"实际上是油炸馄饨上桌后，趁热浇上调好的味汁，使其发出悦耳的声音；有从动态设喻的，如"将军过桥"；有从静态设喻的，如"翡翠虾仁"；有从意设喻的，如"龙虎斗"；有从情设喻的，如"霸王别姬"等。

（2）夸张　在汉语菜点命名中，夸张手法的使用常常是为了将菜点某方面的特征进行夸大，从而吸引食客。如扬州点心"千层油糕"，是一种菱形块、半透明的糕类点心，糕分64层，层层油糖相间，以"千层"来命名，为的也是突出其多层的特点。杭州传统名菜"百鸟朝凤"，以嫩母鸡为"凤"，制成鸟形的水饺围放于母鸡四周，犹如朝凤之鸟，既是形象生动的比喻，又以夸张的手法描述渲染了"朝凤"气势的宏大。

（3）借代　借代是借用与本体事物有着现实联系的事物的名称来代替本体事物的修辞方式，它只出现借体而不出现本体。这种方式可以引人联想，使表达收到形象突出、特点鲜明、具体生动的效果。如"烧南北"（河北张家口市的传统风味菜肴，以塞北口蘑和江南竹笋为主料）、"炸三角"（北京小吃，将卤肉包成三角，入油锅炸制而成，在此处以其形状来指代这种小吃本身）等。

（4）比拟　比拟是基于想象，用描写彼类事物动作形态的词描写此类事物的修辞方式。它把用于甲事物的词用到乙事物上，或者说，把甲事物所具有的情感赋予乙事物，从而收到"以我观物，物皆著我之色"的表达效果。这里的第一个"我"既可以是人，也可以是物。如湖南菜"脱袍鳝鱼"，其实就是去了皮的鳝鱼，以"脱袍"命名，赋予动物以人性化的特征，既形象又有动感，使人产生丰富的联想。沈阳名菜"群虾望月"是将鸡蛋皮用碗扣成圆月放在盘中，然后将烤红的十只大虾虾头朝向"月亮"，摆在四周，十分形象传神。

（5）谐音　谐音是指利用不同词语的声音相同或相近的条件，来增强语言表现力的修辞手段。这在菜点的命名中应用广泛。如"年年有余"（"鱼"与"余"谐音）、"长生不老"（原料为海参、大肠、腌雪里蕻梗，"长"即肠，"生"即参，均取谐音）等。

（6）引用　引用是在菜点命名时援用他人的诗词或典故、俗语等的方法。其中，将诗词引入菜肴，赋予佳肴以诗的灵魂是菜名中情趣最浓的一种。如"龙蟠钟山"取意于明代高启诗句"钟山如龙独西上，欲破巨浪乘长风"。"枫叶红花"，以大虾、鸡丁同蒸，配以鸡蛋、番茄酱、黄瓜而成，取意于杜牧"霜叶红于二月花"一句。"红酥手"即红烧猪蹄，使人想起陆游的"红酥手黄藤酒，满城春色宫墙柳"的佳句。

（7）意象　"意象"与"比喻"不同，比喻凸显的是事物的局部特征，或者是个体的事物，而意象可以展现事物的整体特征，或者群体的事物，形成"诗中有画""言中有画"的意境。如"雪夜桃花扇""翠塘春色""断桥残雪"等菜名都给菜肴增加了一种诗意和韵味。

（8）数字　利用某些特殊数字的特定用法来表达意义的修辞就叫做数字修辞。我国传统的美馔佳肴中有诸多是以构思巧妙的数字命名的，可以说从"一二三四五六七八九十"到"个、十、百、千、万"应有尽有。这些数字的情趣或指其色，如"一品豆腐""二色蟹肉圆""三鲜焖海参""四味鲍鱼""五彩牛百叶""六合猪肝""七彩鱼面""八宝鸭""九转大肠""十全大补汤""百花酒焖肉""千层糕""万字扣肉"等。

（三）宴席的命名

宴席的命名，从古到今，主题繁多，内容广泛，风格迥异，各有专名。现将菜单与宴席的命名作一简要的归纳。

1. 以某一类原料为主题命名

以某一原料或某一类原料为主题命名菜单，主要突出原料的风格特色和时令特点，满足人们物以鲜为贵和物以稀为珍的饮食心理。如时令刀鱼菜单、桂花全鸭菜单、羊肉美食菜单、海参菜单、菌菇美食套餐菜单等。

2. 以节日为主题命名

随着人民生活水平的提高，人们对节假日非常重视。各饭店以国内外各种节日及法定的假期作为餐饮营销的一个卖点，抓住时机，大做文章，精心设计，科学命题各种菜单。如春节是我国的传统节日，从除夕至正月十五能设计出各式风格多样、主题新颖的宴席或套餐。如"恭喜发财宴""全家团聚宴""元宵花灯宴"等，还有"吉祥如意套餐""元宵欢腾套餐""除夕迎新年套餐"等。再如中秋节，可设计"中秋赏月宴""丹桂飘香宴"等，圣诞节，可设计"圣诞狂欢夜套餐""圣诞平安夜套餐"等，"五一节""国庆节"可设计出"旅游休闲套餐""金秋美食套餐""欢度国庆宴"等菜单。

3. 以菜系、地方风味为主题命名

如"江苏风味宴""四川风味宴""粤菜风味宴""鲁菜风味宴"，还有藏族风味菜单、维吾尔族风味菜肴等菜单。

4. 以名人、仿制古代菜点为主题命名

中国烹调之所以历史悠久、誉满世界，与历史上许多名人、名著、名厨有很大关系。我们可

根据本地区、本饭店的经营特点和技术力量，在继承和发展中国烹调技术的基础上，不断挖掘研究古代菜点，推出以名人、名厨等命名的菜点与宴席。如"东坡宴""谭家宴""孔府家宴""乾隆御膳宴""红楼宴""随园食单宴""满汉全席"等菜单。

5. 以某一技法和食品功能特色为主题命名

当今，以某一种烹调操作技法或某一类食品的营养功能为特色的菜单，大为流行。如以烹调操作技法主题命名的"铁板系列""沙锅系列""火锅系列""烧烤系列"等。还有以食品功能特色为主题命名的"美容健身席""延年益寿席""潇洒风范席""滋阴养颜席"等，深受百姓欢迎。

6. 以喜庆、寿辰、纪念、迎送为主题命名

无论是政府机关、公司企事业等单位，还是民间，以喜庆、纪念、迎送等为主题命名的菜单很多：以喜庆为主题的，如婚宴菜单中"珠联璧合宴""百年好合宴""龙凤呈祥宴""金玉良缘宴""永结同心宴"等。再如重大节日和事件的菜单有"国庆招待宴""庆祝香港回归宴""庆祝工程落成宴""祝捷庆功宴""乔迁之喜宴"等。以生日寿辰为主题的，如"满月喜庆席""周岁快乐席""十岁千金席""二十成才席""松鹤延年席""百岁寿星席"等。以纪念为主题的，如"纪念×××诞辰100周年宴""纪念开业二十周年宴"等。以迎送为主题的，如"欢迎×××国家总统访华宴""归国华侨欢迎宴""欢送外国专家回国宴"等。

总之，命名所站角度不同，就会有不同名称。尽管宴席的社交目的性是很明确的，但人们在宴席命名时，总想夸张、渲染气氛，推敲出比较理想的宴席名称。古往今来，人类设办的宴席不计其数，命名的方法多种多样。这里仅作粗略的划分（表6-1）。

表6-1　宴席的命名

命名依据		宴席举例
以所使用的原料命名	以头菜或主菜的原料命名	燕窝席、鱼翅席、海参席、三蛇席、鲍鱼席、鱼肚席等
	以烹制的原料类型（一大类原料为主）命名	素菜席、菌笋席、花果席、山珍席、海味席、水鲜席等
	以主要用料（一种原料为主）命名	全羊席、全猪席、全牛席、全鸭席、全鸡席、豆腐席、刀鱼席、全鱼席、蛇宴、蟹宴、饺子宴等
	以名特原料命名	长江三鲜宴、长白山珍宴、三头宴、黄河金鲤宴、广州三蛇宴、昆明鸡枞宴等
	以八珍命名	草八珍席、禽八珍席、山八珍席、水八珍席等
	以原料等级、档次命名	特级宴席、高级宴席、中级宴席、普通宴席等
以风味特色命名	以地方风味命名	川菜席、鲁菜席、粤菜席、淮扬席、京菜席、湘菜席等
	以民族风味命名	汉席、满席、满汉席、维吾尔族风味宴席、朝鲜族风味宴席、蒙古族全羊席、朝鲜族狗肉宴、白族乳扇宴等
	以补体养生内容命名	彭祖养生宴、延年益寿宴、如皋长寿宴等
	以时令季节命名	春令宴席、夏季宴席、秋令宴席、冬令宴席、端午宴、中秋宴、除夕宴等

命名依据		宴席举例
以历史文化命名	以风景名胜命名	春江花月宴、长安八景宴、洞庭君山宴、羊城八景宴、西湖十景宴等
	以文化名城命名	洛阳水席、荆州楚菜席、开封宋菜席、成都田席等
	以文化名人命名	明代洪武宴、乾隆御宴、东坡宴、宫保席、谭家席、大千席等
	以仿古宴席命名	西安的"仿唐宴"，杭州的"仿宋宴"，北京的"仿膳菜"，曲阜的"孔府宴"，南京的"随园菜"，扬州的"红楼宴"，徐州的"金瓶梅宴"，山东的"齐民大宴"等
	以成语、历史典故命名	八仙过海席、项羽鸿门宴、醉翁亭宴等
	以良好的愿望命名	万寿无疆宴、龙凤呈祥席等
	以席面布置命名	孔雀开屏席、万紫千红席、百鸟朝凤席、返璞归真席等
	借用数字命名	双六席（六碟六盘）、三八席（八碟八盘八大碗）、三蒸九扣席、四喜四全席、四六席、五子登科席（五种山珍组成）、五福奉寿席、六六大顺席、七星席、八八席、八仙过海席（八种海味组成）、九九上寿席、十大碗席等、三扣九蒸席、川菜十字席、吴中第一席、江淮第一宴等
	以设宴的目的命名	盛世庆功宴、花甲大宴、百岁盛宴等

宴席菜肴的命名既要让客人一目了然，又要使客人产生食欲和联想，回味无穷，尤其要根据菜点的主要特征，以富有情趣的文化性词表现出来，以突出宴席主题、烘托气氛。在全国第十二届厨师节宴席大赛上，由刘学治先生与何正宏厨师长等人设计制作的《眉州东坡宴·赤壁怀古》展台，引起了很大的轰动，获得评委和参观者的交口称赞，并获得了"中国名宴"的称号。菜谱全部用菜名加词牌名推出：四凉菜，《一剪梅·胭脂百叶》《浣溪沙·三寸金莲》《蝶恋花·珊瑚菜卷》《点绛唇·卤水鸭舌》；七热菜，《满庭芳·东坡府邸参》《定风波·江团狮子头》《卜算子·东坡肘子》《夜半乐·红花芙蓉鸡》《千秋岁·黑笋烧牛肉》《南乡子·竹还山珍》《浪淘沙·秋风流霞羹》；汤菜，《水调歌头·玉笋老鸭汤》。这样不但很好地呼应了东坡酒楼这个店名，而且还增加了它的文化含量。

知识链接

● "汪辜会谈"佳肴名称表情谊

1993年4月，中国大陆海协会会长汪道涵与台湾"海基会"会长辜振甫在新加坡举行了具有重要历史意义的"汪辜会谈"。在海峡两岸长达四十多年的政治对抗中，终于迈出了关系缓和、合作加强的崭新一步。

为庆祝这次历史性会谈的成功，汪道涵特意在新加坡董宫酒店夏莲厅，宴请辜振甫及其一行。晚宴的九道菜，汪道涵巧妙地嵌入了对台湾同胞浓浓的骨肉之情："情同手足"（乳猪与膳片）、"龙族一脉"（乳酪龙虾）、"琵琶琴瑟"（琵琶雪蛤膏）、"喜庆团圆"（董宫鲍翅）"万寿无疆"（宫燕炖双皮奶）、"三元及第"（海鲜鱼圆汤）、"兄弟之谊"（木瓜素菜）、"燕语华堂"（荷叶饭）、"前程似锦"（水果拼盘）。

将这九道菜名连起来，是一段令人感慨叫绝的妙文：你我"情同手足"，同是"龙族一脉"，今夕"燕语华堂""琵琶琴瑟"合鸣，谱一曲"喜庆团圆"，祝大家身体健康、"万寿无疆"，并祝海峡两岸的"兄弟之谊"能"三元及第""前程似锦"。

这张别出心裁的菜谱把大陆、台湾两岸同胞欢聚、骨肉情深的气氛一层一层烘托出来，侍者端出菜肴并一一解释时，不禁令主客兴趣与食欲俱增。

宴会后，两岸出席宴会的22个人，全部在菜单上签名留念，汪辜二人还在菜单上题字。汪道涵写道：佳肴佳会，手足之情。辜振甫在同一张菜单回应：但知春意发，谁知岁寒心。台湾海基会秘书长说道："我们又签署了一份共同文件。"

二、烹饪产品命名的原则

（一）联系的原则

烹饪产品命名时要力图使名称的音或义，同对象的某种特征相联系，要求名称与菜点的实际内容相吻合，与烹饪产品在形、味、料、色等方面的特征相关。即使是用比喻、抒怀的方式来给烹饪产品命名，也要有具体的原由，不然就会让人感到不知所云或是显得空洞浮华。

（二）美的原则

烹饪产品的命名，不但要给人以生理上的满足感，还应给人以心理上美的享受。烹饪产品的命名多富于艺术性，不完全着眼于菜点的用料和烹饪方法，而是用写意的手法烘托其内容，即依据烹饪产品本身的色香味及造型上的特色来联系天地四季、风花雪月、动物植物等能引起审美联想的事物，取一个美丽动听的名字。如以美的植物命名："芙蓉鱼片""芙蓉鸡片""芙蓉蟹斗""芙蓉海参"等；"海棠糕""莲花卷""梅花包子""桂花干贝"等；以美的器物命名："金玉羹""琥珀肉""如意卷""翡翠烧卖""水晶包子""珍珠圆子"等；以中国历史上的美人来给菜点命名："炒西施舌""贵妃鸡""昭君鸭""貂蝉豆腐"等；以充满意趣的情景来命名菜点："乌云托月""半月沉江""蝴蝶过河""花好月圆""龙游月宫""蚂蚁上树""白雪映红梅""黄葵伴雪梅"等，对原料、造型作了形象而充满情趣的描绘，饱含诗情画意，极富文学性和艺术性，体现了中国人的审美取向。

（三）简洁的原则

烹饪产品的名称和人名、地名等客观事物的名称一样，只是一个代号，目的就是起到标示和指代的作用，因此不宜过长，否则将不易于记忆和交流。这就是简洁的原则，在这里指菜点名称意义和形式的简洁。

首先，意义上要简洁。一个烹饪产品的特征是多方面的，命名者取其一点或几点，不及其余，不求面面俱到。如果把烹饪产品的所有特征都放在一个名称里表现，表面上能帮助我们更全面地认识对象的特征，好像更符合事理，实际上却繁复臃肿，晦涩难懂，破坏了名称的简洁性和规律性。菜点名称应当言简意赅，易懂易记。如"原盅水蟹蒸腊味糯米饭""荷香锡纸焗笋壳鱼""寿意陈皮水浸白鳝""顶汤鱼胆炖金钩翅"等菜品，每个菜都在八九个字，实在让人难以记忆。

其次，形式上的简洁，也就是文字上的简练，指菜点名称的音节较少，结构简单。这与意义的简洁是相对应的。意义简洁，形式自然就简洁。在菜点的命名过程当中，原料一般来说是不可缺少的一个组成部分。但是，当菜点的原料较多不宜一一列举时，往往就要以数字概括，这就是简洁原则的典型体现。如菜点名称中，经常出现的"三鲜""八宝""八珍"等说法，就是对菜点原料的一种概括的说法。

（四）与饮食环境相适应的原则

给菜点取名时要注意根据饮食环境来区别对待，豪华宴席上的名贵菜点不妨配以相应华丽的名字，但大众化的菜肴、家常菜和日常小吃因原料普通、制作过程简单，所以命名时也要尽量做到通俗明白，要贴近生活，贴近大众。

比如，宫廷菜、官府菜以及一些高级酒店的菜单中，常出现许多富丽堂皇的菜点名称，既与饮食环境、菜肴级别相对应，也满足了食客追求高贵的饮食心理。比如说孔府菜中就有"御笔猴头""神仙鸭子""抱子上朝""当朝一品锅""烧秦皇鱼骨""一卵孵双凤"等菜肴;唐代"大臣初拜官，献食于天子"的宫廷筵席"烧尾宴"食单中也有"贵妃红""白龙腥""仙人膏""光明虾炙"等菜点。这些高贵华丽的菜点名称与筵席级别相适应，因而相得益彰。

但是家常菜的命名就要简单直白通俗，接近老百姓的日常生活。比如说"乱炖""家常饼""杀猪菜""开水白菜""白菜烂糊肉丝"，都透露出浓郁朴实的生活气息。

风味小吃的命名也是同样道理。在小吃的命名当中，比喻的手法运用得较多，但喻体都是日常生活中简单平常的事物，如"灯盏窝""猫耳朵""门钉馅饼""棒槌果子""褡裢火烧""马蹄烧饼""羊眼包子"等，给人以朴实亲切的感觉。

此外，风味小吃还可以简单地以一条街、一个胡同的名字来命名，如"十八街麻花"（店铺坐落于十八街）"耳朵眼炸糕"（店铺位于耳朵眼胡同），这也体现了日常食物命名的随意性。还有以市井小人物之名命名的，如"王鸭子""吴抄手""赖汤圆""夫妻肺片""叫化子鸡"等，虽没有什么大的来由和背景，却也都真正得以"飞入寻常百姓家"。

还有一些市井小吃，其命名非但不以追求文雅含蓄见长，相反，却以浓郁的民俗气息带给人以亲近之感。如"驴打滚""狗不理"等。

三、汉语菜点命名的文化心理

（一）希求吉利的文化心理

中国人祈求幸福、吉祥、平安、健康、和睦、禄位、财富的欲望，几千年来始终如一。因此，在逢年过节、祝寿、贺新婚、庆开业等许多场合，都要讲"吉祥语"就是希望通过语言来祈求吉利。这种心理表现在民风民俗、日常生活等各个方面，在烹饪产品的命名中也有集中体现，即取用带有吉利含义的字眼以及中华民族喜闻乐见的象征代表吉利祥瑞的动植物、器物来给菜点命名，表达各种良好的愿望，彰显出中国饮食文化独特的个性和魅力。这种命名取向在喜庆宴会及节日饮食中尤为突出。

如"蟠龙菜""祥龙献瑞""龙凤赏月""百鸟朝凤""游龙戏凤""凤凰卧雪"等菜名反映了中国人希求吉利的文化心理；"四喜丸子""四喜龙蛋""合家团圆""全家福""太平面""如意菜"寓意四季平安快乐如意；"百年好合""白头偕老""富贵白头""鸳鸯戏水"等反映了人们对美好婚姻的向往和追求；"长生粥""长寿面""百岁羹""百寿桃""寿鼎顺风糕""寿比南山""松鹤延年"等寄托了希冀老人洪福齐天、健康长寿的情感和愿望；"年年有余""发财到手""金钱鱼肚""金钱发菜""金钱满地""满掌黄金""白银如意""发财元宝酥"等，这都是中国人祈求财富的愿望的集中体现。

（二）希求高贵的文化心理

中国几千年的封建等级制度、伦理观念造就了中国人追求身份等级地位、崇尚权威高贵的文化心理和价值取向。体现在给菜点命名上，就是喜欢把食物加以夸张和想象，安上一个华贵的名称，来提高宴席的级别和菜点的身价，从而满足中国人这种追求高贵豪华的心理。

首先，中国人喜欢用龙凤、麒麟等灵物来给菜点命名，如喜把蛇或鱼虾比为龙，把鸡比做凤，于是鸡脚即为"凤爪"，鸡肝即为"凤肝"。

其次，用珍贵美好、象征着身份等级的金银玉器来给菜点命名也反映出中国人追求豪华高贵的文化心理。常出现在菜点名称当中的有金银、琥珀、翡翠、白玉、珍珠等。如将青菜或青豆、豌豆等作"翡翠"，肉冻称"水晶"，豆腐称"白玉"，鱼丸称"珍珠"绿豆芽则称作"银条""银针"。因此，就产生了许多珠光宝气的菜点名称，如"黄金肉""金玉羹""金钱鱼肚""翡翠虾仁""翡翠豆腐""翡翠烧卖""水晶虾仁""水晶肴蹄""金玉满堂""掌上明珠""鸡蓉银条""银针伴鸡丝""水晶菊花酥""蚝油酿白玉""金丝银线汤""金钩挂玉牌""珍珠翡翠白玉汤"等。

再次，中国菜点中有一部分是以与宫廷、官衙有关的事物命名的，犹见于宫廷菜、官府菜，如"当朝一品锅""一品海参""一品官燕""一品富贵"等菜肴名称也因带有明显的官府气息而给人以豪华高贵的感受。

（三）忌避的文化心理

中国人语言崇拜的一个方面就是迷信语言有一种超常的魔力，能给人带来各种祸福，以致将语言所代表的事物和语言本身画上等号。因此，中国人对于不雅、不吉利或是容易引起不愉快联想的事物名称常常避讳不说，或是改用其他说法。

"胡饼"，从名称来看，应该是从西域传来的食物。胡饼最初于何时传入中国已经无从可考，但至晚到了东汉后期，"胡饼"已经是非常受欢迎的食物品种。在南北朝时期，胡饼一度被改名为"麻饼"，因为出自胡人血统的后赵皇帝忌讳"胡"字。《后汉书》曰："后赵石勒讳胡，改为麻饼。"到了元代，"胡饼"这个名称已经消失。

"元宵"曾一度被改名为汤圆也是出于避讳的目的。窃国大盗袁世凯在做了大总统之后，一心想着复辟登基当皇帝，但又怕人民反对，终日提心吊胆。一日，他听到街上卖元宵的人拉长嗓子喊"元——宵"，觉得"元宵"与"袁消"谐音，遂联想到自己的命运。于是，在1913年元宵节前，袁世凯下令禁止称"元宵"，必须呼"汤圆"或"粉果"。后来，还有人就此事作了一首打油诗曰："诗吟圆子溯前朝，蒸化煮时水上漂。洪宪当年使禁令，沿街不许喊元宵。"

慈禧曾因"饼""病"两字谐音，使得月饼两字连起来念，听起来好像妇女们厌恶的"月病"，叫督总管崔玉桂传皇太后懿旨，在内廷将月饼一律改为"月华糕"。《清稗类钞》中提到："北人骂人之辞，辄有蛋字，曰浑蛋、曰炒蛋、曰倒蛋、曰黄巴（王八）蛋，故于肴馔之蛋字辄避之。鸡蛋曰鸡子儿，皮蛋曰松花，炒蛋曰摊黄菜，熘蛋曰熘黄菜，煮整蛋使熟曰卧果儿，蛋花汤曰木樨汤。木樨，桂花也，蛋花色黄如桂花也。"

以上菜点易名均出于中国人由语言崇拜而引发的忌避的文化心理。

■ 思考题

1. 什么是广义的烹饪产品？什么是狭义的烹饪产品？
2. 烹饪产品有哪些特征？
3. 烹饪产品如何分类？
4. 烹饪产品的本质属性、特有属性、文化属性分别是什么？
5. 菜点命名的方法有哪些？举例说明。
6. 宴席命名的方法有哪些？举例说明。
7. 烹饪产品命名的原则是什么？
8. 论述汉语菜点命名的文化心理。

CHAPTER 7

第七章
烹饪非物质文化遗产

■ **学习目标**

（1）了解文化遗产的概念和分类，弄清物质文化遗产和非物质文化遗产的关系。

（2）掌握烹饪非物质文化遗产的内涵，了解我国烹饪文化遗产的概况。

（3）了解世界烹饪非物质文化遗产项目。

（4）掌握烹饪非物质文化遗产的价值和保护方法，了解中国烹饪申遗的意义和现状。

■ **核心概念**

文化遗产、非物质文化遗产、烹饪非物质文化遗产、申遗

■ **内容提要**

非物质文化遗产概述，烹饪非物质文化遗产的内涵，烹饪非物质文化遗产保护。

第一节　非物质文化遗产概述

一、文化遗产的概念

"文化遗产"作为一个普通词汇，它通常是指某个民族、国家或群体在社会发展过程中所创造的一切精神财富和物质财富，这种精神财富和物质财富代代相传，构成了该民族、国家或群体区别于其他民族、国家或群体的重要文化特征。在汉语中，"文化遗产"是个常用词汇，比如人们常说，"尊老爱幼是中华民族的传统美德，是我们的优秀文化遗产"。在这里，"文化遗产"基本等同于"文化传统"。从这个意义上说，"文化遗产"也可以简称为"遗产"，就像"文化传统"也经常简化为

"传统"一样。

作为一个法律词汇，无论在国外还是国内，"文化遗产"的出现都只是近几十年的事情，至今缺乏统一的界定，不同的法律文件对该词的概念常有不同的界定，甚至称呼都不太固定。从国际法律文件看，最初使用的不是"文化遗产"，而是"文化财产"。在联合国教科文组织早期的相关公约中，如1954年《武装冲突情况下保护文化财产公约》，1970年《关于禁止和防止非法进出口文化财产和非法转让其所有权公约》，用的都是"文化财产"。

1972年，"文化遗产"正式被国际公约确定为直接保护对象，联合国教科文组织在《保护世界文化和自然遗产公约》中正式采用了"文化遗产"一词。但并未对"文化遗产"的内涵加以明确规定，仅用列举的方式确定了公约保护范围内的"文化遗产"，从其列举的范围看出，公约所认定的"文化遗产"都是从历史、艺术或科学角度来看具有突出的普遍价值的大型不可移动文化财产。之后，在相关国际组织的法律文件中，"文化财产""文化遗产""文物"等用语交替使用，但"文化遗产"的使用概率已明显提高。

新中国成立后，我国法律中使用的相对概念一直是"文物"。直到21世纪初以来，随着国际上"文化遗产"概念使用频率的提高，我国也越来越多地以"文化遗产"这个大概念来泛指原来的"文物""民间文化"等概念。尤其是2006年中国设立第一个"文化遗产日"以来，"文化遗产"概念逐渐深入人心。

文化遗产包括物质文化遗产和非物质文化遗产。物质文化遗产通常被称为"文物"。文物可依据不同的标准进行分类，如根据制作时代的不同，可分为古代文物和近现代文物，并可进一步按照朝代进行细分；根据文物的存在形态，可分为可移动文物和不可移动文物。可移动文物即可以通过外力移动、且移动后不改变其价值和性能的文物。不可移动文物即不可通过外力移动、且移动后会影响其价值和性能的文物。

知识链接

● 中国文化遗产日

2005年12月22日，国务院发布《国务院关于加强文化遗产保护工作的通知》，要求进一步加强文化遗产保护工作。其中一项重要举措就是：决定从2006年起，每年6月的第二个星期六为中国的"文化遗产日"。

2006年6月10日为第1个文化遗产日，主题是：保护文化遗产守护精神家园。

2007年6月9日为第2个文化遗产日，主题是：保护文化遗产，构建和谐社会。

2008年6月14日是第3个文化遗产日，主题是："文化遗产人人保护，保护成果人人共享"。

2009年6月13日是第4个文化遗产日，主题是："保护文化遗产促进科学发展"。

2010年6月12日为第5个文化遗产日，主题是："文化遗产在我身边"。

2011年6月11日是第6个文化遗产日，主题是："文化遗产与美好生活"。

2012年6月9日是第7个文化遗产日，主题是"文化遗产与文化繁荣"。

2013年6月8日是第8个文化遗产日，主题是："文化遗产与全面小康"。

2014年6月14日第9个文化遗产日，主题是"非遗保护与城镇化同行"。

二、非物质文化遗产的特点

非物质文化遗产又称无形文化遗产，是指各种以非物质形态（主要以口头或动作方式）存在的与群众生活密切相关、世代相承的，被各群体、团体或有时为个人视为其文化遗产的各种传统文化表现形式（如民间文学、民俗活动、表演艺术、传统知识和技能，以及与之相关的器具、实物、手工制品等）和文化空间（即定期举行传统文化活动或集中展现传统文化表现形式的场所，如歌圩、庙会、传统节日庆典等）。具有民族历史积淀和代表性的民间文化遗产，是以人为本的活态文化遗产，它强调的是以人为核心的技艺、经验、精神，曾被誉为历史文化的"活化石"，"民族记忆的背影"，包括民间传说、习俗、语言、音乐、舞蹈、礼仪、庆典、烹饪以及传统医药等。非物质文化遗产具有以下几个特点。

（一）传承性

所谓传承性，就是指非物质文化遗产具有被人类以集体、群体或个体方式一代接一代享用、继承或发展的性质。非物质文化遗产的传承性是由遗产的本质所决定的，换言之，就是我们的祖辈在长期的劳动过程中，经过一代代劳动人民的积累和改进并以师徒或团体的形式流传下来，逐渐形成今天的技能或习俗。它是我国劳动人民智慧的象征，是我们祖先汗水的结晶。因此说，非物质文化遗产大多没有具体的创造者，即使有，也是后人对前辈已有技艺或习俗的加工和创新。

（二）口头性

传承即师传徒承，而师传形式有口头传承和书面传承。长期以来，非物质文化一直没有得到过与精英文化同等的地位，有关史籍志书也难得有记载，其传承形式主要靠口传心授，言传身教，具有很强的"口头性"，而很少以书面形式流传下来。

（三）可塑性

因为具有口头传承性，就必然有可塑性。所谓可塑性，就是可以改变，是"活态"的，它不像汉字那样，几百年甚至几千年不变，更不像实物，一旦成形，亘古不变。非物质文化遗产的这种"可塑性"，在非物质文化遗产之口头传说和表述及其语言、表演艺术、社会风俗、礼仪、节庆以及传统工艺技能等遗产中，表现得尤为突出。它们的文化内涵是通过人的活动表现的，通过人的活动传达给受众（或物体）。这一点与物质文化遗产明显不同。

非物质文化遗产的"可塑性"，还体现在非物质文化遗产在传承、传播过程中的变异、创新。非物质文化遗产不管经历多少年或多少代人，它都不会脱离各族群众的生产和生活方式。随着时代的发展，以口头或动作方式相传并创造出新的文化内容，一代代下来，具有一定的可塑性。也就是说，它是通过人的智慧创造出来的，对于上一代的技艺、方式可以凭着个人及集体的力量和智慧加以创新改造，进行再发展。可以说，它是一个民族、一个区域历史文化的"活化石"，是活态的。

三、非物质文化遗产的价值

非物质文化遗产是人类文化遗产的重要组成部分，是指通过口传心授，世代相传的、无形的、活态流变的文化遗产，是各族人民世代相承的、与人类活动密切相关的一种传统文化表现形式。非物质文化具有重要的历史传承价值、审美艺术价值、科学认识价值、社会和谐价值和经济开发价值。

（一）历史传承价值

历史传承价值是非物质文化遗产价值体系的核心价值和价值准则。非物质文化遗产的历史传承价值主要表现在：

从根源上来说，非物质文化遗产也是一种集团或个人的创造，面向该集团并世代流传，它反映了这个团体的期望，是代表这个团体文化和社会个性的恰当的表达形式。非物质文化遗产是反映了民众集体生活，并长期得以流传的人类文化活动及其成果，因而具有不容忽视的历史文化价值。尤其重要的是，非物质文化遗产以其民间的、口传的、野史的、活态的历史文化价值，可以弥补官方历史之类正史典籍的不足、遗漏或讳饰，有助于人们更真实、更全面、更接近本原地去认识已逝的历史及文化。

非物质文化遗产中深深蕴藏着所属民族的文化基因、精神特质，这些在长期的生产劳动、生活实践中积淀而成的民族精神，是世代相传沉积下来的民族思想精髓、文化理念，是包括了民族的价值观念、心理结构、气质情感等在内的群体意识、群体精神，是民族的灵魂、民族文化的本质和核心。

（二）科学认识价值

科学认识价值是非物质文化遗产价值体系的价值规范。非物质文化遗产作为历史的产物，是对历史上不同时代发展状况、技术发展程度、人类各方面创造能力和认识水平的原生态的保存和反映。每个民族的非物质文化遗产中或多或少可能都会有一些不科学、不人道的东西，会有这样那样的陋规恶习。这些东西都该被禁止、取缔，有的随着人类文明的发展也会被创造、信奉它的人群自动抛弃。但是这些东西可能存留了当时人们的思想认识水平、生活情感态度、科学发达程度、风俗信仰禁忌等社会历史文化内容，具有一定的科学认识和研究的价值。

此外，非物质文化遗产的科学认识价值还指某些非物质文化遗产本身就具有相当高的科学含量和内容，有较多的科学成分和因素。

（三）审美艺术价值

审美艺术价值决定着非物质文化遗产价值体系的价值取向。非物质文化遗产中有许多天才的艺术创造，无与伦比的艺术技巧，独一无二的艺术形式，能深深打动人类心灵、触动人类情感。通过这些非物质文化遗产中的艺术作品，我们可以形象地看到当时的历史事件、人的生存状态和生活方式、不同人群的生活习俗，以及他们的思想与感情、艺术创作方式、艺术特点和艺术成就。

非物质文化遗产中有大量的文化艺术创作原型和素材，可以为新的文艺创作提供不竭的源泉，当代许多影视、小说、戏剧、舞蹈等优秀文艺作品就是从中孕育而出的，很好地发挥了非物质文化遗产的审美再造功能，充分利用了其审美艺术价值。在非物质文化遗产中，不仅艺术有审美价值，就连其中的民族民间文化、社会习俗、餐饮礼仪等也普遍涉及美的内容，具有重要的审美艺术价值。

（四）社会和谐价值

社会和谐价值是非物质文化遗产价值体系的价值目标。人类是群居的社会化动物，个体都有一个适应集体、融入社会的过程；而社会或族群也要求每一个成员都变成它的合格的个体，标准和方法就是使所有社会成员都掌握这个社会或族群的文化。因此，个体的社会化过程其实也就是个体学习族群独特文化，接受、适应并在这种文化中成长发展的过程。在这一过程中，个体接受了族群的独特文化，也就是对这个社会进行了价值认同，从而有效地融入社会而达到社会和谐。这样，作为鲜活的、多样丰富的文化资源，非物质文化遗产就有重要的社会认同、社会和谐的价值和作用。此外，非物质文化遗产中的某些传统文化内容，反映和表现了民族共同心理结构、思维习惯、生活风俗等内容，规范着民族的群体生活方式、思想价值取向，能产生强大的民族凝聚力，促进民族共识和认同，也具有重要的社会和谐价值。

在当今张扬个性的社会中，人们更多的是追求个体价值的实现、个体利益和欲望的满足，这就在一定程度上导致了某些人惟利是图，只为金钱和利润服务，不讲诚信、不讲道德，极大地败坏了社会风气、破坏了社会的和谐稳定，为此需要我们倡导传统伦理道德，鼓励向善的个人美德，而在非物质文化遗产中就含有大量的传统伦理道德资源。在保护、传承非物质文化遗产的过程中，撷取、展示、宣扬其中的美好向善的伦理道德资源和内容，将会极大地有益于我们当今的和谐社会的建设。

文化的国际交往有助于文化的交融和发展，对非物质文化遗产而言也是同样的。这就要求我们充分发挥非物质文化遗产的国际交往作用，通过保护非物质文化遗产来推动国际交往与合作，促进地区和谐与稳定。因此，非物质文化遗产具有重要的社会和谐价值，可以成为国家间对外文化交流的桥梁，民族间联系沟通的黏合剂。

（五）经济开发价值

只有将非物质文化遗产中有条件的文化资源转化成为文化生产力，带来经济效益，才能有更多的资金反过来用于非物质文化遗产的保护和发展。因此，对非物质文化遗产，既要保护又要发展，以保护带动开发，以开发促进保护。

经济开发价值是市场经济和消费社会条件下非物质文化遗产的一种重要价值形态，是非物质文化遗产价值体系的价值利用。

经济开发可以促进非物质文化遗产拥有地的经济发展，财政收入增加后，这些地区就有条件加大对非物质文化遗产保护资金的投入力度，扩大宣传力度，给非物质文化遗产的传承人提供更好的传承、保护、创新条件，提供更好的生活条件，使之更加安心地从事非物质文化遗产的保护、传承工作。一些发达国家已经认识到"无论是有形文化遗产，还是无形文化遗产，都应该在确保文化遗产不被破坏的前提下，尽可能进入市场，并通过切实可行的市场运作，完成对文化遗产的保护及其潜能的开发"，并实现了文化保护和经济开发的良性循环互动。

四、物质文化遗产和非物质文化遗产的区别

物质文化遗产与非物质文化遗产的区别，首先表现在形式上：前者具有具象的物质形态，表现为具体的物体，因此又被称为"有形文化遗产"；而后者则通常以精神、思想、技艺、知识等抽象形态表现出来，不具有具象的物质形态，因此又被称为"无形文化遗产"。其次，两者在保护方式上也有很大的区别：前者强调对文化遗产的静态保护，强调其原真性、不可复制性，侧重对被保护遗产的修复、维护和展示；而后者强调对文化遗产的活态或动态保护，强调其传承和发展，侧重对传承人的保护、培养，以及知识、技艺的传承和传播。

物质文化遗产与非物质文化遗产的区别不是绝对的，固定不变的，物质文化遗产和非物质文化遗产之间存在着无法割裂的相互依存关系。物质文化遗产与非物质文化遗产的区别只是相对的：非物质文化遗产中有物质的因素，物质文化遗产中也有非物质的、精神、价值的因素，只是物质文化遗产与非物质文化遗产各自强调的重点不同而已——物质文化遗产更加强调实物保护的层面，而非物质文化遗产更为强调知识技能及精神的意义和价值。非物质文化遗产虽然通常以精神、思想、技艺、知识等抽象形态存在，但任何抽象形态都会通过一定的物质载体表现出来；而物质文化遗产虽然表现为具体的物体，但任何物质形态也都是一定精神、思想、技艺、知识的反映和固化。就好比古琴艺术一定要通过古琴以及琴谱等有形的物质载体表现出来，而秦始皇兵马俑也蕴含着深厚的中国皇权文化、墓葬礼仪和雕塑技艺一样，离开了特定的物质载体，非物质文化遗产就很难得到充分体现和传承，而离开了特定的精神、思想，物质文化遗产就会成为无源之水，无本之木。因此，不能过分夸大和强调两者之间的区别。

第二节　烹饪非物质文化遗产的内涵

一、烹饪非物质文化遗产的概念

烹饪非物质文化遗产是指各种以非物质形态存在的与烹饪密切相关、世代相承的传统文化表现形式，包括烹饪意识文化、烹饪技艺文化等以及与上述传统文化表现形式相关的文化空间。

烹饪非物质文化遗产主要体现在如下方面：一是传统烹饪思想及知识，如"五味调和"的哲学思想，"五谷为养，五果为助，五畜为益，五菜为充，气味和而服之"的膳食指南，"奇正互变"的创造思维，"物无定味，适口者珍"的质量判别标准和"食不厌精，脍不厌细"的八字主张等。二是烹饪技艺，如我国传统烹饪的"刀、火、味、形、糊"五大基本功；烤鸭、琵琶肉、药膳、面花、饺子等菜肴、面点的特殊加工技术等。可以说，烹饪技艺文化所涵盖的内容均具有典型烹饪非物质文化特征。三是烹饪文化空间，包含了烹饪民俗活动内容及场景、烹饪过程、场所等空间、环境和气氛。

二、烹饪非物质文化遗产的特征

非物质文化遗产体现了特定民族、国家或地域内的人民的独特的创造力，或表现为物质的成果，或表现为具体的行为方式、礼仪、习俗，而且它们间接体现出来的思想、情感、意识、价值观也都有其独特性，是难以被模仿和再生的。我国地域广博，民族众多，历史悠久，烹饪非物质文化遗产独树一帜。

（一）以师带徒的口传身授式

我国学校式的烹饪教育起步很晚，到20世纪50—60年代，才有个别学校开设烹饪专业。在漫长的历史发展中，我国的烹饪技艺得以传承发展，主要依赖于"师傅带徒弟"的口传身授方式。而且这种传承形式，至今仍有深远的影响。它虽然削弱了对严格的技术标准的依赖，客观上却起到充分发挥个人特长的作用。所以，中国烹饪的口传身授，讲究"悟性"，即理解师傅之意、超越师傅之技的能力。"师带徒"传承的最高要求是超越师傅，追求"随心所欲不逾矩"的境界。

（二）烹饪技艺的模糊性

烹饪技艺模糊性是指烹饪技艺要求、水准和菜肴面点质量难以进行准确的定量描述的特性。由于我国厨房生产的手工艺性极强，对机器、标准依赖程度低。加之餐饮生产作为典型的个别定制生产，产品质量往往因顾客的喜好而定。对餐饮产品的判别标准，既包含消费者生理要素也包含心理要素，既有可定量的营养学、卫生学的指标判定，更有个人喜好、宗教法规等社会文化的人文约束。因此，厨师技艺的最高要求是既要满足基本的厨规要求，又不固守刻板的标准化要求。模糊性使中华烹饪强调变化，中华烹饪技艺追求"不变中有变，变中有不变"的文化特质，并形成了中华饮食文化中特有的"奇正互变"的创造思维及其影响下的"物无定味，适口者珍"的宽松的产品判别标准。

（三）对传承人的强烈依赖性

烹饪的手工艺性是指社会餐饮的厨房生产主要依赖生产者手工劳动完成，产品质量的高低和厨师个人技术密切相关的特性。因此，烹饪技艺的传承状况，很大程度上取决于饮食文化主要载体——人的个人素质。

首先，世界各类厨房的烹饪生产较其他工业生产相比，具有强烈的手工艺性特点。其中，中国烹饪的手工艺性尤为突出。直至今日，即使是我国星级饭店、餐饮店的厨房生产，手工劳动仍然占到全部厨房工作量的90%。究其原因，与我国社会科技水平、人们对菜肴、面点的市场需求、行业地位、专业教育形式等密切相关。

其次，罕见的物质文化遗存。饮食文化的保留、记录难以通过食物保存得以传承。食品、饮料、餐饮器具和设备构成了饮食物质文化的内容。食品、饮料作为饮食物质文化中最典型且重要的内容，由于其原料的自然属性特征决定了历史遗存的难以保留性，在中外考古发现中，除大量的金属、漆器等饮食器具，罕见的炭化稻谷、饮料有所发现外，菜肴、面点及其他食品原料难觅踪迹。因此，饮食文化的传承，特别是烹饪技艺的传承，主要依靠掌握特殊技艺的人的传承。烹饪技艺传承人的灭失就是烹饪菜肴、面点的消亡，对文化传承人的这种强烈的依赖性，构成了烹饪非物质文化的典型特征。

（四）深厚的核心价值观体现

中国烹饪非物质文化遗产蕴含着中华民族特有的精神价值、思维方式、想象力，体现着中华民族的生命力和创造力，是各民族智慧的结晶，也是全人类文明的瑰宝。中华文明的悠久，饮食文化的博大，餐饮已远远超出了原始的果腹功能，具有了更厚重的社会功用。我国在漫长的封建社会发展中，生产力的不发达、巨大数量人口对食物的压力、自然动植物资源数量的不足等，使得中华民族对烹饪的认识和重视非常深刻，并衍生出"治大国若烹小鲜"的思想精髓和价值观。中国烹饪在菜品制作中所遵循的"五味调和""物尽其用""奇正互变"、等基本原则，折射的是儒家中庸哲学中对事物发展状态"和谐""协调"思想追求和唯物辩证法的世界观。

● **"中国非物质文化遗产"标识**

"中国非物质文化遗产"标识的外部图形为圆形，象征着循环，永不消失；内部图形为方形，与外圆对应，天圆地方，表达非物质文化遗产存在空间有极大的广阔性；图形中心造型为古陶最早出现的纹样之一鱼纹，鱼纹隐含一"文"字，"文"指非物质文化遗产，而鱼生于水，寓意中国非物质文化遗产源远流长，世代相传；图形中心，抽象的双手上下共护"文"字，意取团结、和谐、细心呵护和保护非物质文化遗产、守护精神家园。

三、我国烹饪非物质文化遗产名录体系

烹饪非物质文化遗产，根据级别可分为世界级、国家级、省级、市级、县级和未列入各级政府部门保护名录的烹饪非物质文化遗产。世界非物质文化遗产，审批单位为联合国教科文组织；国家非物质文化遗产，审批部门为文化部；地区非物质文化遗产，审批部门为各省市自治区相关部门。

迄今为止，国务院已经公布了四批国家级非物质文化遗产名录。

第一批国家级非物质文化遗产项目于2006年发布，共计518项，其中，进入"传统手工技艺"的饮食品制作技艺有9项，为茅台酒、泸州老窖、杏花村汾酒、绍兴黄酒、清徐老陈醋、镇江香醋、武夷岩茶（大红袍）、自贡井盐、凉茶的制作技艺，没有烹饪方面的。

第二批国家级非物质文化遗产项目于2008年发布，共计510项，其中，饮食烹饪方面的有30项，而这里面，茶、酒、盐、豆瓣酱、豆豉、腐乳、酱油、酱菜、榨菜制作技艺占16项（如五粮液、剑南春、古蔺郎酒、水井坊、沱牌曲酒、郫县豆瓣、永川及潼川豆豉、涪陵榨菜等），烹饪即菜肴面点制作技艺方面的占14项（表7-1），有传统面食制作技艺（龙须拉面和刀削面制作技艺）、茶点制作技艺（富春茶点制作技艺）、周村烧饼制作技艺、月饼传统制作技艺（郭杜林晋式月饼制作技艺、安琪广式月饼制作技艺）、素食制作技艺（功德林素食制作技艺）、同盛祥牛羊肉泡馍制作技艺、火腿制作技艺（金华火腿腌制技艺）、烤鸭技艺（全聚德挂炉烤鸭技艺、便宜坊焖炉烤鸭技艺）、牛羊肉烹制技艺（东来顺涮羊肉制作技艺、鸿宾楼全羊席制作技艺、月盛斋酱烧牛羊肉制作技艺、北京烤肉制作技艺、冠云平遥牛肉传统加工技艺、烤全羊技艺）、天福号酱肘子制作技艺、六味斋酱肉传统制作技艺、都一处烧麦制作技艺、聚春园佛跳墙制作技艺、真不同洛阳水席制作技艺。

表7-1　第二批国家级非物质文化遗产名录中的烹饪项目

编号	项目名称	申报地区或单位
1	传统面食制作技艺（龙须拉面和刀削面制作技艺、抿尖面和猫耳朵制作技艺）	山西省全晋会馆、晋韵楼
2	茶点制作技艺（富春茶点制作技艺）	江苏省扬州市
3	周村烧饼制作技艺	山东省淄博市
4	月饼传统制作技艺（郭杜林晋式月饼制作技艺、安琪广式月饼制作技艺）	山西省太原市 广东省安琪食品有限公司
5	素食制作技艺（功德林素食制作技艺）	上海功德林素食有限公司
6	同盛祥牛羊肉泡馍制作技艺	陕西省西安市
7	火腿制作技艺（金华火腿腌制技艺）	浙江省金华市
8	烤鸭技艺（全聚德挂炉烤鸭技艺、便宜坊焖炉烤鸭技艺）	北京市全聚德（集团）股份有限公司、北京便宜坊烤鸭集团有限公司
9	牛羊肉烹制技艺（东来顺涮羊肉制作技艺、鸿宾楼全羊席制作技艺、月盛斋酱烧牛羊肉制作技艺、北京烤肉制作技艺、冠云平遥牛肉传统加工技艺、烤全羊技艺）	北京市东来顺集团有限责任公司、北京市鸿宾楼餐饮有限责任公司、北京月盛斋清真食品有限公司、北京市聚德华天控股有限公司、山西省冠云平遥牛肉集团有限公司、内蒙古自治区阿拉善盟
10	天福号酱肘子制作技艺	北京天福号食品有限公司
11	六味斋酱肉传统制作技艺	山西省太原六味斋实业有限公司
12	都一处烧麦制作技艺	北京便宜坊烤鸭集团有限公司
13	聚春园佛跳墙制作技艺	福建省福州市
14	真不同洛阳水席制作技艺	河南省洛阳市

第三批国家级非物质文化遗产项目于2011年发布，共计191项，其中，饮食烹饪有5项（表7-2），为白茶制作技艺（福鼎白茶制作技艺）、仿膳（清廷御膳）制作技艺、直隶官府菜制作技艺、孔府菜烹饪技艺、五芳斋粽子制作技艺。另外，民俗项目中的经山茶宴，扩展项目中的花茶、绿茶、黑茶、传统面食、火腿制作技艺也有8个项目入选，如碧螺春茶制作技艺、狗不理包子制作技艺、宣威火腿制作技艺等。

表7-2　第三批国家级非物质文化遗产名录中的烹饪项目

序号	项目名称	申报地区或单位
1	仿膳（清廷御膳）制作技艺	北京市西城区
2	直隶官府菜烹饪技艺	河北省保定市

序号	项目名称	申报地区或单位
3	孔府菜烹饪技艺	山东省曲阜市
4	五芳斋粽子制作技艺	浙江省嘉兴市
5	传统面食制作技艺（天津"狗不理"包子制作技艺、稷山传统面点制作技艺）（此为扩展项目）	天津市和平区，山西省稷山县

　　2014年，文化部组织专家按照评审标准对全国31个省、自治区、直辖市和新疆生产建设兵团、香港特别行政区、澳门特别行政区及中直单位申报的1111个项目进行了审议。之后，国家级非物质文化遗产代表性项目名录评审委员会根据项目价值进行了认真评审和科学认定，提出第四批国家级非物质文化遗产代表性项目名录推荐名单298项，其中有烹饪类新入选6项，扩展2项（表7-3）。

表7-3　第四批国家级非物质文化遗产名录中的烹饪项目

类别	项目名称	申报地区或单位
新入选项目	辽菜传统烹饪技艺	辽宁省沈阳市
	泡菜制作技艺（朝鲜族泡菜制作技艺）	吉林省延吉市
	上海本帮菜肴传统烹饪技艺	上海市黄浦区
	豆腐传统制作技艺	安徽省淮南市
	德州扒鸡制作技艺	山东省德州市
	云南蒙自过桥米线	云南省蒙自市
扩展项目	传统面食制作技艺（桂发祥十八街麻花制作技艺、南翔小笼馒头制作技艺）	天津市河西区，上海市嘉定区
	酱肉制作技艺（亓氏酱香源肉食酱制技艺）	山东省莱芜市莱城区

　　上面讲的是国家级烹饪非遗的情况，如果放眼各省区，入选省一级的非遗项目就更多了。即以江苏为例，就有富春茶点、无锡三凤桥肉骨头、南京板鸭、桂花盐水鸭、雨花茶、稻香村苏式月饼、黄桥烧饼、常州梨膏糖、如皋董糖、淮安茶馓、三和四美酱菜、常熟叫化鸡、沛县鼋汁狗肉、镇江肴肉、南京绿柳居素菜、南京刘常兴面点、南京清真菜制作技艺、扬州炒饭、苏州织造官府菜等制作技艺入选。其他省市区的加起来当更多，难以一一列举。

四、国家级烹饪非物质文化遗产项目代表性传承人

　　目前文化部已公布了4批国家级非物质文化遗产项目代表性传承人。其中，第一批226名，没有烹饪方面的；第二批551名，也没有烹饪方面的；第三批711名，烹饪方面的有8名；第四批498人，烹饪方面的有4名（表7-4）。

表7-4　国家级烹饪非物质文化遗产项目代表性传承人

批次	流水号	姓名	性别	民族	出生年月	项目编码	项目名称	申报地区或单位
第一批（2007年6月5日）	无							
第二批（2008年1月26日）	无							
第三批（2009年5月26日）	03～1426	徐永珍	女	汉		Ⅷ～161	茶点制作技艺（富春茶点制作技艺）	江苏省扬州市
	03～1427	赵友铭	男	汉		Ⅷ～164	素食制作技艺（功德林素食制作技艺）	上海功德林素食有限公司
	03～1428	于良坤	男	汉		Ⅷ～166	火腿制作技艺（金华火腿腌制技艺）	浙江省金华市
	03～1429	白永明	男	汉		Ⅷ～167	烤鸭技艺（便宜坊焖炉烤鸭技艺）	北京便宜坊烤鸭集团有限公司
	03～1430	满运来	男	回		Ⅷ～168	牛羊肉烹制技艺（月盛斋酱烧牛羊肉制作技艺）	北京月盛斋清真食品有限公司
	03～1431	赵铁锁	男	汉			牛羊肉烹制技艺（烤全羊技艺）	内蒙古自治区阿拉善盟
	03～1432	罗世伟	男	汉		Ⅷ～172	聚春园佛跳墙制作技艺	福建省福州市
	03～1433	姚炎立	男	汉		Ⅷ～173	真不同洛阳水席制作技艺	河南省洛阳市
第四批（2012年12月20日）	04～1907	王青艾	女	汉	1961.4	Ⅷ～160	传统面食制作技艺（稷山传统面点制作技艺）	山西省稷山县
	04～1908	赵光晋	女	汉	1952.3	Ⅷ～163	月饼传统制作技艺（郭杜林晋式月饼制作技艺）	山西省太原市
	04～1909	梁球胜	男	汉	1965.4	Ⅷ～163	月饼传统制作技艺（安琪广式月饼制作技艺）	广东省安琪食品有限公司
	04～1910	乌平	男	回	1963.4	Ⅷ～165	同盛祥牛羊肉泡馍制作技艺	陕西省西安市

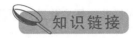

● 世界烹饪非物质文化遗产项目

2010年，法国大餐成功入选《人类非物质文化遗产代表作名录》，成为第一项烹饪文化世界非物质文化遗产。同时，克罗地亚北部的姜饼制作技艺也入选《人类非物质文化遗产代表作名录》。这意味着烹饪文化的遗产价值得到国际社会的认可。紧接着，墨西哥、土耳其相继有烹饪文化成为世界非物质文化遗产。

2013年，联合国教科文组织公布了新一批入选名录的非物质文化遗产项目，韩国越冬泡菜、日本和食、地中海饮食榜上有名。3年间，已有7项烹饪文化成功进阶世界非物质文化遗产。

第三节 烹饪非物质文化遗产保护

一、烹饪非物质文化遗产保护的意义

非物质文化遗产代表了一个国家的文化，是一个民族文化的灵魂，因此，对于非物质文化遗产的保护则显得非常重要。2003年联合国教科文组织通过了《保护非物质文化遗产公约》，2005年国务院颁布了《国家级非物质文化遗产代表作申报评定暂行办法》，2011年我国又颁布了《中华人民共和国非物质文化遗产法》，这不仅标志着我国对非物质文化遗产的保护更加规范，同时也表明了我国对非物质文化遗产的保护有了空前的繁荣。烹饪非物质文化遗产保护的意义，可以从三个不同的角度来解读。

（一）民族角度

从民族的角度来看，烹饪非物质文化遗产保护有助于民族文化意识的唤醒和强化。任何民族所创造的烹饪文化，包括物质文化和非物质文化，都是其民族精神的体现。但相对而言，对于民族精神的传承，非物质文化占有更为重要的地位。这是因为，物质文化的载体已被物化为恒定的形式，表现为历史的、静止的，不可再生的，它的精神蕴涵隐藏很深，已远离它的生态环境，如果没有相应的文化修养，不能潜心感受和解读，是很难把它全部激活、接受和传递的。而非物质文化的载体则是具体的活动过程，表现为现实的、活态的、不断生成的，同时它就在民众的真实生活之中，成为他们日常经验的一部分。其精神蕴涵有如空气和阳光，可以直接被人们所吸收，并在经常性的活动中世代传承。一个民族的烹饪非物质文化，是她独有的民族精神全民性的活的记忆，是文化认同的重要标志，维系民族存在的生命线。这种生命线一旦遭到破坏，民族文化的基因及其生命链将出现断裂变形，民族的存在随之发生危机。因此，面对当今强烈的"全球化""一体化"的冲击，对这种文化的保护，实际就是对一个民族精神之根的呼唤、认同与养护，也是一个民族沿袭和发展的必要条件。

（二）国家角度

国家作为多民族共同体（纯粹单民族国家极少），广义地讲就是一个大民族，所以一般也称民族国家。这个大民族在长期的历史发展中，形成了共同的民族精神和文化传统。这是一个民族区别于其他民族的根本性标志。其中烹饪非物质文化具有特殊的意义。它是一个民族国家深入骨髓的文化积淀，也是她独特文化身份、文化个性的确证。据此，民族国家的自尊和自信才能够确立起来，才会形成最深沉的凝聚力。

随着数字化时代的到来和文化霸权主义的出现，对民族烹饪非物质文化遗产的保护，又具有了新的国家意义。这就是文化主权的保护。文化主权，是一个民族国家政治独立的精神基础；如果后者是其外在标志，前者便是内在灵魂。一个民族国家如果失去这个灵魂，她的政治独立也将虚有其表，最终成为他人的附庸。当今一个民族文化主权的丧失，有两种可能：一是强势异族依靠先进的高科技手段强占解释权，故意贯入自己的价值理念，造成基因断裂，精神畸变，并通过市场控制舆论；二是弱势民族自身缺乏文化主权与文化保护的自觉意识，在异族强势文化巨大冲击下自然失守。其结果，会使一个民族迷失最基本的认同依据，在文化的根部动摇归属方向，找不到精神的国籍——这将是灭顶之危。在这种情况下，加强烹饪非物质文化遗产的保护，无疑是一种有效的对策。当一个民族从总体上提高了文化主权和文化保护意识，并积极付诸行动的时候，她一定能在困境中觉醒和奋起，重新寻根固本，继承创新，走向繁荣和复兴。

（三）世界角度

从世界的角度来看，非物质文化遗产保护是对人类文化生态的保护。当今世界，想用一种文化统一全球的势力是存在的。这种文化霸凌的存在，威胁着其他弱势民族文化的正常发展。同时，倘若没有了各个不同民族文化的正常发展，人类的文化必将失去生态的平衡，从而减弱甚至丧失内在的生命力、创造力，造成整体性残缺与萎缩。为此，各民族行动起来保护非物质文化遗产，也就是保护人类文明的生态平衡，就是保护人类精神与文化的多样性、创造性，就是为人类文化的健康发展以及人类在文明的阶梯上不断攀升创造更好的条件。对于非物质文化遗产保护也是一样。

因此，保护烹饪非物质文化遗产，对于创造适宜的社会环境来承续不同民族、群体、地域优秀的人类文化传统，维护人类文化的多样性，充分发挥世界各国、各民族人民的想象力和创造力，确保人类社会的可持续发展，以及人类的相互沟通、相互了解、相互团结协作等，具有重要的意义。

二、烹饪非物质文化遗产保护的方法

（一）通过记录文献资料保护

保护烹饪非物质文化遗产，可通过文字、照片、图片、录像、口述等方式记录。其中，以文字介绍某种菜点、宴席制作技艺的为多，拍照的也多，出书（主要是菜谱、点心谱）的也不少。如山西烹饪协会、北京汉声文化主编出版的一套三本的《山西面食》，用彩色图照（分解图）、通俗准确的文字，将山西数十种面点的用料、和面、发酵、成型、调味、加热过程详细表现出来。制作者有城市饭店的厨师，更多的是乡村住窑洞的农民，全书洋溢着"原生态"的"土气"，却又反映了山西面食制作技艺植根民间，成长于黄土地的"真实"。录像是采用多媒体技术记录非物质文化遗产的一种手段，可以较为全面地将有关信息保存下来，然后进行网上研究（保存、备份、传输、检索、删改、增补均方便）。这方面，北京全聚德集团做得较好。据报道，该店老师傅烤了几千只鸭子，同时由工程师对这一过程中的湿度、时间、温度、颜色、炉温等数据均用现代化手段记录下来，形成一个标准化版本，作为技术档案保存下来，从而成为该企业北京挂炉烤鸭制作技艺的最高技术秘密。口述历史是历史研究的一种方式。饮食界也可以学习采用。请老厨师口述菜点制作技艺、独门绝技或濒临失传的技艺，并由专人忠实记录下来，讲述越细越好，记录越全越佳。然后再进行下一步整理、研究。不能随意增删，要放在口述者所处的历史背景之下去研究，方能得到接近"真实"的东西。

（二）通过保护传承人保护

联合国教科文组织在《关于建立"人类活珍宝"制度的指导性意见》中指出，尽管烹调技艺都可以用文字记录下来，但是烹饪加工过程是一种创造行为，它是无形的，其技巧、技艺仅仅存在于操作者身上。因此，"非遗"传承人对于"非遗"保护工作至关重要。加强对非遗传承人的保护，使其掌握的技艺得以延续至关重要。如扬州富春茶社，就在2010年4月成立了"非物质文化遗产传习所"，给国家级饮食非物质文化遗产传人徐永珍授牌，徐永珍当场带徒，共三个女徒弟，形成梯队。徐的徒弟均是经过长期考察选中的，也都是面点制作高手。传习的主要内容围绕面点制作、馅心制作、肥碱制作进行。上海市非遗项目南翔小笼馒头制作技艺传人选徒弟则是另一种特色：先是店里约50名员工举行比赛，一是考发面和开油面的基本功；二是自选项目，每人制作一笼创新小笼包以及一道创新菜。选前三名再参加上海市级比赛，获奖者方能作为重点人才加以培养，重点人才同时要具有专业等级证书。接着对重点人才安排相应岗位进行多方面综合考察（管理能力、工作态度、企业品牌的热爱程度等），表现突出者方能成为当今南翔小笼第六代传人的徒弟，徒弟不止一人。再经过若干时日的锻炼、考验，徒弟中的佼佼者才有可能成为第七代传人。据称，现今的传人掌握流传一百多年的南翔小笼秘传配方，而店里的师傅只能掌握皮或馅的某一种制法。这样，南翔小笼的制作技艺就不会轻易"流失"了。

（三）通过生产经营保护

中国非物质文化遗产保护始终遵循"保护为主、抢救第一、合理利用、传承发展"的方针，对不同类别、不同存续状况的非物质文化遗产项目采取了不同的保护方式，如立法保护、抢救性保护、整体性保护和生产性保护等。其中，非物质文化遗产生产性保护是指在具有生产性质的实践过程中，以保持非物质文化遗产的真实性、整体性和传承性为核心，将非物质文化遗产及其资源转化为物质形态产品的保护方式。烹饪非物质文化遗产项目基本不存在不能生产经营的问题。相反，现在入国家级名录的，几乎全都是已经被生产经营的，其物质产品在商业经营中效益均好，大多为名牌产品。这就要求相关集团、企业在商业开发和经营中，一定要认真保护好自己手中非物质文化遗产项目的牌子——传统技艺。即使搞创新，也要在继承传统技艺基础上搞，选料、刀工、烹饪方法、火候运用、调味手段均要考虑周全，尤其是风味，风味一改，可能就成另一种菜点了。

（四）通过举办节庆活动保护

政府有关部门可利用节庆活动积极宣传，扩大烹饪非物质文化遗产项目的影响，提高了知名度。如成都市政府、四川省文化厅和中国非物质文化遗产保护中心承办的中国成都国际非物质文化遗产节中的四川省非遗大展，坚持展示、展演、展销相结合，充分展示了川菜类非物质文化遗产项目的魅力。还有每年成都市政府主办的中国成都国际美食旅游节，也很好地展示和宣传了川菜类非物质文化遗产项目，促进其社会效益和经济效益的提高。

此外，各级文化部门、烹饪协会举办的烹饪绝技展示活动，扬州、淮安、杭州、成都等地建立的本地菜博物馆，里面陈列的文献、录像资料、饮食器械、炊餐具也或多或少对这几个菜肴流派中的非物质文化遗产有所反映。

三、中国烹饪申遗

（一）中国烹饪申遗的重要意义

在世界上，中国烹饪技艺卓尔不凡，有目共睹。"民以食为天"，一张餐桌，一道美食，古老的中国文明在漫漫历史长河中，从斑驳泛黄的地图长卷上，孕育出了各色烹饪技艺和美食文化。为了更好地保护和传承中国烹饪技艺，申报世界非物质文化遗产迫在眉睫。

1. 中国烹饪申遗是弘扬中国饮食文化的需要

党的十八大报告指出，文化是民族的血脉，是人民的精神家园。饮食文化是一个国家和民族物质文明和精神文明发展的标尺，是一个民族文化本质特征的集中体现，也是考察一个民族的历史文化与心理特征的社会化石。作为中国饮食文化核心内容之一的中国烹饪文化是中华文明的重要组成部分，是一种创造，一种选择，一种传承，也是一份责任。如果申遗成功，就标志着我国传统烹饪文化正在慢慢的被世界认可，这有助于促进国家和社会对烹饪文化传承和研究保护的重视，进而弘扬中国饮食文化。

2. 中国烹饪申遗是增强国家软实力建设的需要

中和之美是中国传统文化的最高审美理想。中国烹饪文化丰富而又和谐，多样而又统一，精华是"善在调味，重在营养，美在造型"，带有浓郁中国文化的和谐色彩和宽容性，对当代世界具有重要借鉴和启示意义。通过中国烹饪申遗，让世界上越来越多的人民认知、接受优秀的中华饮食文明，有利于传播中华文化的核心价值，更好地增强国家软实力。

3. 中国烹饪申遗是行业健康发展的需要

烹饪与文化有着天然的不可分割的联系。从产业发展的角度看，文化要素已经全方位地渗透到餐饮业发展的全过程，传统技艺、食俗、节庆等文化资源日益成为餐饮业发展的基础资源，餐饮产业和烹饪文化相互融合，相得益彰，密不可分。中国烹饪申遗的过程就是从非遗保护的角度，按照国际通行规则对中国烹饪文化加以梳理、概括和总结，这是对中国美食的推广，也是对餐饮业健康发展的有力推动。

4. 中国烹饪申遗是推进中餐"走出去"的需要

中餐"走出去"是国家"走出去"战略的重要组成部分，也是我国餐饮业发展的必由之路。目前中餐在海外的整体宣传和推广较为缺乏，使得外国民众对中国饮食文化缺少全面的了解，加上西方少数媒体别有用心的报道，在一定程度上误导了当地民众，损害了中餐的形象，不仅使得海外中餐发展受到很大限制，更使中餐"走出去"步履维艰。为了消除国外民众对中国饮食文化和中餐的隔阂与误解，需要利用中国烹饪申遗的有利时机，大力宣传、介绍中国饮食文化，推广众多的中餐美食，实现中国饮食文化与外国饮食文化的跨文化交流，为中餐在国外发展创造良好的市场环境。

（二）中国烹饪申遗现状

近年来，在商务部、文化部和中国联合国教科文组织全国委员会的支持下，中国烹饪申遗已经取得了突破进展，中餐申遗已经形成广泛共识。

2006年10月28日，由中国烹饪协会、江苏省经贸委、苏州市人民政府共同主办的"首届中国菜非物质文化遗产保护与发展高层研讨会"在苏州举行，与会专家一起探讨了传统菜点申遗的可能性。

2009年8月，在文化部非物质文化遗产司的支持下，由中国烹饪协会和中国商业联合会中华老字号工作委员会联合主办的全国餐饮业非物质文化遗产与老字号保护工作研讨会在京召开。在研讨会上专家们探讨了饮食类非物质文化遗产的发掘、保护与推广之道，分析了企业申请非物质文化遗产的重要意义和企业在这方面工作中应尽的社会责任和义务。这次研讨活动通过企业与学术界的对话、交流，使广大餐饮企业对非物质文化遗产的保护意识进一步加强了，有利地指导了餐饮业非物质文化遗产保护的理论研究与实践工作，对于中国烹饪申请世界非物质文化遗产工作具有重要的推动作用。

2011年8月在杭州召开的亚洲食学论坛上，饮食文化遗产相关主题论文约20篇。如季鸿崑的"谈中国烹饪的申遗问题"、石毛直道的"作为文化史的饮食文化"、何宏的"无中生有：国家级非遗'直隶官府菜'质疑"、朱多生的"国家级非物质文化遗产郫县豆瓣在川菜史中的真实地位论证"、姚伟钧的"老字号与中国饮食文化遗产的保护与传承"、关剑平的"中国茶的非物质文化遗产特征"、张景明的"中国北方草原饮食非物质文化遗产的界定"等。12月，由酱料品牌李锦记、中国烹饪协会和四川省烹饪协会共同举办的"川菜非物质文化遗产传承与发展论坛"在成都举行，论坛发布了《川菜非物质文化遗产研究报告》。这一年，中餐第一次申遗，文化部明确中国烹饪协会为"中餐申遗"的申报主体。但由于种种原因，申遗连国门都没有出就败下阵来。

2012年3月，第十一届全国人大代表、中国烹饪协会第五届副会长、中国烹饪大师许菊云向全国人大提交了"关于弘扬中国饮食文化，加快中国烹饪申请步伐议案"，引起了较大的社会反响。同年，商务部将"中华烹饪"申遗工作正式列入餐饮业发展规划。

2014年7月2日，"中餐申遗·家乐之夜"活动在京举行，中国八大菜系掌门人及100多位餐饮界权威齐聚北京，力推中餐申遗。中国烹饪协会组织了一个30人的专家团队在全国积极寻找、论证中餐申遗的最佳候选，团队中有烹饪协会的专家，也有大专院校的学者，还有一些文化名人，这其中包括著名作家舒乙。目前进入专家组视线的重点项目包括：北京烤鸭、年夜饭、饺子、月饼、豆腐、兰州拉面、火锅、粽子。根据时间表倒推，2015年3月15日中国烹饪协会向文化部提交申报项目，通过后，6月份文化部报送联合国，11月联合国教科文组织260名评委投票，当场决定是否通过。

中国烹饪申请世界非物质文化遗产，任重道远。

■ 思考题

1. 什么是非物质文化遗产？它与物质文化遗产有什么区别？

2. 非物质文化遗产有哪些特点和价值？

3. 烹饪非物质文化遗产主要体现在哪些方面？

4. 烹饪非物质文化遗产有哪些特征？

5. 我国有哪些国家级烹饪非物质文化遗产项目？举几个例子详细说明。

6. 保护烹饪非物质文化遗产保护有什么意义？

7. 如何保护烹饪非物质文化遗产？

CHAPTER 8

第八章
烹饪风味流派

第一节　烹饪风味流派的内涵

一、烹饪风味流派的定义

（一）风味的概念

风味的定义是什么?《辞海》的解释有两义：一为美好的口味，引申为事物所具有的特殊的色彩或趣味；二为风度或风采。在现代食品科学中，风味专指食品的气味和口味。在当代中国烹饪中，风味是个大概念，不像现代食品科学指的那样狭窄。《中国烹饪辞典》有两种解释：一是指具有地方特色的美味食品。如《橘录·真柑》引南朝梁代刘峻《送橘启》："南中橘甘，青鸟所食，始霜之旦来之，风味照座，劈之，香雾嗅（xùn，含在口中而喷出）人。"现指风味餐馆、风味菜肴、风味小吃等；二是指特殊的滋味。许多专家则把"风味"一词定义为"食品入口前后对人体的视觉、味觉、嗅觉和触觉等器官的刺激，引起人对它的综合印象"或"关于食品的色香味形的综合特征"。风味是一种感觉或感觉现象，所以对风味的理解、评价就具有非确定性，即带有强烈的个人的、地区的和民族的倾向。

（二）地方风味和民族风味

中国地域辽阔，民族众多。由于地理、气候、物产、经济、文化、信仰以及烹饪技法等的影响，各地的烹饪文化也体现出明显的差异性。一方面表现在所烹饪的菜点的实体上，如四川菜的麻辣、山东菜的咸鲜、广东菜的清爽、陕西菜的浓厚等，都是用本地原料烹制符合当地人口味的结果；另一方面则表现在风格的差异上，即不同地区、不同民族的历史和文化的差异，影响烹饪师独特的品位和表现手法，如造型设计是现实性还是象征性，色调是清淡还是浓重，是华丽还是素雅，手法是粗犷还是精致等。所有这些特点，我们是能够感觉到的、概括出来的，是各不相同迥然有异的。这种特色，我们称之为地方风味和民族风味。

所谓地方风味和民族风味仅是一个概括的名词，也没有个绝对的界线。比如说山西人的口味特征是酸，但这对山西人全然没有约束力，因为有些山西人根本不吃醋，同时山西菜肴面食也可以有不酸的，而别处的菜也有很酸的，它绝不像科学名词一样有其一定而确切的内涵。尽管如此，我们都承认其地方风味的存在。我们说镇江的肴肉好，山西人面食精，沔阳蒸菜美……无不是公认其地方风味的存在。

（三）烹饪风格与流派

烹饪艺术风格，主要指烹饪师烹制出的菜点所表达的一种风味和格调，就中国烹饪这一特定的文化艺术内涵而言，也可以称之为风味。不同风味的菜肴表现不同的特色，给品味者以不同的感受。烹饪艺术流派，主要指一个地区的烹饪特色和风格，是一个地区地理环境、物产资源、民风民俗乃至经济、文化等因素的综合反映。

菜点的风格就是烹饪师个人的风格。烹饪师个人风格的形成，是在长期实践基础上提炼出来的，是烹饪技艺的升华。但是，并不是每个烹饪师都能形成自己的风格，烹饪师个人风格的形成，不仅需要娴熟的烹饪技艺和功力，更需要智慧和悟性，需要自己对烹饪的独特理解。总之，烹饪风格就是烹饪师在烹饪过程中创造出自己的东西，即自己的理解、处理、情趣和偏爱。

烹饪流派就是地域或民族的流派，它既是烹饪师个体风格的汇总，又体现地域或民族烹饪特色的综合，而且还是地域或民族文化的反映。鲁菜的高雅、川菜的质朴、粤菜的生猛、淮扬菜的清新……无不与自然环境和地域文化密切相关。在流派的表达中，烹饪的文化内涵表现得尤为鲜明，像京鲁菜，由于它是宫廷、官府、民间三结合的饮食文化结晶，故而水准卓越，格调高贵；川菜是以质朴的民间菜为主体的产物，其丰富的民俗特征足以使人忘情；粤菜较多地反映出商业文化和外来文化特征，给人豪放新奇的感受；淮扬菜因受文人指点较多，闲适典雅的风格比较突出。

烹饪风味流派是烹饪文化发展到成熟阶段的产物。在烹饪尚处于朴野幼稚的初级阶段，固然有不同的菜点和口味，但并不能称作流派。只有出现了大量的烹饪师和许多不同的菜点，其中的某些烹饪师以其独到的风格技艺制作出有鲜明风味差异的菜点，并受到人们的广泛赞赏。他们在长期坚持过程中，逐渐形成一种习惯性差异。而这种差异往往又成了某个地区菜点中特别好吃的"群味"，为人们所注目，且有些人又群起而仿效；或有些烹饪师共同在某一方面（诸如原料、烹饪技法和口味等）有新的开拓，对烹饪的创作和发展产生了一定的影响，从而有意无意地形成了一个群体时，才能称其为流派。因此，烹饪风味流派主要是指在一定区域范围内的一些烹饪师在原料选择、烹调技艺、表现手法和菜点风味特色等方面，经过长期的文化积累、历史的筛选演变，出现相似或相近的特征，而自觉或不自觉地形成的烹饪派别。这种派别通常在一定时期内能够产生较大的影响，并为本地区、本民族以及外地区、外民族所注目和效仿。

二、烹饪风味流派的特点

烹饪风味流派，作为一个客观存在的事物，必然有着量的限制和质的规定。从历史和现状看，举凡社会认同的烹饪风味流派，一般具有以下几个特点。

（一）特异的乡土原料

菜品是烹饪风味流派的表现形式，而原料则是构成菜品的基本要素。如果原料特异，乡土气息浓郁，菜品风味往往别具一格，颇具吸引力。所以不少风味流派所在地，都十分注重当地名特烹饪原料的开发和运用。中国有句俗话："靠山吃山，靠水吃水。"其含义就包括了中国烹饪原料选择的地方性。因为人们选择食物往往多是就地取材，如沿海多选海鲜鱼虾，内地多选山珍家禽，牧区多选牛羊。即便是鱼菜，也多是就地选用，不尽相同，如东北多取大马哈鱼，两湖地区多取长江中游和洞庭湖所产鳊鱼、蛔鱼，广东、福建多取海产墨鱼，四川则用岩鱼、鲶鱼等。烹饪风味流派大多在长时期内一贯如此，很少变更。这除了不愿舍近求远、增加费用外，主要还是这个地区的烹饪师对常选用的原料质地、性味等比较熟悉，烹调时运用自如。所以某种原料一经选用，确有特色而使人嗜食，就坚持长期选用，从而保持了烹饪风味流派的相对稳定性。如川菜选用郫县豆瓣调味，烹制出的菜点醇香而微带辣甜，受到广大群众的喜爱，所以就坚持使用，使四川风味流派的个性特别突出而稳定，并为人们普遍承认和接受。

（二）独到的烹调风格

中国烹饪是手工性很强的技艺，烹制时的独特性比食品工业表现更为突出，诸如火力大小、水量多少、调味品的使用等，全由手工掌握，所烹制的菜点不可能完全一样。一个成熟的烹饪师，既能较好地继承前代的烹饪技艺，又能进行独创活动，所烹制的菜点总是有自己的风格。不同的风味流派，同样都有自己独到（精于或偏于）的烹调风格。清代袁枚《随园食单》记述做猪肚"滚油爆炒，以极脆为佳，此北人法也，南人白水加酒煨两炷香，以极烂为度。"说明南北两种截然不同的烹调方法和风格。与此相似的还有莲藕，南北做法也不一样。北方常用爆炒和滚水汆焯的方法，吃起来脆嫩。南方常用蒸煮的方法，吃起来软糯。再以鲁、川、苏、粤几个烹饪风味流派而论，鲁菜擅长爆、扒、熘等烹调方法，菜品普遍水准卓越，其风格大方高贵，旷达洒脱；川菜善用小炒、干煸、干烧等烹调方法，味型较多，富于变化，菜品的常家性较强，其风格大众气息最为浓郁；淮扬菜偏于烧、煨、炖、焖等烹调方法，精于刀工，菜品较为精致，其风格清新、温文尔雅；粤菜在焗、炸等方面独具一格，菜品多有开拓创新，其风格是豪迈新奇。所有这些独到的烹饪风格就成为各烹饪风味流派的重要特点。

（三）风味鲜明的特色菜点

中国菜点品种繁多，不同的烹饪风味流派，无不具有自己个性鲜明的菜点。无论是普通菜还是高档菜，大众菜还是宴席菜，是菜肴还是面点、点心，都具有比较突出的风味特色。《全国风俗传》说"食物之习性，各地有殊，南喜肥鲜，北嗜生嚼。"《清稗类钞》记述了清末部分地区不同的菜点风味特色："苏州人之饮食——尤喜多脂肪，烹饪方法皆五味调和，惟多用糖，又喜加五香"；"闽粤人之饮食——食品多海味，餐食必佐以汤，粤人又好啖生物，不求火候也"；"鄂人之饮食——喜辛辣品，虽食前方丈，珍错满前，无椒芥不下箸也。"说明不同烹饪风味流派内涵的核心是个性突出、特色鲜明的一系列风味菜点。如鲁菜烹饪师善于做高热量、高蛋白的菜肴，并以汤调味闻名遐迩，偏于咸鲜浓厚口味的菜式占主要位置；川菜烹饪师长于烹制重油重味的菜式，且富于变化，偏于麻辣的菜式居多；粤菜烹饪师善用鲜活原料，追求原味，偏于鲜、爽、滑的特色菜式相当丰富。

（四）一定数量的有影响的厨师群体

烹饪风味流派的形成，必须要有一个有以一定数量的有影响的高水平厨师为代表而组成的厨师群体。这个厨师群体或大或小，但必须要有基本相同或相近的烹饪思想倾向和烹饪技术修养。只有一个或几个厨师，无论其成就有多大，水平有多高，也不能称为一个流派。而离开了高水平厨师群体的开创、创新，没有一批有共同或相近风味特色的菜点，也就谈不上风味流派的形成。

三、烹饪风味流派的划分

中国烹饪历史悠久，源远流长，在长期的发展过程中，逐渐形成了众多的烹饪风味流派。关于烹饪风味流派的划分，聂凤乔先生在《中国烹饪的风味体系及养生》中指出：中国烹饪的风味可以分为六个层次。

第一层次：中国风味。这是相对于世界三大风味流派中的法国风味、土耳其风味而言。

第二层次：五大风味。指在中国版图内，在风味上具有共性的五大风味板块，包括鲁豫风味（咸鲜醇厚）、淮扬风味（清鲜平和）、川湘风味（鲜辣浓淳）、粤闽风味（清淡鲜爽）、陕甘风味（香淡酸鲜）。

第三层次：各省、直辖市、自治区风味。全国32个省、市、自治区和港、澳、台都有各自的风味特色。

第四层次：各省（市、区）内的流派风味。这也都是早有定识的。如广东，含广州、潮汕、东江三流派；陕西，含陕北、关中、陕南三流派……

第五层次：县市风味。全国2000多个县市，各有各的风味特色，"十里不同风"，风味亦如此。例如江苏的无锡、苏州为毗邻二市，相距甚近，风味共性原均为甜，但无锡较苏州更甜；又如绍兴、宁波，相距也不远，风味迥异；还有海南的文昌与琼海，南北相连，在风味上却是一以文昌鸡见长，一以嘉积鸭取胜；如此等，不胜枚举。

第六层次：家常风味。这是中国烹饪风格的基础，其中包括50多个民族风味在内，是一切烹饪的源头根本，取之不尽的宝藏。这是每一个烹饪工作者都不该忽视的。

这个风味体系，它包含了全中国所有的风味个性特色。它是客观存在的，并非某个人的主观臆测。在各个层次之中，各个风味除了共性部分和衔接部的交叉、重叠外，各自个性都很鲜明，绝无完全一样的重复。比如第二层次的川湘风味，涵盖四川、湖南、贵州、云南和陕南的一部分，其共性之一是辣，贵州是糊辣（香辣），云南是鲜辣，陕南是咸辣，分得很清。

此外，在某一个烹饪风味流派内，由于某一厨师群体所从事的工种不同（即主要烹制的产品不同），烹饪风味流派中又有菜肴风味流派与面点（小吃）风味流派之分。

第二节　烹饪风味流派的形成

一、烹饪风味流派的形成过程

中国烹饪风味流派，是中国烹饪长期发展的产物，是在各个地域的内外经济文化交流的长河中形成的。一般可分为以下三个阶段。

（一）萌芽时期

先秦时期，我国烹饪风味流派已见端倪。《黄帝内经》中指出：东方之域其民食鱼而嗜咸；西方之民，华食而脂肥；北方之民乐野处而乳食；南方之民嗜酸而食胕。这种自然区域食味差异，是我国烹饪风味流派发展演变的源头。当时虽然社会生产力比较低下，但已有了商业比较发达的都邑。朝歌牛屠，孟津市粥，宋城酤酒，燕市狗屠，鲁齐市脯等，都是当时饮食业的雏形。从当时的情况来看，由于北方领土的扩大，黄河流域诸侯国兴盛，在烹饪上形成了北方的风味。西周宫廷菜肴的典式"八珍"、齐鲁孔子的饮食要求、《礼记·内则》上的北方食单等，都是北方风味的代表。其用料多为陆产，制法多依殷商，品味以咸味为主。在这一时期，长江流域以南地区也发展较快，吴、越、楚等诸国兴盛起来，在烹饪上也具有显明的特色。从《楚辞·招魂》中所载的楚宫名食可以看出，其中的食品与黄河流域的食品有明显的差异，多以各种水产飞禽为原料，味道则更增酸苦之味，显示出吴羹酸苦之乡与关中嗜咸之地的不同特色。这种明显的地区特征，表明中国烹饪的南北风味已开始分野。以后，经过不断的传承和强化，便形成了我国南北不同的烹饪风味流派。

（二）形成时期

秦汉以后，许多地方风味菜不断形成、成熟和发展。如秦汉之初的四川，由于都江堰水利工程的兴建和盐井的开发，使其成了天府之国。丰富的物质基础，与"尚滋味"的饮食风尚，使川菜具有明显特色。秦汉以后的扬州，由于大运河的开掘，使其成为重要的食盐集散中心和国际贸易城市，促进了饮食业的发达，极大地刺激了饮食消费，也形成了具有代表性、典型性的淮扬风味流派。唐代的广州海运较发达，商船结队而至，使广东的烹饪不仅以本地特产和气候形成独特的风格，而且博采众长，吸收外地的技法，形成了典型的岭南风味流派。山东在秦汉时期，其冶炼、煮盐、纺织三大手工业尤为发达，生产力的提高，经济的发展，大大促进了山东烹饪的发展和提高。到了宋代，川食、胡食、南烹之名正式见于典籍，不仅散见于名家诗句（如苏轼、陆游诗），而且也见于笔记小说。在东京汴梁，在临安的饮食市场上已经出现了不同风味的专营酒楼。至此，中国烹饪的四大风味流派（川、鲁、苏、粤），实际已具雏形。

（三）发展时期

元、明、清时期，特别是清代，中国烹饪的地方风味又有所发展，《清稗类钞》所述清末的风味流派是："肴馔之有特色者，为京师、山东、四川、广东、福建、江宁、苏州、镇江、扬州、淮安"。其中鲁菜风味不仅扩大到京津，而且远播至白山黑水之间，华岳伊洛连成一片，成了当时影响最大的一系。扬菜则在东南江、浙、皖、赣等地发展市场，与当地的菜肴互为补充。川菜在湘、鄂、黔、滇、贵一带有影响。到了晚清，特别是近代，川菜"一跃而居前列"，鲁扬两系都受川菜的影响。粤菜则在闽、台、琼、桂诸方占有阵地，吸收外域食法较多，形成独特风味。民国时期，中国烹饪的主要风味流派更趋成熟，这从当时大城市开设的餐馆招牌上就能看出，如当时北京、上海的餐馆就署名有齐鲁、姑苏、淮扬、川蜀、京津、闽粤等风味。

随着不同地方风味餐馆在大城市的设置，餐馆业中出现了"帮口"的称谓。据《上海快餐·餐馆》记载，民国初年上海"菜馆类别：各帮餐馆，派别殊多，如京馆、南京馆、扬州馆、镇江馆、宁波馆、广东馆、福建馆、徽州馆、四川馆等。菜价以四川馆、福建馆为最昂，京馆徽馆为最贱。"抗日战争前后的武汉、重庆、西安等城市饮食店的帮别也很多，除当地菜馆外，分别有京帮、豫帮、鲁帮、扬帮、徽帮、粤帮、湘帮、苏帮、宁帮等，这些"帮口"在当时餐馆业中具有行帮和地方风味兼而有之的职能，它既为远在异乡的人们的饮食需要而设，又为调节大城市人们追求多种口味而经营，这是近代中国城市发展的重要特征，也是中国烹饪繁荣的标志之一。截至20世纪50至60年代，上述众多烹饪风味流派，由于历史的和现实的种种原因，又有不同的发展变化。尤其是1979年以后，随着中国改革开放的不断深入和旅游事业的发展，中国烹饪风味流派的发展进入到崭新的阶段，呈现出千姿百态的繁荣景象。

二、烹饪风味流派的成因

烹饪风味流派形成发展的原因是多方面的，既有历史的因素，又有自然的因素，既有经济方面的因素，又有文化方面的因素等。细究起来，主要是社会的影响、自然的变化和历代厨师辛勤劳动创造的结果。

（一）社会因素

1. 历史变迁和政治形势的影响

社会的政治、经济和文化等方面是促进烹饪风味流派形成的重要因素。从我国历史上看，凡是作为国家政治、经济和文化中心的一些古城名邑，人口相对集中，商业较繁荣，更由于历代统治者都讲究饮食生活，各种皇宫御宴、官府宴饮、商贾请客，无不刺激当地的饮食消费，客观上促进了烹调技术的提高和发展，并使该地的饮食向高质量、高水平、高标准发展，因此，烹饪风味流派首先在以政治为中心的都邑中形成和完善。在我国历史上，西安、洛阳、开封、杭州、南京、北京等，都是驰名的古都；广州、福州、上海、武汉、成都、济南等，都是繁华的商埠。它们分别作为各代政治、经济、文化的中心，对当地风味流派的形成都产生过积极而深远的影响。汉、唐、宋、明的开国皇帝酷爱家乡美食；辽金元清的统治者大力推行本民族肴馔，对烹饪风味流派的形成也有帮助。至于陕西菜与唐代珍馐关系，辽宁菜与清宫菜渊源深厚，苏菜中"十里春风"的艳彩，鄂菜中"九省通衢"的踪影，川菜"天府之国"的风貌，粤菜"门户开放"的遗痕，更充分说明这一问题。

2. 经济的影响

社会生产力的发展能促进生产力的繁荣，经济繁荣带来了市肆饮食的兴旺，这就给饮食业提供了物质条件和经营对象，这是烹饪风味流派形成的重要条件，纵观历史，大凡地方风味菜形成的中心，都曾经有过经济繁荣的时代。以淮扬风味为例：周敬王34年（公元前486年），吴城邗沟通江淮，大大促进了扬州的经济发展。汉景帝4年初置江都王，扬州成了江南重镇。隋唐以后，随着运河的开通，扬州逐渐成为中国南北交通枢纽，海盐漕米和茶叶在此集散，同时也成了对外贸易重要商埠，"十里长街市井连"，经济繁荣，富甲天下，饮食生活更加豪华讲究，集中了大批名厨，从而形成了以扬州为中心的技精味美的南方风味流派。再如陕西菜几起几落，就是因为秦、汉、隋、唐时陕西为全国政治、经济、文化中心，陕西菜就有过较大的发展，唐以后政治经济中心东迁南移，陕西菜也随之发展缓慢。陇海线通车后，特别是抗战期间，陕西成为全国的大后方之一，陕西菜又逐步中兴恢复。20世纪70年代后，西安成为旅游热点，进一步促进陕西菜有了新的发展，形成粗犷、古朴、浓厚、爽利的风格流派。广东菜形成一个独特的风味流派，主要是鸦片战争后，国门大开，欧美各国传教士和商人纷至沓来，西餐技艺随之传入。20世纪30年代，广州街头万商云集，市肆兴隆，促使粤菜兼收并蓄，得到迅猛的发展。

3. 文化的影响

我国优秀的传统文化对烹饪风味流派的形成也有着重要影响，由于文化的熏陶，使饮食礼仪也讲究文明，再加上历代文人学士对饮食的推崇宣传，或文章记珍馐，或图画写宴饮，或编撰饮食典章，创立了许多烹饪理论，为烹饪风味流派的形成和发展起到了积极的推动作用。如山东齐鲁大邦，为仪礼之乡，这里的菜肴典式，从孔子西行问礼，修订《礼记》以来，历代王都加以采用。孔子提出的"二不厌、三适度、十不食"的饮食要求，对后来齐鲁地区风味流派产生与发展，显然有着重要的影响。扬州，春秋时属吴，越灭吴属越，楚亡越属楚。楚在春秋战国时经济文化水平居列全国第一，菜肴水平也较高《楚辞·招魂》的一份名菜单就包括扬州风味在内。如"腼鳖""露鸡"与今日扬州名菜"清炖元鱼""卤鸡"有明显的渊源关系。此外，淮扬风味的形成与发展清代袁枚所著《随园食单》为之宣传倡导也不无很大关系。如该书中"味要浓厚，不可油腻，味要清鲜，不可淡薄"、"一物各献一性，一碗和成一味"等思想伸展倡导，受到广大烹饪师的赞同，并成为烹制菜点的基本准则。

文人帮助饮食行业总结并推广经验，做广告，扩大本地风味的影响，对于当地风味流派的形成也有一定影响。再如粤菜，魏晋时《广州志》《交州志》，载粤地大批食物，唐柳宗元《龙城录》、刘恂《岭表录异》、周去非《岭外代答》等，从多方面介绍了广东物产食馔。清初周亮工《闽小记》也详尽地介绍了闽粤食馔，这对于粤菜风味流派的保存、发展、提高无疑是有益的。

4. 民风民俗和宗教信仰的不同

俗话说："百里不同风，千里不同俗"不同的风俗及其嗜好反映在饮食烹饪习尚方面尤为明显。《清稗类钞》记述清末饮食风俗情况是，"各处食性不同——食品之有专嗜者，食性不同，由于习尚也，则北人嗜葱蒜，滇黔湘蜀嗜辛辣品，粤人嗜淡食，苏人嗜糖"。直至今日，这种习尚仍然变化不大。除此之外，山西人喜欢吃陈醋，东北人喜欢吃芥末，福建人喜欢吃红糟，陕西人喜欢酸辣，新疆人喜欢孜然，内蒙古人喜欢奶酪，青藏高原人喜欢喝酥油茶等，这些千百年来形成的饮食风味，对烹饪风味流派的形成有很大影响。此外，在我国各种宗教都拥有大量的信徒，佛教、道教、伊斯兰教、天主教、基督教等。由于各种宗教教义不同，教徒的饮食生活也有显著区别，如佛教徒禁食动物和"五辛"，道教徒不食"五荤"，伊斯兰教徒禁食猪肉、无鳞鱼等。饮食是人最基本的生活需要，所以自古就有把饮食生活转移到信仰中去的习俗，这一习俗反映在菜品上，便孕育出不同的风味流派。至于食礼、食规、食癖和食忌，这也是千百年来的习染熏陶形成的，往往根深蒂固，世代承袭。这种带有浓厚乡土和宗教色彩的菜肴，不仅影响着烹饪风味流派的形成，而且促进了烹饪风味流派长期稳定发展。

（二）自然因素

中国烹饪风味流派的形成，地域物产的因素也很重要。这是因为地域物产决定人们的饮食范围，因而也就制约了那些地区的烹饪技术饮食习惯和口味。元代，于钦《齐秉》指出："今天下四海九州，特山川所隔有声音之物，土地所生有饮食之味。"晋代张华《博物志》也说："食水产者，龟蛤螺以为珍味，不觉其腥臊也；食陆畜者，狸兔鼠雀以为珍味不觉其膻也。"从地方风味发展史看，情况也是如此。例如鲁菜，"海岱惟青州，……厥贡盐絺，海物为错。"（《尚书·禹贡》）鲁菜以海味取胜而闻名于世，历时几千年，与其独特的物质优势是分不开的。"华阳黑水惟梁州，……厥贡……熊罴狐狸"（《尚书·禹贡》）山区多山珍，也是地理条件决定的。四川盆地多雾，湿潮气重，其民嗜辛辣，为其易于发散，川菜以麻辣著称，也不是偶然的。粤闽地处岭南，"天地之长养，阳之所盛"，各种食物特别丰富，其民嗜生猛，奇馔异食居多，也就不足为奇了。至于地处江淮的扬帮菜，湖泊星罗，江海相连，水产特别丰富；有笋有橘，水果鲜蔬也多，这对于扬帮菜的风味形成，也是不可忽视的因素。总之，一方水地养一方人，地理环境和以乡土为主的气候物产就成为许多烹饪风味流派的先决条件。

（三）厨师和美食家因素

烹饪风味流派的形成与历代厨师的辛勤创造是分不开的。构成地方风味的许多名菜名点，大都是直接从事烹饪工作的厨师们在实践中创造出来的，有的甚至经过几代厨师的努力探索才最终完成。这些名菜名点，为各地方风味不断增色添彩，使其内容越来越丰富。另外，为了在商业竞争中能立于不败之地，历代的饮食经营者都自然地结合成行帮，即"菜帮"或"帮口"，厨师们都千方百计地创造和发展自己"帮口"的风味菜点，这就更使各地方风味越来越突出自己的特色，促进了方风味的形成和不断完善。

俗话说"口之于味有同嗜焉"，对美味佳肴的追求大概是人类的天性。对于烹饪风味流派的形成和发展来说，美食家的作用在于总结经验，评品得失，提出要求和促进发展。当美食家亲自参加实践时上述作用尤为显著。美食家大多出于文人墨客、商宦和富有阶层。他们经常性的宴乐应酬和一定的文化修养的结合，加之专心于饮食之道，使得他们对烹饪的见识既高于普通百姓，又在不识滋味的饕餮之徒之上。

三、烹饪风味流派的发展现状

任何文化都处于动态变化之中，在动态中求生存、求发展。烹饪风味流派作为一种烹饪文化现象也是如此。一个烹饪风味流派形成之后也不是固定不变的，相反，它是随着主观和客观因素的变化而变化，有时候这种发展变化还是相当明显的。而这种发展变化在不同地域中情况也有所不同，有的甚至完全不同。有的逐渐趋于成熟，风味比较突出，颇富于地区性或民族性，更为广大群众所喜闻乐见而嗜食；有的则恰恰相反，风格不再鲜明突出，或者技艺上虽有某些发展，但风味却大大不如以前；有的原来的风味不鲜明和突出，但在吸取别地、别民族风味之后，经过加工提炼，改造发展，其风味不仅鲜明和突出了，而且超越了原来某些地方风味。如北京、上海等地，由于借鉴、吸收了其他烹饪风味流派之长，发展提高了自己原有烹饪的水平，与其他烹饪风味流派相比，无论在烹饪技艺上，还是在菜肴水准上，其个性特色都十分突出和鲜明，在国内外均有一定声誉。

风味流派是推动烹饪技艺发展的源泉之一。随着不同烹饪风味流派的互相接近、互相观摩、互相影响、互相渗透和互相竞争，不仅可以加速各个烹饪风味流派的推陈出新，而且能够促使中国烹饪的繁荣。自20世纪70年代以来，由于中国经济体制的改革、开放，人民生活安定，科学技术进步，相互交流频繁，许多地方菜点多有不同程度的发展和提高，从而形成了众多的烹饪风味流派，先后出现了"四大""八大""十大""十二大""十四大"菜系之说，除鲁、川、苏、粤之外，还涉及有北京、上海、浙江、福建、湖北、陕西、辽宁、安徽、河南、天津等省市，也就是说将这些省市均看成是一个独立的烹饪风味流派，而这些地方风味流，又有许多大同小异的派别和分支。对此，目前人们的认识虽尚不一致，争论颇大，但可以肯定地说中国烹饪风味流派已经发展到一个崭新的局面。

第三节　我国主要烹饪风味流派

一、菜肴风味流派

从历史发展、文化积淀和风味特征来看，我国烹饪风味流派中，最著名的是川、鲁、苏、粤四大菜肴风味流派，即长江中上游地区的川菜风味、黄河流域的鲁菜风味、长江下游地区的苏（淮扬）菜风味和珠江流域的粤菜风味。此外，还有浙菜风味、湘菜风味、闽菜风味、徽菜风味、鄂菜风味、京菜风味、沪菜风味等（表8-1）。

表8-1　中国部分菜肴风味流派

流派	分支流派	风味特色	名品举例
川菜风味	上河帮（成都、绵阳地区为中心）、下河帮（重庆、万县地区为中心）、小河帮（自贡、宜宾）、资川帮（以资中为代表，含威远、仁寿、井研、富顺）	选料广泛，精料精做；工艺有独创性；菜式适应性强；清、鲜、醇、浓并重，以善用麻辣著称。川菜雅俗共赏，居家饮膳色彩和平民生活气息浓烈，享有"味在四川"之誉	毛肚火锅、宫保鸡丁、樟茶鸭子、麻婆豆腐、清蒸江团、干烧岩鲤、河水豆花、开水白菜、家常海参、鱼香腰花、干煸牛肉丝、峨眉雪魔芋等
鲁菜风味	鲁中及黄河下游风味（济南为中心，含泰安、潍坊、淄博、德州、惠民、聊城、东营等）、胶东风味（含福山、青岛、烟台）、鲁南及鲁西南风味（含临沂、济宁、枣庄、菏泽等）、孔府风味	鲜咸、纯正、葱香突出；重视火候，善于制汤和用汤，海鲜菜尤见功力；装盘丰满，造型大方；菜名朴实，敦厚庄重；受儒家学派饮食传统的影响较深	德州脱骨扒鸡、九转大肠、清汤燕菜、奶汤鸡脯、葱烧海参、清蒸加吉鱼、油爆双脆、青州全蝎、泰安豆腐、博山烤肉、糖醋鲤鱼等

流派	分支流派	风味特色	名品举例
苏菜风味	金陵风味、淮扬风味（含扬州、镇江、淮安、淮阴）、姑苏风味（含苏州、无锡）、徐海风味	清鲜、平和、微甜，组配严谨，刀法精妙，色调秀雅，菜形艳丽；因料施艺，四季有别，筵席水平高；园林文化和文人雅士的气质浓郁	松鼠鳜鱼、大煮干丝、清炖蟹黄狮子头、三套鸭、清蒸鲫鱼、炖菜核、水晶肴蹄、梁溪脆鳝、拆烩鱼头、镜箱豆腐、将军过桥、金陵桂花鸭等
粤菜风味	广府风味（以广州为中心，含珠江三角洲和肇庆、韶关、湛江等）、潮汕风味（以潮州为中心，含汕头、海丰）、东江风味（即客家风味）	生猛、鲜淡、清美；用料奇特而广博；技法广集中西之长，且趋时而变，勇于创新；点心精巧，大菜华贵，富于商品经济色彩和热带风情。民间素有"食在广州"的称誉	三蛇龙虎凤大会、金龙脆皮乳猪、红烧大裙翅、盐焗鸡、鼎湖上素、蚝油网鲍片、大良炒牛奶、白云猪手、烧鹅、炖禾虫、咕噜肉、南海大龙虾等
浙菜风味	杭州风味（以西湖菜为代表）、宁波风味、绍兴风味、温州风味	鲜嫩、软滑、精细；注重原味，鲜咸合一；以烹调制作海鲜、河鲜与家禽见长，富有鱼米之乡风情；形美色艳，掌故传闻多，饮食文化的格调较高	西湖醋鱼、东坡肉、叫花鸡、一品南肉、冰糖甲鱼、蜜汁火方、干炸响铃、龙井虾仁、芥菜鱼肚、西湖莼菜汤等
湘菜风味	湘江流域风味（含长沙、湘潭、衡阳）、洞庭湖区风味（含常德、岳阳、益阳）、湘西山区风味（含大庸、吉首、怀化）	以水产品和熏腊原料为主体，多用烧、炖、腊、蒸诸法；咸香酸辣，油重色浓；民间菜肴别具一格，山林和水乡气质并重	腊味合蒸、冰糖湘莲、麻仁鸡、组庵鱼翅、潇湘五元龟、翠竹粉蒸鸡、红椒酿肉、牛中三杰、发丝牛百叶、霸王别姬、五元神仙鸡、芙蓉鲫鱼等
闽菜风味	福州风味（含闽侯）、闽南风味（含泉州、漳州、厦门）、闽西风味（含三明、永安、龙岩）和南普陀素菜风味	清鲜、醇和、荤香、不腻；重淡爽、尚甜酸；善于烹调制作珍稀原料；汤路宽广，佐料奇异，有"一汤十变"之誉	佛跳墙、龙身凤尾虾、淡糟香螺片、鸡汤氽海蚌、太极芋泥、半月沉江、七星鱼丸、炸蛎黄、香露河鳗等
徽菜风味	皖南风味（含歙县、屯溪、绩溪、黄山）、沿江风味（含安庆、铜陵、芜湖、合肥）、沿淮风味（含蚌埠、宿县、淮北）	擅长制作山珍海味，精于烧、炖、蒸、烟熏；重油、重色、重火力，原汁原味；山乡风味浓郁，迎江寺茶点驰誉一方	无为熏鸡、软炸石鸡、毛峰熏鲥鱼、和县炸麻雀、酥鲫鱼、红烧果子狸、火腿炖甲鱼、腌鲜鳜鱼、黄山炖鸽等
鄂菜风味	汉河风味（含武汉、孝感和两阳）、荆南风味（含荆州、沙市和宜昌）、襄郧风味（含随州、襄樊和十堰）、鄂东南风味（含黄石、黄冈和咸宁）、鄂西土家族山乡风味（以恩施为中心）	水产为主，鱼菜为本；擅长蒸、煨、炸、烧、炒，习惯于鸡、鸭、鱼、肉、蛋、奶合烹；汁浓芡亮，口鲜味醇，重本色，重质地	清蒸武昌鱼、冬瓜蟹裙羹、鸡汁桃花鱼、沔阳三蒸、钟祥蟠龙、荆沙鱼糕等

● **流传四方的清真风味**

清真风味是指我国回族、维吾尔族、哈萨克族、乌孜别克族、塔吉克族、塔塔尔族、东乡族、保安族、撒拉族、柯尔克孜族等信仰伊斯兰教的少数民族烹饪风味的总称。清真风味已成为我国烹饪的一大流派。

清真风味起源于唐代，发展于宋元，定型于明清，近代已形成完整的体系。早在唐代，由于当时社会经济的繁荣和域外通商活动的频繁，很多外国商人特别是阿拉伯人，带着本国的物产，从陆路（即"丝绸之路"）和水路（即"香料之路"）进入中国，行商坐贾。自此，伊斯兰教便随之广布于中国。穆斯林独特的饮食习俗和禁忌逐步为信仰伊斯兰教的中国人所接受。到了元朝，回族逐渐形成，回族人已遍布全国。随着中国穆斯林人数的增多，回族烹饪也便迅速发展起来。

由于回族烹饪风味独特，很多非穆斯林对之也颇青睐，所以很多古代食谱对回族菜点亦加载录，如元代的《居家必用事类全集》，载录了"秃秃麻失""河西肺""设克儿匹刺""八耳塔""哈尔尾""古刺赤""哈里撒"等12款回族菜点，不过这些菜点多为阿拉伯译音，其制法与今之清真菜点也不同，且甜食居多，由此推测，元代的回族菜，较多地保留了阿拉伯国家菜肴的特色。随后，元代宫廷太医忽思慧在其《饮膳正要》中载录了不少回族菜肴，但与《居家必用事类全集》不同的是，羊肉为主要原料的菜品居多。

明末清初，回族学者正岱舆等在译述伊斯兰教义时指出："盖教本清则净，本真则正，清净则无垢无污，真正则不偏不倚。"又说："真主原有独尊，谓之清真。""清真"一词自此便为社会所广泛使用，"清真教"成为伊斯兰教在中国的译称，而"清真菜"之名也取代了其旧称。清真菜广泛流行于民间，清代，北京出现了不少至今颇有名气的清真饭庄、餐馆，如东来顺、烤肉宛、烤肉季、又一顺等。这些地方烹制出来的清真风味，都可称得上是京中佳馔，其影响和魅力也波及了清宫廷。在宫廷御膳中，也有不少得传于京城著名清真菜品，如"酸辣羊肠羊肚热锅""炸羊肉紫盖""哈密羊肉"等，这些菜品与现代的清真菜肴非常接近。

由于各地物产及饮食习惯的影响，中国清真风味形成了三大流派：一是西北地区的清真风味，善于利用当地物产的牛羊肉、牛羊乳及哈密瓜、葡萄干等原料制作菜肴，风格古朴典雅，耐人寻味；二是华北地区的清真风味，取料广博，除牛羊肉外，海味、河鲜、禽蛋、果蔬皆可取用，讲究火候，精于刀工，色香味并重；三是西南地区的清真风味，善于利用家禽和菌类植物，菜肴清鲜淡雅，注重保持原汁原味。

清真风味的主要特点，一是食材主要取于牛、羊两大类，禁忌严格。这种禁忌习俗来源于伊斯兰教规。伊斯兰教主张吃"佳美""合法"的食物，所谓"佳美"就是清洁、可口、富于营养，认为不可吃那些"自死动物、血液、猪肉以及诵非安拉之名而宰的动物"（《古兰经》第二章）。此外，诸如鹰、虎、豹、狼、驴、骡等凶猛禽兽及无鳞鱼皆不可食。而那些食草动物（包括食谷的禽类）如牛、羊、驼、鹿、兔、鸡、鸭、鹅、鸠、鸽等，以及河海中有鳞的鱼类，都是穆斯林食规中允许食的食物。至于"合法"，就是以合法手段获取那些"佳美"的食物。按照伊斯兰教教义，宰杀供食用的禽兽，一般都要请清真寺内阿訇认可的人代刀；并且必须事先沐浴净身后再进行屠宰，宰杀时还要口诵安拉之名，才认为是合法。二是烹饪方法多样，炒、熘、爆、扒、烩、烧、煎、炸，无所不精。早在清代，就已有清真"全羊席"，"如设盛筵，可以羊之全体为之。蒸之，烹之，炮之，炒之，爆之，灼之，熏之，炸之。汤也，羹也，膏也，甜也，咸也，辣也，椒盐也。所盛之器，或为碗、或为盘、或为碟。无往而不见为羊也，多至七八十品，品各异味"（《清稗类钞·饮食类》），充分体现了厨师高超的烹饪技艺。至同治、光绪年间，"全羊席"更为盛行，以后，终因此席过于靡费而逐渐演变成"全羊大菜"。"全羊大菜"由"独脊髓"（羊脊髓）、"炸蹦肚仁"（羊肚仁）、"单爆腰"（羊腰子）、"烹千里风"（羊耳朵）、"炸羊脑""白扒蹄筋"（羊蹄）、"红扒羊舌""独羊眼"八道菜肴组成，是全羊席的精华，也是清真菜中的名馔。

二、面点小吃风味流派

面点小吃，较之菜肴的地方性更强，它与当地的物产、气候、地理、历史、民风食俗等因素密切相关。

中国面点的风味流派大体上可以划分为南味和北味两大类型。北味以面粉、杂粮制品为主；南味以米、米粉制品为主。现在，一般均以京鲁风味（简称京式）为北味的代表。对南味来说，则普遍认为江苏一带面点（简称苏式）花色繁多、做工精细、味道偏甜，是南味的主流之一；广东一带的面点（简称广式）较多地吸收西式面点的制作方法，体现了南国风味的制作特色，是南味面点后起的另一主流，其他按区域分还有晋式、秦式、川式等。中国部分面点小吃风味流派见表8-2。

表8-2 中国部分面点小吃风味流派

流派	风味特色	名品举例
北京风味	历史悠久，用料讲究，制作精细，品种繁多。制品质感较硬实，强调筋度，外形精细美观，富有传统民族特色。口味以咸鲜为主，咸甜分明，咸馅多用姜、葱、黄酱、香油等，口感鲜咸而香，柔软鲜嫩；甜馅多用蜜饯，常夹着芝麻、干果、果仁等	驴打滚儿、艾窝窝、豌豆黄、云豆卷、小窝头、千层糕、银丝卷、盘丝饼、木樨糕、枣糖糕、金丝卷、小包酥；北京都一处烧麦、庆丰楼包子等
山西风味	原料丰富，以小杂粮为主，粗粮细做，细粮精做，面菜合一，一面百吃，品种丰富。其面食有三大讲究，一讲浇头，二讲菜码，三讲小料，有着浓郁的黄土高原气息和传统的生活特色	刀削面、刀拨面、掐疙瘩、剔尖、夜面栲栲栳、拉面、擦面、抿圪蚪、猫耳朵、柳叶面、揪片、饸饹、切板面、溜尖等
陕西风味	料重味浓，火候足到，注重口味，突出原味，营养丰富，讲求实惠。辅料则多用调料，调味则喜重偏浓、突出香味。成品口感则是干、脆、酥、嫩、软、糯、烂、筋、绵、黏各异；口味则是多、广、厚、咸、酸、辣、麻、甜、香各味俱全，香味领先	牛羊肉泡馍、葫芦头泡馍、腊汁肉夹馍（猪肉）、岐山臊子面、扯面、邋邋面、韩城大刀面、大荔炉齿面等
江苏风味	制作精巧、讲究造型、馅心多样，尤以软松糯韧、香甜肥润的糕团见长，且重视调味，馅心注重掺冻、汁多肥嫩，味道鲜美	三丁包子、翡翠烧麦、千层油糕、双麻酥饼、车螯烧卖、甘露酥、蟹黄汤包、白汤大面、桂花年糕、无锡小笼包、蜜三刀、文蛤饼等

续表

流派	风味特色	名品举例
广东风味	用料精博，品种繁多，款式新颖，口味清新多样，制作精细，咸甜兼备；具有广博的包容性，吸收了西点的一些技巧和特色	娥姐粉果、沙河粉、叉烧包、虾饺、莲蓉甘露酥、马蹄糕、白糖伦教糕、奶黄包、云吞面、老婆饼、小凤饼等
四川风味	选用多种调味品和复合调味品，十分讲究调味的技巧，形成了多种风格，以麻辣、香辣著称；善于用汤，汤浓味美	赖汤圆、担担面、龙抄手、钟水饺、三大炮、酸辣豆花、珍珠圆子、波丝油糕、青城白果糕、鲜花饼、山城小汤圆、火边子牛肉、宜宾燃面、川北凉粉等

三、少数民族风味流派

我国是一个多民族的国家，人们习惯上把除汉族以外的其他民族统称为少数民族。各少数民族由于居住地区的自然环境不同，生产活动、生活方式、历史进程、宗教信仰、风俗习惯的差异，因此，其饮食来源、制作、器具、礼俗、饮食观念和思想等也迥然不同，从而形成了各自的烹饪文化模式（表8-3）。

表8-3　中国部分少数民族风味流派

流派	风味特色	代表菜
朝鲜族风味	选料多为狗肉、牛肉、瘦猪肉、海鲜和蔬菜，擅长生拌、生渍和生烤，习惯以大酱、清酱、辣椒、胡椒、麻油、香醋、盐、葱、姜、蒜调味，菜品风味鲜香脆嫩，辛辣爽口。餐具多系铜制，喜好生冷	生渍黄瓜、辣酱南沙参、苹果梨咸菜、头蹄冻、烧地羊、生烤鱼片、冷面等
满族风味	用料多为家畜、家禽或熊、鹿、獐、狗、野猪、兔子等野味。主要烹调方法有白煮和生烤，口味偏重鲜、咸、香，口感重嫩滑。菜品多为整只或大块，吃时用手撕或用刀割食，带有萨满教神祭的遗俗	努尔哈赤黄金肉、白肉血肠、阿玛尊肉、烤鹿腿、手扒肉、酸菜等
蒙古族风味	与蒙古菜近似，统称"乌兰伊德"，意为"红食"（其奶面点心则称为"白食"）。原料多系牛、羊，也有骆驼、田鼠、野兔、铁雀之类。一般不剔骨，斩大块，或煮或烤。仅用盐或香料调制，重酥烂，喜咸鲜，油多色深量足，带有塞北草原粗犷饮食文化的独特风味	烤全羊、烤羊腿、反扒羊肉、烤羊尾、炖羊肉、羊肉火锅、炒骆驼丝、烤田鼠、太极鳝鱼等
彝族风味	料多用"两只脚"的鸡、鸭和"四只脚"的猪、牛、羊，也用其他野味。多为大块烹煮，添加盐和辣椒佐味	砣砣肉、皮干生、麂子干巴、羊皮煮肉、肝胆参、油炸蚂蚱、生炸土海参、巍山焦肝等

流派	风味特色	代表菜
藏族风味	料多为牛羊、野禽、昆虫、菌菇等；重视酥油入馔，习惯于生制、风干、腌食、火烤、油炸和略煮；调味重盐，也加些野生香料；口感鲜嫩，分足量大	手抓羊肉、生牛肉、火上烤肝、油炸虫草、油松茸、煎奶渣、"藏北三珍"（夏草黄芪炖雪鸡、赛夏蘑菇炖羊肉、人参果拌酥油大米饭）、竹叶火锅等
苗族风味	食料广泛，嗜好麻、酸、糯，口味厚重，制菜常用甑蒸、锅焖、罐炖、腌渍诸法，酸菜宴独具特色	瓦罐焖狗肉、清汤狗肉、薏仁米焖猪脚、血肠粑、红烧竹鼠、油炸飞蚂蚁、炖金嘎嘎鸡、辣骨汤、鱼酸、牛肉酸、蚯蚓酸、芋头酸、蕨菜酸、豆酸、蒜苗酸、萝卜酸等
侗族风味	无料不腌，无菜不酸，腌制方法独特（有制浆、盐煮、拌糟、密封、深埋等10多道工序，保存时间少则2年，多则30年）。侗族菜酸辣香鲜，甘口怡神	五味姜、龙肉、醅（pei）鱼、牛别、酸笋、酸鹅、腌龙虱、腌蜻蜓、腌葱头、腌芋头、腌蚌等
傣族风味	用料广博，动、植物皆被采用。制菜精细，煎、炒、熘无所不用。口味偏好酸香清淡，昆虫食品在国外与墨西哥虫菜齐名。菜肴奇异自成系统，有热带风情和民族特色	苦汁牛肉、烤煎青苔、五香烤傣鲤、菠萝爆肉片、炒牛皮、鱼虾酱、香茅草烧鸡、牛撒撇拼盘、炸什锦、刺猬酸肉、蚂蚁酱、蜂房子、生吃竹虫、清炸蜂蛹、烧烤花蜘蛛、凉拌白蚁蛋、油煎干蝉、狗肉火锅等
土家族风味	菜料包括禽畜鱼鲜、粮豆蔬果及山珍野味。烹调技法全面，嗜好酸辣，有"辣椒当盐"之说。肴馔珍异而丰富，带有浓郁的南国原始山林情韵	小米年肉、笼蒸油烤熊掌、煨白猬肉、白猱子汤、凉拌鹿丝、红烧螃蟹等
京族风味	制菜多用海鲜，善于使用鲶汁，并有主副食合烹的习惯，爱用鱼汤调味下饭。由于是"靠海吃海"，其食馔有鲜明的渔村特色	螺蟹米粉汤、烤鱼汁芝麻糍粑、烧大虾、生鱼片、鱼露、蚌肉羹、烧石花鱼、炖海龟、清炒海龟蛋、烩海味全家福等
壮族风味	以猫、狗、蛇、虫为珍味，也吃禽畜与果蔬，擅长烤、炸、炖、煮、卤等方法，口味趋向麻辣酸香，酥脆爽口。美食众多，调理精细，食礼隆重，在桂菜中占有重要的地位	辣白旺、火把肉、盐凤肝、皮肝生、脆熘蜂儿、油炸沙蛆、清炖破脸狗肉、洋瓜根夹腊肉、龙虎斗、慧星肉、烤辣子水鸡、酿炸麻仁蜂、龙卧金山、白炒三七鸡、酸水煮鲫鱼、马肉米粉等
高山族风味	食料多取自本岛所产的动植物，技法有蒸、烤、煮、拌等。口味偏好酸、香、肥、糯，饮食带有热带山乡风情	三元及第、芥菜长年、香烤墨鱼、萝卜樱菜、干贝烘蛋、芋头肉羹、南瓜汤、发家鸡、蒜姜熬鱼、黄笋猪脚、金玉满堂、土豆烧肉等

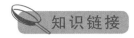

● 乡野真味土家菜

说起土家族，大家首先想到的可能是情歌，"送郎送到百户前，打开窗户望青天，天上也有圆圆月，地上怎无月月圆？拆散鸳鸯各一边！"这简单的五句情歌，就将女子送别情郎的依依不舍和无限思念，表现得淋漓尽致。土家情歌的语言，是自给自足的自然经济时代"自产自销"的语言，但粗朴里蕴含的却是天籁般的词情。而土家菜，则蕴含了土家人生活在山、耕作在山的山野味道。

1. 酸辣爽口炸广椒

土家族于湘鄂川都有分布，因此土家菜介于三者之间，又别具特色。土家人居于山岭深谷，泉水冷冽；岚瘴郁蒸，非辛辣或酒酿不足以温胃健脾。故民间有"三日不食酸和辣，心里就像猫儿抓，走路脚软心也花"之说。土家菜的特色，是有点麻有点辣，麻比不上川菜，辣比不上湘菜，另外还有一点酸。

最能代表麻辣酸的，莫过于粉蒸肉和炸广椒。肉是肥美的五花肉，可口感十分软滑，肥而不腻，反倒不像是肥肉。味道酸酸辣辣，却不刺激，仿佛幻彩的气泡，刚触碰到舌尖就爆掉，那稍瞬即逝的美味，让你忍不住吃了一块又一块。调料是土家特产，用玉米粉和剁碎的辣椒搅拌均匀，然后放坛子里腌半个月，够味后就可以拿出来做菜了。还有更简单的做法，就是直接拿出来炸干，就成为土家族家家必备的小菜炸广椒。酸香爽口，送饭一流，加上几片腊肉来炒，更显惹味。

2. 土家腊肉的烟火香

说起腊肉，又是土家人手艺上的一大特色。在农历腊月，土家人将养了一年的山猪杀掉，将肉剁成一条一条的，再找来一个大水缸，加入桂皮、辣椒等，腌上一个星期，当猪肉入香味以后，就把肉条放入家中的火房。土家族家家户户都有火房，慢慢烧起树木柴枝，让袅娜的炊烟将猪肉熏上两三个月，这样，腊肉才做成。也有风干的做法，但熏干的腊肉，风味更特别。

3. 出神入化"薯仔"变"燕窝"

土家人生活于山上，爱吃土豆，物尽其用，将这个"薯头薯脑"的食材，能变出多种菜式，技艺出神入化。例如，油烷洋芋，吃起来表皮香脆，里面却软绵化口，香口过人。食客总以为这是炸出来的菜式，原来是用文火煎烤出来的，而且下油不多，比炸的要少油腻，多了健康。广东人把土豆叫"薯仔"，称反应思维迟钝笨拙的人也叫"薯仔"。在土家菜里，"薯仔"能和燕窝沾上边，变得精致起来。土豆燕窝，是将土豆切丝，加入鸡蛋、面粉后油炸而成的菜式，上菜时菜式造型就如一个金黄色的燕子窝一样。这个"燕窝"，极为酥脆，一咬即碎，土豆味浓，比起超市卖的薯片薯条，好吃多了。

1. 什么是烹饪风味流派的定义？烹饪风味流派的认定标准有哪些？
2. 烹饪风味流派的成因是什么？
3. 川菜风味、鲁菜风味、苏菜风味、粤菜风味分别有哪些特点和代表菜？
4. 浙菜风味、湘菜风味、闽菜风味、徽菜风味分别有哪些特点和代表菜？
5. 中国面点有哪些风味流派，其各有什么特点？
6. 简述朝鲜族菜、蒙古族菜、傣族菜的风味特色和代表菜。

第九章
世界烹饪概览

■ 学习目标

（1）了解法国、意大利、英国、俄罗斯、德国、土耳其等欧洲各国烹饪的特点及特色美食。

（2）了解日本、韩国、泰国、印度、越南等亚洲各国烹饪的特点及特色美食。

（3）了解美国、墨西哥、巴西等美洲各国烹饪的特点及特色美食。

■ 基本概念

中国烹饪、法国烹饪、土耳其烹饪

■ 内容提要

世界烹饪流派与模式，欧洲烹饪，亚洲烹饪，美洲烹饪，大洋洲烹饪，非洲烹饪。

第一节 世界烹饪流派与模式

一、世界烹饪的三大流派

就世界范围来说，国家众多，民族复杂。由于地理、气候、物产、人文等因素的不同，各国烹饪在原料选择、烹调技艺、菜品特点等方面，形成了各自鲜明的特色。但是，在一定地域内的各国烹饪之间，却仍有共同之处，即具有一定的共性和近似的特点。总的来说，它可以分为法国、土耳其和中国三大流派（或菜系），若以地理学角度去考察，法国代表了欧美流派，土耳其代表了欧亚交界的流派，中国则主要是亚洲菜的代表。

（一）中国烹饪流派

中国烹饪风味是亚洲远东菜的典型代表，也称东方烹饪流派，以中国为中心，包括东亚、东北亚和东南亚区域内的烹饪，已有5000多年的发展历程，因其活跃在东半球而得名。主要影响到该区域内20多个国家和地区的16亿人口，其中的中国素有"烹饪王国"的美称，"日本料理"也有较大的知名度。

中国烹饪风味流派根植于农、林业经济，以粮、豆、蔬果等植物性原料为基础，膳食结构中主、副食的界限分明。动物性原料以猪肉为主。重视山珍海错，喜食异味和补品，如昆虫、花卉、食用菌、野菜等。烹饪技法精细复杂，菜式丰富，流派众多，以味为核心，以养为目的，特别注重味之鲜美。

（二）法国烹饪流派

法国烹饪风味是欧洲菜的典型代表，也称西方烹饪流派，分布于欧洲、美洲、大洋洲等地。它以法国烹饪为主干，以俄罗斯烹饪和意大利烹饪为两翼，还包括英国、德国、瑞士、希腊、波兰、西班牙、芬兰、加拿大、巴西、澳大利亚等国家的烹饪，主要影响到该区域内的60多个国家和地区的15亿人口。其中的法国被誉为"世界艺术烹饪之家"（巴黎则号称"世界食都"），意大利被誉为"欧洲大陆烹饪之始祖"。此外，莫斯科、罗马、法兰克福、柏林、伦敦、维也纳、马德里、雅典、伯尔尼、华沙、渥太华、巴伐利亚等著名都会，均有美食传世。

法国烹饪风味根植于牧、渔业经济，以畜类、禽类、水产品等动物性原料为主体。肉食中以牛肉为主，猪肉仅少数国家（如德国等）稍多。粮食原料中主要是面粉，但不及40%。重视奶酪、酒水和果品的调配。烹饪技法以煎、烩、烧烤为常见，讲究烹调技艺，重香。菜式讲究质精，规格高。比较重视运用科学技术，强调营养卫生。

（三）土耳其烹饪流派

土耳其烹饪风味是中东菜的典型代表，又称阿拉伯烹饪流派、清真烹饪流派、穆斯林烹饪流派、中东烹饪流派，因其诞生于阿拉伯半岛，与伊斯兰教同步发展而得名。土耳其烹饪风味以土耳其为代表，包括巴基斯坦、印度尼西亚、伊朗、伊拉克、科威特、沙特阿拉伯、巴勒斯坦、埃及等国家的烹饪，主要影响到西亚、南亚和中北非的40多个国家和地区的7亿多人口。其中的土耳其被誉为"穆斯林美食之乡"。伊斯兰堡、雅加达、德黑兰、巴格达、科威特、利亚得、耶路撒冷、开罗等都市的特色馔肴，也都以"清""真"二字脍炙人口。

土耳其烹饪风味根植于农、林、牧渔相结合的经济，植物性原料和动物性原料并重。羊肉在肉食品中的比例较高，重视面粉、杂粮、土豆和乳品，喜好增香佐料和野菜，不尚珍奇。烹调技术古朴粗犷，长于烤、炸、涮、炖等技法，形成"阿拉伯厨房"风格。菜品口味多鲜咸浓香，醇烂爽口。受伊斯兰教和古犹太教《膳食法令》的影响较深，选择烹饪原料、调理菜点都严格遵循《古兰经》的规定，"忌血生，戒外荤"，特别讲究膳食卫生。

世界上的烹饪流派除上述三种以外，还有不少国家和地区的烹饪流派很有特色。只是由于种种原因，它们还没有形成具有世界性影响的烹饪流派。其中比较有影响的有墨西哥菜，它是美洲菜的代表，喜用辣椒，口味有些类似中国的川菜；此外俄罗斯菜、意大利菜均很有特色，但它们总的来说是属于法国烹饪流派；爱斯基摩人生活在北冰洋圈，他们的饮食别具一格，反映了寒带生物圈内人类饮食的特色。

二、世界烹饪的两种模式

世界烹饪虽然初步可划分为法国、土耳其和中国三大流派，但就其实质而言，基本上属于两大类型：在农业经济基础上形成的农业烹饪以及在畜牧业经济基础上形成的牧业烹饪。中国烹饪属于农业烹饪范畴；法国烹饪和土耳其烹饪属于牧业烹饪范围。

（一）农业烹饪模式

农业烹饪模式的形成，应该说得益于以粒食作为主食的发展。粒食主要是指与麦粉（面粉）相对的食品——水稻。过去西方学者认为籼稻栽培起源于印度，距今约6000年。1973—1974年，我国考古工作者对位于杭州湾以南的宁绍平原余姚县河姆渡遗址进行了考古挖掘，在第四文化层十多个探方约500平方米的挖掘范围内，普遍发现厚20~50厘米、最厚处达1米的稻谷、谷壳、稻秆、稻叶等堆积层，出土了大量业已炭化了的稻谷，属籼亚种晚稻型水稻，距今约7000年。这些稻谷的出土，不仅雄辩地证明了我国是世界上最早栽种人工稻的国家，而且也证明了长江流域的稻作文化要早于黄河流域，河姆渡出土的稻谷不仅是亚洲，也是世界上最古老的稻作遗存。

陶器的发明及广泛使用，也是促进粒食文化发展的重要因素之一。据考古挖掘证明，我国陶制炊餐具的出现距今11000~10000年。我国先民在历经了"石上燔谷"的石烹阶段后，便进入了陶烹阶段。这种以水作为传热介质的煮式烹调法，很适合粒食的烹饪，使粒食在中国形成主食成为可能。从而刺激了农业向以粮食为生产主体的方向发展，农业经济在我国逐步升华为社会发展的主导地位，畜牧业则退居到次要地位。东亚大陆得天独厚的自然条件和地理生态环境，孕育了华夏民族以农耕经济为主体的经济生产形态。农业被誉为文明之母，农业生产的出现是人类历史上一次巨大的变革，是人类由"采食经济"向"产食经济"发展重要的一步。以农立国的农本思想一旦建立，就很自然地成为国家的政策思想。这种发展。对中国烹饪的发展产生了重大的影响。

（二）牧业烹饪模式

发源于土耳其境内的底格里斯河和幼发拉底河，又称两河流域，或称美索不达米亚平原，大约相当于现在的伊拉克共和国。两河均发源于北边的亚美尼亚高原，古代时分别流入波斯湾。两河流域和尼罗河流域、印度河流域、黄河流域一样，是世界人类最早独立发展的文化发源地之一，也是世界上最早出现农业文化的地区之一。距今约8000年，今伊拉克北部、两河流域上游的库尔德斯坦山麓，即产生了中石器时代采集狩猎向新石器农业过渡的文化，距今7000~5000年前哈拉弗文化遗址，显示两河上游接近土耳其、叙利亚境内一带，制陶业高度发展，出现了图案花纹极为复杂的彩陶文化，及至距今6000年前的苏美尔文化时期，两河流域南部已出现了先进的农业水利，距今4500年前出土的文献记载了当时苏美尔人种植大麦能够获得播种量86倍的收获，他们还用树干做成木犁，以牛牵引耕地，这在当时世界范围还属创举……尽管两河流域有着先进的农耕文明，但种种原因使得农耕文明没有得到弘扬，这与这一地区的位置、土壤、社会发展条件均有密不可分的关系。两河地区北边是亚美尼亚高原，东边是伊朗高原，周围都有山岭环绕，西边与叙利亚草原和阿拉伯沙漠接壤，南边面对波斯湾，地属亚非大干旱区的一部分，气候炎热干燥，降雨量年平均不到100毫米，且降雨多半在冬季。流域面积不足120万平方公里。且自进入文明时代以后，这里就是民族斗争的战场。周围分布着许多文化落后的游牧民族。这些民族一方面反抗两河流域奴隶制国家的侵略扩张，另一方面又乘两河流域国家衰落时进行入侵和骚扰。公元6世纪，该地被属于印欧语系的波斯（今伊朗）人阿契美尼德王朝创立者、古波斯国国王居鲁士所统一，原先纵横驰骋在古代西亚及其附近广大地区的闪米特人则逐渐退出了历史舞台。公元7世纪，崛起于阿拉伯半岛的伊斯兰教的阿拉伯帝国统治了这方土地，更适宜畜牧业发展的当地自然条件，使得这一地区很有基础的畜牧业逐渐处于社会发展的主导地位。

欧洲地区山地、高原、丘陵约占总面积的40％以上，大多数国家历史上畜牧业均十分发达，至今仍粮食自给不足，但牲畜产量却在五大洲中占据第二位，按单位面积出产量，更显得比例之高。欧洲地区农作物主要是小麦，其次是玉米、马铃薯等，这一切，同样给这一地区的烹饪带来了极其深刻的影响。

第二节　欧洲烹饪

欧洲是世界上经济较发达的大洲，它位于东半球的西北部，北临北冰洋，西濒大西洋，南隔地中海与非洲相望，东与亚洲大陆相连。主要国家有法国、意大利、德国、英国、俄罗斯、土耳其等。

由于自然条件、历史传统、社会制度和宗教信仰不同，欧洲各国的生活特点和风俗习惯有不少差异。从本质上说，欧洲的饮食文化没有太多人为的附加意义，饮食本身的任务只是满足人最本能的生理需要。欧洲人在烹饪方法上以实效为原则，体现在食品的原汁原味上以嫩、鲜、清、淡为标准。烹调时，对火候和时间把握得相当严格，既要保证食品内的有效营养物质不受破坏，又要保持食品原有的清香和纯正的原味。

欧洲烹饪长期以来诱惑着全球消费者的味蕾，有久负盛名有"西餐之王"美称的法国烹饪，被称为"欧洲烹饪鼻祖"的意大利烹饪，还有"家庭美肴"之称的英国烹饪以及实实在在才是真的德国烹饪等，将欧洲烹饪文化诠释得淋漓尽致。

一、法国烹饪

作为世界三大烹饪王国之一，法国的烹饪历史悠久，在西方最具影响和特色。但法国烹饪真正的发展是在16世纪亨利二世迎娶了意大利公主后，随着公主嫁到法国，意大利文艺复兴时期盛行的烹调技艺、烹饪原料，以及华丽的餐桌装饰艺术也被带到了法国宫廷，使法国饮食在追求豪华、注重排场、烹调技术等方面迅速推进，并开始繁荣起来。

路易十四开始，法国烹饪又获得了一次飞跃的机缘。随着法国国力的上升，以及路易十四自己也爱好奢华，法国菜从精致、美味发展到豪华、奢侈，宫廷餐宴排场盛大，菜肴品种繁多，豪华的程度已经成为了欧洲各国之冠。路易十四还开始培养自己的本土厨师以摆脱对意大利人的依赖，他举办全国性的烹饪大赛，获胜者会被招入凡尔赛宫授予"全法国第一食神"的功勋奖，这就是蓝带奖，至今这个大奖依然是全法国厨师，乃至全世界厨师梦寐以求的殊荣。之后的路易十五更是在此之上将法国烹饪进一步发扬光大，法国饮食的品种和品质大幅度提高，并从注重排场转移到注重食物小巧精致，不断创新品种上，法国烹饪逐渐自成体系。厨师们的社会地位也随之大为提高，厨师成为了一项既高尚又富于艺术性的职业。

在法国大革命后，宫廷豪华饮食逐渐走向民间，成为大多数法国阶层都能享受到的佳肴。之后，拿破仑率军南征北战，法国烹饪随着拿破仑的大军传至各国，法国厨师也被各国聘请，法国烹饪的影响力传播到了欧洲各个角落，登上了"西餐之王"的宝座。精美的菜品、高超的烹饪技艺以及华丽的就餐风格让人们惊叹于法国饮食的华美，法国饮食以精致、浪漫、豪华、品位征服了世界，从而奠定了法国美食在世界上的地位。

随着时代前进的步伐，法国烹饪也不断地发生着变化。19世纪末，法国烹饪革命的代表人物艾斯科菲，针对传统的大排场法国烹饪提出"高雅的简单"的主张，并且简化菜单，合理调整菜点分量，创制了许多新名菜，提升菜点的装饰艺术，为法国烹饪的发展做出了重大贡献。近年来，法国烹饪不断的精益求精，并将以往的古典菜肴推向所谓的新菜烹调法，并相互运用，调制的方式讲究风味、天然性、技巧性、装饰和颜色的配合。

21世纪以来，法国人开始争取使他们的"烹饪和美食遗产"纳入联合国教科文组织的《人类非物质文化遗产名录》。2006年，在欧洲饮食史及饮食文化研究所、图尔大学的联合倡议下，法国顶尖名厨、知名学者、作家和文化界人士组成了一个法式烹饪"申遗"游说团，向文化部进言。游说团集中了法国当今3位厨神：连续40年荣获米其林美食指南三星级厨师（该项目评比的最高纪录）的保罗·伯库斯，以及另两位三星厨师米谢·格瑞哈和阿莱·杜凯斯，他们提出了"烹饪是文化"的口号。当时，联合国教科文组织刚刚在非物质文化遗产中添加了"无形的非物质文化遗产"。2008年2月23日，在第45届巴黎国际农业展开幕式上，法国总统萨科齐正式宣布法式烹饪的"申遗"决定，决心要让法国成为第一个将烹饪载入世界遗产名录的国家。2010年"法国大餐"申遗成功。

（一）法国烹饪特点

1. 选料广泛、讲究

一般来说，西方烹饪在选料上的局限性较大，而法国烹饪的选料却很广泛，还常选用稀有的名贵原料，如蜗牛、青蛙、鹅肝、黑菌、鱼子酱等，喜欢用各种野味，如鸽子、鹌鹑、斑鸠、鹿、野兔等，在普通原料上较偏好牛肉、小牛肉、羊肉、家禽、海鲜、蔬菜、田螺等，各种动物的肝、心、肠也可入肴；而且在选料上很精细，极重视原料素材的新鲜上等，善于使用新鲜的季节性原料，力求将原料最自然、最美好的味道呈现给食客。

2. 调味喜用酒和香料

法国盛产酒类，所以烹饪中也非常注重酒的使用，喜欢用酒调味。不同的菜点用不同的酒，有严格的规定，而且用量较大，如制作甜菜和点心常用朗姆酒，海鲜用白兰地酒和白葡萄酒，牛排使用红葡萄酒等。除了酒类，法国菜里还要加入各种香料，如百里香、迷迭香、月桂（香叶）、欧芹、龙蒿、肉豆蔻、藏红花、丁香花蕾等。各种香料有独特的香味，放入不同的菜肴中，就形成了不同的风味。法国菜中胡椒最为常见，几乎每菜必用。

3. 注重火候和调味

法国人崇尚食物新鲜、讲究鲜嫩和原味，比较爱吃半熟或生的食物，烹饪时要求菜肴水分充足，质地鲜嫩，如牛排一般只要求三四成熟，烤牛肉、烤羊腿只须七八成熟，海鲜烹饪时须熟度适当，不可过熟，而牡蛎加上柠檬汁则完全生食。

法国烹饪注重突出食物的原汁原味，而不是烹调出的味道。沙司的使用以不破坏食材原味为前提，好的沙司要提升食物本身的风味、口感，而且什么菜用什么沙司，也很讲究，如做牛肉菜肴用牛骨汤汁，做鱼类菜肴用鱼骨汤汁，做羊肉菜肴要用羊骨汤汁，目的是把主料的原味带出来。有些汤汁要煮8个小时以上，使菜肴具有原汁原味的特点。

法国菜调味汁多达百种以上，既讲究味道的细微差别，还考虑色泽的不同，百汁百味百色，使食用者回味无穷，并给人以美的享受。

4. 三种不同的风味流派并存

法国烹饪有三种不同的风味流派并存：一是古典法国烹饪。它起源于法国大革命前，是皇胄贵族中流行的菜肴，对烹饪的要求十分严格，从选料到最后的装盘都要求完美无瑕。二是家常法国烹饪。它源于法国平民的传统烹调方式，选料新鲜，做法简单。三是新派法国烹饪。它起源于20世纪70年代，在烹调上着重原汁原味、食材新鲜，口味比较清淡。

（二）法国特色美食

1. 面包

面包是法国人一日三餐都离不开的基本主食，83%的法国人每天都吃面包，长棍面包是法国最普通、最常见的面包，占面包消费总量的80%，法国每年要消耗长棍面包100亿根。无论是清晨面包店前排起的长队，还是大街上手拿面包大口啃食的行人，以及傍晚时分夹着长棍面包行色匆匆的归家人，都是极富法国特色的图景。法国面包品种达150多种，其中有一类是以牛角面包等为代表的奶油面包卷，法国人称之为维也纳甜面包。

2. 蜗牛

提起法国菜，就不能不提法国蜗牛。法国人一直将食用蜗牛视为时髦和富裕的象征，每逢喜庆节日，家宴上的第一道冷菜就是蜗牛。据说法国人每年要吃掉三亿多只蜗牛，由于生产数量有限，蜗牛在法国变得愈发名贵，成为有钱人在隆重场合才能享受的佳肴，并升级成为法国的"国菜"。蜗牛营养丰富，极具药用价值，享有"肉中黄金"之誉。在众多食用蜗牛的国家中，法国蜗牛最有名气。

3. 鹅肝

鹅肝被誉为世界三大美味珍馐之一，在法式套餐中往往以头牌的身份出现，在西方有"贵族食品"之称。其质地细嫩、风味鲜美、浓香奇特、入口即化、余味无穷，成为法国一道久负盛名的传统名菜和国宝级的美食。由于鹅肝是比较高贵、正式的法式菜肴，最好是配全麦面包吃，而且面包里还要嵌有核桃仁。法国是世界上最大的鹅肝酱生产国和消耗国，鹅肝酱已经成为法国烹饪的象征。

4. 黑菌

黑菌又名"块菌"，是法餐中的又一经典美食代表。天然黑菌在烹饪界中有"黑钻石"之美称。而法国天然黑菌的珍贵程度可与黄金等价，即法国人常说的"一克黑菌一克金"，可见其珍贵和稀有。用黑菌烹调出的佳肴，既味鲜又极富营养，还是较为稀有的珍品。黑菌是法国鹅肝的绝佳搭配。

5. 奶酪

法国奶酪闻名于世，法国人的餐桌上绝对少不了它，尤其在晚餐中，奶酪被称为主菜和甜点间的秘密武器，如果没有上奶酪，那么这餐宴席的档次就大打折扣了。法国有句谚语：如果哪天少了奶酪，哪天就没了阳光。现在法国生产的奶酪品种已超过400种，居世界第一，一年里每天都可以吃到不一样的奶酪，法国也是全世界奶酪消费最多的国家，奶酪和葡萄酒是法国烹饪中最为经典的元素。

● 法国美食列入世界非物质文化遗产

2010年11月，联合国教科文组织保护非物质文化遗产政府间委员会将法国大餐列入人类非物质文化遗产代表作名录，这是这个组织首次将一国的餐饮列入该名录。委员会成员认为，法式大餐已融入日常生活，成为个人或团体庆祝重要时刻的习俗。

法国大餐作为一种生活方式，是法国人日常生活中不可或缺的一部分。法国大餐被认为是世界上最优雅的美食，有专家指出，法餐透出的浓郁文化特色和独特的就餐礼仪是其申遗成功的重要原因。

然而，在快餐文化盛行的今天，"以慢为美"的法国饮食文化及礼仪受到巨大威胁。申遗成功后的3年，也是法国对食文化进行大力保护的3年：加强人才培养，对美食和烹饪的相关组成部分进行普查；加强食品产业和烹饪技艺的开发；鼓励美食旅行，在国际上进一步推广法国大餐……

自2011年起，法国美食节成为一年一度的国家节庆活动。官方数据显示，美食节受到各年龄段民众的欢迎，参与人数及活动场数越来越多。相比2012年，2013年与法国大餐相关的活动增加了一倍，达到7659场，共吸引约23万名法国美食行业专业人士参与。除了法国20余个大区和4个海外省的2000个城市参与举办了相关活动，更有86个活动在阿根廷、比利时、加拿大、美国、芬兰、日本、哈萨克斯坦、黎巴嫩和立陶宛9个国家举行。

目前，法国很多地方推出了美食烹饪基础课或是甜点烘烤课，旨在让法国年轻人放慢脚步，体味法国大餐背后的文化意味。

二、意大利烹饪

意大利地处欧洲南部的亚平宁半岛，居民绝大多数信奉天主教。自公元前753年罗马城兴建以来，罗马帝国在吸取了古希腊文明精华的基础上，发展出先进的古罗马文明，从而成为当时欧洲的政治、经济和文化中心。

在古代，意大利是西方烹饪中历史最悠久、最杰出的风味流派，也可以说是欧洲烹饪的鼻祖。意大利的烹饪源自古罗马帝国宫廷，并且在15世纪以前就拥有了独特的烹饪风格。在文艺复兴时期，意大利的烹饪艺术家充分展现出自己的才华，不仅制作出品种丰富、样式多变的菜肴，也制作出了以通心粉和比萨为代表的众多面食，并最终形成了意大利饮食独有的古朴风格，强调选料新鲜、烹饪方法简洁，注重原汁原味、菜式传统且有浓厚的家庭风味。用最简单的烹饪工艺制作出最精美、最丰富的菜点，成为意大利人对美食的理解与追求。意大利烹饪繁荣兴盛的局面，强烈地影响着其他西方国家，随着意大利公主嫁给法国亨利二世，作为陪嫁的30名厨师把意大利先进的烹饪方法和新的原料带到法国，极大地影响和促进了法国烹饪的发展。意大利烹饪这种繁荣兴盛的局面保持到16世纪末，以后它在保持自己特色与风格的基础上进入了长时间的平稳发展时期，欧洲烹饪的领导地位也由法国占据了。

（一）意大利烹饪特点

与法国菜相比，意大利饮食烹调简单、自然、质朴。虽然意大利菜比较简单，但是对菜的质量也是很有讲究的，各种菜都具有自己独特的味道。一直以来意大利菜都被认为有"妈妈的味道"，是因为意大利的妇女总是以自己庭院栽种的青菜、养的鸡、捕获的猎物，再加上母亲的爱，来烹煮出人间美食。

1. 讲究火候的运用

意大利烹饪非常喜欢用蒜、葱、西红柿酱、干酪，讲究制作沙司。烹调方法以炒、煎、烤、红烩、红焖等居多。通常将主要食材或裹或腌，或煎或烤，再与配料一起烹煮，从而使菜肴的口味异常出色，有层次分明的多重口感。意大利烹饪对火候极为讲究，很多菜肴要求烹制成六七成熟，而有的则要求鲜嫩带血，如罗马式炸鸡、安格斯嫩牛扒。米饭、面条和通心粉则要求有一定硬度。

2. 突出食材的本味

意大利烹饪注重食材的本质、本色，成品力求保持原汁原味。橄榄油、黑橄榄、干白酪、香料、番茄与玛萨拉酒（Marsala）这六种食材是意大利菜肴调理上的灵魂，也代表了意大利当地所盛产与充分利用的食材。最常用的蔬菜有番茄、白菜、胡萝卜、龙须菜、莴苣、土豆等。配菜广泛使用大米，配以肉、牡蛎、乌贼、田鸡、蘑菇等。

3. 面食品种丰富

意大利人善做面、饭类制品，几乎每餐必做，而且品种多样，风味各异。意大利面食已闻名世界，仅面条的种类就有几百个品种，面条的做法也有多种，在外形、颜色、口味的做法上是多姿多彩的。意大利面分为线状、颗粒状、中空状和空心花式状四个大类，用面粉加鸡蛋、番茄、菠菜或其他辅料经机器加工制成。其中最著名的是通心粉、蚬壳粉、蝴蝶结粉、鱼蓉螺蛳粉、青豆汤粉和番茄酱粉，有白、红、黄、绿诸种颜色。这些粉大都煮熟后有咬劲，佐以各色作料，馨香可口。意大利人还喜食意式馄饨、意式饺子、意式薄饼和米饭，意大利的米饭品种很丰富，口感硬，别有风味。

4. 区域差异，造就地方美食

由于南北气候风土差异，意大利烹饪有四大菜系。其中，北意菜系面食的主要材料是面粉和鸡蛋，尤以宽面条以及千层面最著名。此外，北部盛产中长稻米，适合烹调意式利梭多饭和米兰式利梭多饭。喜欢采用牛油烹调食物。中意菜系多斯尼加和拉齐奥这两个地方为代表，特产多斯尼加牛肉、朝鲜蓟和柏高连奴芝士。南意菜系的特产包括榛子、莫撒里拿芝士、佛手柑油和宝侧尼菌。小岛菜系以西西里亚为代表，其中深受阿拉伯影响，食风有别于意大利的其他地区，仍然以海鲜、蔬菜以及各类面食为主，特产盐渍干鱼子和血柑橘。

（二）意大利特色美食

1. 比萨饼

比萨饼是一种由特殊的饼底、乳酪、酱汁和馅料做成的具有意大利风味的食品。上等的比萨必须具备四个特质：新鲜饼皮、上等芝士、顶级比萨酱和新鲜的馅料。饼底一定要天天现做，面粉一般用春冬两季的甲级小麦研磨而成，这样做成的饼底才会外层香脆、内层松软。纯正乳酪是比萨的灵魂，正宗的比萨一般都选用富含蛋白质、维生素、矿物质和钙质及低卡路里的莫扎里拉（mozzarella）芝士。人们习惯将比萨折起来，拿在手上吃，这便成为现在鉴定比萨手工优劣的依据之一。比萨必须软硬适中，即使将其折叠起来，外层也不会破裂。

2. 意大利面条

外国游客心目中象征着意大利的食品是意大利面条。意大利面条一般是用优质的专用硬粒小麦面粉和鸡蛋等为原料加工制成的面条，具有高密度、高蛋白质、高筋度等特点，其制成的意大利面通体呈黄色，耐煮、口感好，因此正宗的原料是意大利面条具有上好口感的重要条件。意大利面条形状各异，色彩丰富、品种繁多，数量种类之多据说至少有500种，再配上酱汁的组合变化，可做出上千种的意大利面料理。意大利面的酱料基本来说可分为红酱和白酱，红酱是用番茄为底的红色酱汁，白酱则是由面粉、牛奶及奶油为底的白酱汁，此外还有用橄榄油调味的面酱和用香草类调配的香草酱。这些酱汁还能搭配上海鲜、牛肉、蔬菜，或者单纯配上香料，变化成各种不同的口味。

3. 提拉米苏

提拉米苏（Tiramisu）是意大利最著名的甜点，是一种带咖啡酒味儿的多层次蛋糕，地道的意大利马士卡彭（Mascarpone）软质芝士、松软轻柔的手指蛋糕、浓醇的意式Espresso浓缩咖啡与醇厚的意大利烈酒Marsala，上头再洒一层薄薄的苦香不甜的可可粉。吃到嘴里有芝士与鲜奶油的清爽奶香、蛋与糖的甜润、手指饼干的绵细、咖啡的苦甘、朱古力的馥郁和酒香的醇美，那种清凉、细腻和柔滑可使人错综复杂的口感体验演绎到极致。

三、英国烹饪

英国是在国际上具有重要地位和影响力的一个西欧国家，曾经被罗马帝国占领并控制过，其早期的烹饪文化也受到罗马帝国的影响，但大多数烹饪知识后来都失传了。公元1066年，法国的诺曼底公爵威廉继承了英国王位，带来了灿烂的法国和意大利的烹饪，为英国烹饪后来的发展打下了基础。11～13世纪，由于十字军东征带回了大量香料，使英国烹饪也像意大利、法国一样经常使用香料和其他调味品。14世纪时，英国宫廷的宴会崇尚豪华、气派，其规模和华丽程度已到相当水平。16～17世纪，英国烹饪已形成了自己的特色，出现两种风格并存的局面：上层社会的烹饪以法国菜极其精美的风格为主；中下层社会尤其是下层社会的烹饪则更多地沿袭和推崇英国古老的传统，讲究简朴和实惠，不是按照名厨的菜谱做菜，而是按照家常菜烹制的习惯，做简单的烤肉、布丁和馅饼，初步形成了简约的烹饪风格，强调简单而有效地使用优质原料，并尽可能地保持其原有的品质和滋味。17世纪随着工业革命的到来，食品加工技术的改进使工业化食品成为英国简约风格的重要体现，也成为英国烹饪的重要组成部分。

（一）英国烹饪特点

由于受地理及自然条件所限，英国的农业不是很发达，粮食每年都要进口，而且英国人也不像法国人那样崇尚美食，因此英国菜相对来说比较简单，英国人也常自嘲自己不精于烹调，但英国传统早餐却比较丰富，世界闻名，素有"big breakfast"的美称，包括面包、咸猪肉、香肠、煎鸡蛋、麦片、蘑菇菜、烤菜豆、果酱、咖啡、茶、果汁等。英式下午茶也是格外的丰盛和精致，晚餐是一天中最丰富、最讲究的一餐，并对用餐时的服饰、座次、用餐方式等都有严格的规定，而且持续的时间也很长，晚餐对英国人来说也是生活品位的重要组成部分。

1. 选料比较简单

英国虽是岛国、海域广阔，可是受地理自然条件所限，渔场不太好，所以英国人不讲究吃海鲜，比较偏爱牛肉、羊肉、禽类和蔬菜等，蔬菜品种繁多，如卷心菜、新鲜豌豆、土豆、胡萝卜等，但英国的蔬菜大都是从荷兰、比利时、西班牙等国进口的。

2. 菜品口味清淡，原汁原味

简单而有效地使用优质原料，并尽可能保持其原有的质地和风味是英国烹饪的重要特色。英国菜的烹调对原料的取舍不多，一般用单一的原料制作，要求厨师不加配料，要保持菜式的原汁原味。

3. 烹调富有特色

英国烹饪根植于家常菜肴，因此只有原料是家生、家养、家制时，菜肴才能达到满意的效果，因而英国菜有"家庭美肴""妈妈的味道"之称。英国烹饪相对来说比较简单，配菜也比较简单，香草与酒的使用较少，常用的烹调方法有煮、烩、烤、煎、蒸等。各种调味品如盐、胡椒粉、沙拉酱、芥末、辣酱油、番茄少司等大都放在餐桌上，人们可以根据自己的口味来进行调味。

（二）英国传统美食

1. 苏格兰名菜哈吉斯

苏格兰名菜哈吉斯（Haggis）是一种把羊的内脏如心、肝、肺加上羊板油，与燕麦粉、洋葱和香料混合在一起做成馅，放进羊肚里扎起来，然后煮上几个小时做成的食物。吃的时候通常用刀把馅从羊肚里挖出来，配上威士忌一起食用。

哈吉斯被誉为苏格兰的国菜。在英国著名诗人罗伯特·彭斯的《致哈吉斯》一诗中描写道，"哈吉斯是一种奇妙的味道浓烈的食物，即便最挑剔的孩子也会狼吞虎咽"。但是这种苏格兰食物却让很多外地的访客望而却步，因为单单是看原材料就有可能让人感到翻江倒胃，就像老北京卤煮一样，喜欢的人会上瘾，不喜欢的人真的没有办法接受。

2. 苏格兰炸蛋

苏格兰炸蛋是一种将煮熟的鸡蛋去皮，裹上猪肉馅，蘸上面包屑，淋上一层蜂蜜，再裹上面包屑，然后放到油锅里炸至金黄的做法。

3. 马麦酱

马麦酱（Marmite）是一种传统的英式食品，主要成分是酵母提取物加上一些香料做成，酵母提取物也就是啤酒酝酿过程中剩下的渣滓。马麦酱味道辛烈浓郁，呈膏状，颜色较深，味道和酱油有点相似，一般的吃法是涂在面包上，或与干奶酪搭配。

4. 鳗鱼冻

鳗鱼冻（Jelliedeels）是东伦敦的一种传统小吃，做法是把新鲜鳗鱼加上醋和香料水煮之后，放置冷却会自然形成凝胶状，通常和馅饼、土豆泥搭配在一起。鳗鱼冻看起来样子不怎么样，但的确有种不一样的风味。

知识链接

● 肆意嘲讽英国烹饪水平 希拉克闲聊引发英国众怒

据英国《每日电讯报》报道，法国总统希拉克2005年7月4日晚发表一系列调侃英国烹饪水平的言论后，英法"紧张"关系进一步升级。

当时伦敦和巴黎正在争夺2012年奥运会的主办权，两国在八国峰会还面临着新的分歧。4日晚，希拉克在一间俄罗斯咖啡馆与德国总理施罗德、俄罗斯总统普京聊天时称："英国人为欧洲农业所作的唯一贡献就是疯牛病。"然后，他又像他的许多前任那样调侃了英国的烹饪水平。

希拉克说："你不能信任做饭做得这样差的人。英国是仅次于芬兰世界上烹饪水平最差的国家。"

普京这时说："那么汉堡怎么样？"希拉克回答说："不，与英国的烹饪水平相比，汉堡不算是很差的食物。"

普京和施罗德在听到希拉克的高论后放声大笑。希拉克随后回忆说，前北约秘书长、前英国内阁国防大臣罗宾逊曾请他尝一道"很不开胃"的苏格兰菜。他说："这就是我们与北约麻烦的根源。"普京和施罗德再次大笑。

不幸的是，这三位领导人都是将于次日在英国格伦伊格尔斯举行的八国峰会的客人。他们的这些谈话内容在他们不知情的情况下被一名记者记录下来并刊登在法国的《解放报》上。

英国首相府对这些言论表示难以置信，称它不会对这种非外交言论作反应。英国官员尤其对希拉克有关疯牛病的言论感到愤怒，他们说，法国夸大了英国疯牛病的危机，在英国牛肉已被宣布是安全食品后仍拒绝进口英国牛肉。

希拉克、施罗德和普京当时正在参加加里宁格勒建城750周年的庆祝活动并为八国峰会作准备工作。听到他们谈话内容的法国《解放报》记者米洛特说，希拉克当时说的是法语，施罗德和普京说的是德语，至少有三名翻译在场。

米洛特还说，她听到希拉克说他2004年11月参加英女王宴会迟到半小时不是他的错。他说："英国没有按礼仪办事。"

据称，正在新加坡为伦敦申办奥运会努力的布莱尔在听到希拉克的这些言论后非常生气，但是官员们称作为八国峰会的主办者和欧盟主席国，布莱尔首相对此采取高姿态。他的官方发言人称："我们不会对这些事作出反应。"

布莱尔和希拉克的关系已因为欧盟共同农业政策和英国从欧盟获得返款的分歧而陷入低谷。布莱尔可能会利用八国峰会还再次要求改革欧盟共同农业政策。

四、俄罗斯烹饪

俄罗斯作为一个地跨欧亚大陆的世界上领土面积最大的国家，虽然在亚洲的领土非常辽阔，但由于其绝大部分居民居住在欧洲部分，因而其烹饪更多地接受了欧洲大陆的影响，呈现出欧洲大陆烹饪文化的基本特征。从历史的发展来看，俄罗斯的烹饪受其他国家影响很大，许多菜肴是从法国、意大利、奥地利和匈牙利等国传入后，与本国菜肴融合而形成的独特的菜肴体系。据资料记载，意大利人16世纪将香肠、通心粉和各种面点带入俄罗斯；德国人17世纪将德式香肠和水果带入俄罗斯；法国人18世纪初期将沙司、奶油汤和法国面点带入俄罗斯。沙皇俄国时代的上层人士非常崇拜法国，不仅以讲法语为荣，而且饮食和烹饪技术也主要学习法国。经过多年的演变，特别是由于特殊的地理环境、人文环境以及独特的发展，俄罗斯逐渐形成了自己的烹饪特色。

（一）俄罗斯烹饪特点

1. 口味浓郁，用油较重

由于俄罗斯大部分地区气候比较寒冷，人们需要较高的热能，所以俄罗斯传统的菜品量大、油重，许多菜做完后要浇上少量黄油，部分汤菜上面也有浮油。俄罗斯菜口味浓厚，酸、甜、咸、微辣各味俱全，在烹饪中多用酸奶油、奶渣、柠檬、辣椒、酸黄瓜、洋葱、黄油、小茴香、香叶作调味料。烹调方法多用煎、煮、焗、炸、串烤和红烩。

2. 冷菜丰富多样

俄罗斯冷菜包括沙拉、酸黄瓜、酸白菜、各种香肠、火腿、鱼冻、腌青鱼、鱼子酱等，一次家宴往往要上近十个品种的冷菜，其中鱼子酱颇负盛名。冷菜在烹调上要比一般的热菜口味重一些，并富有刺激性，这样以便于促进食欲。调味上突出俄罗斯菜的特点，酸、甜、辣、咸、烟熏，有些海鲜是冷食的，要突出鲜来。

3. 汤菜种类繁多

在俄罗斯，人们午餐、晚餐必喝汤，汤的种类繁多，烹饪技巧千变万化。一般俄式汤可分为清汤、菜汤和红菜汤、米面汤、鱼汤、蘑菇汤、奶汤、冷汤、水果汤及其他汤。使用的清汤可制成调味汤、澄清汤和浆状汤。制作调味汤时，各种原料应放入调味汤和原汤内煮制。而制作澄清汤，则需将各种添加原料另煮熟，食前将煮熟原料放入澄清汤内。各种浆状汤是用事先煮好并擦碎过罗的原料制作而成。俄罗斯菜肴中清汤含义，是指用鱼、肉、蘑菇等原料煮制，然后捞出各种固体原料而剩下的汤。

4. "慢餐"特色

传统的俄式西餐，从选材到制作工艺都应该可以达到"慢餐"的要求。而定期的歌舞伴宴，无论如何都会让人放慢进餐的速度，味觉、视觉、听觉的全方位享受，给"慢吞吞"找个绝好的理由。虽然俄式西餐口味与菜品上与法餐大相径庭，但在用餐程序上的繁复程度上俄餐绝不比法餐逊色，客人到了这里不自觉地就放慢了速度。

（二）俄罗斯特色美食

1. 黑面包

黑面包是俄罗斯人餐桌上的主食，口感有点酸又有点咸，俄罗斯人几乎可以每天三餐顿顿吃黑面包。烤黑面包是件很费事的事情，光和面和发酵就需要两天时间，做好的面包坯子放入俄式烤炉中用文火焖烤，出炉时面包底部能敲得�咚响，色泽黑光油亮，切开香软可口，而且不掉渣，这才是黑面包中的上品。由于制作工艺复杂，所以俄罗斯主妇们一般都是到面包房去买。有一种叫"波罗金诺"是黑面包中的极品，烤制这种面包用一种独特的配方，就是在黑麦面粉中加入天然香料籽，这种面包颜色黑黄，奇香扑鼻，并成为价格不菲的名牌食品。在俄语中，"面包加盐"是最珍贵的食物，具有非常重要的象征意义。面包代表富裕与丰收，盐则有避邪之说（俄罗斯人对盐十分崇拜，并视盐为珍宝和祭祀用的供品）。在每餐开始和结束的时候，大家都会吃上一片蘸着少许食盐的面包，以示吉祥。

2. 红菜汤

红菜汤又名罗宋汤。顾名思义，红菜汤是由红菜为主要配料，同时以带骨牛肉熬制而成，最为地道，也很费时，需要两三个小时。材料有带骨牛肉、土豆、红菜头、卷心菜、番茄酱、大豆、胡萝卜、洋葱、黑胡椒、桂树叶、盐。红菜汤是俄餐中最大众化的美食，几乎家家都会做红菜汤，当然每个人的做法都会融入一些自己的风格。

3. 鱼子酱

鱼子酱是俄罗斯人餐桌上的最奢侈的享受。严格来说，只有鲟鱼卵才可称为鱼子酱，其中以产于接壤伊朗和俄罗斯里海的鱼子酱质量最佳。黑黑的鱼子酱在过去是皇室里的佳肴，即使在20世纪50年代黑鱼子酱产量比现在高出10倍，但对俄罗斯人来说，吃一片抹黑鱼子酱和黄油的面包也是难得的享受。上佳的鱼子酱颗粒饱满圆滑，色泽透明清亮，甚至微微泛着金黄的光泽，因此人们也习惯了将鱼子酱比喻作"黑色的黄金"。吃的时候将鱼子酱放在装着冰的小巧器皿里，使其保持品质鲜美，同时可根据个人口味配上不同的辅料。最经典和大众的辅料是配上黄油和烘烤的白面包。至于在饮料方面，伏特加或是香槟都是能更好品味鱼子酱的上乘之品。

五、德国烹饪

德国位于欧洲中部，其烹饪在西方世界中并不是最出名的，它既没有法国烹饪、意大利烹饪那么有名气，也没有英、美等国烹饪对近现代世界的影响那么大。但每个国家都有其独特的烹饪。德国有不少享誉世界的独特美食。

与欧洲其他国家一样，在18世纪之前德国普通老百姓的基础粮食是谷类，从18世纪开始则以马铃薯和面包为基础粮食。16世纪西班牙人从美洲将马铃薯引入欧洲。17世纪传入英国，一开始的时候是奢侈食品，很快就变成是一般民众的基础粮食。18世纪流传到德国，腓特烈大帝大为推崇马铃薯，并将马铃薯引介给德国人民，却遭拒绝。后来因德国农业收成不佳，德国民众开始接受马铃薯作为主食。18世纪时德国开始流行面包作为主食。19世纪时德国饮食文化受到法国饮食艺术影响，当时贵族和商人之间流行吃法国菜。一般民众食用家中饲养的动物和院中栽种的蔬菜，并以香料植物调味，有钱人则从外国购进珍贵的香料植物。

（一）德国烹饪特点

1. 肉制品丰富

德国的肉制品种类繁多，最典型的是拥有丰富的猪肉制品。德国人是食猪肉的民族，世上没有其他菜系比他们更侧重于猪肉。由于肉类产量丰富，引发出储存的问题，所以德国人对肉类保存颇有研究，运用烟熏、腌制、盐腌、醋腌和硝盐等多种技术，由此而发展成一种独特的饮食文化。德国的火腿、熏肉、香肠等的品种有不下数百种，特别是巴伐利亚省所产的肉制品，其数量及品质均堪称第一。而这些肉类的制品大都是吃冷的，但也有不少香肠或熏肉是以热食为主的，而这类食品在食用时通常会附带酸菜、烤土豆及芥末酱。

2. 喜欢食用生鲜

一些德国人有吃生牛肉的习惯，著名的鞑靼牛扒就是将嫩牛肉剁碎，拌以生葱头末、酸黄瓜末和生蛋黄食用。

3. 口味以酸咸为主

德式烹饪善于利用酸菜烹制菜肴或作配菜，很多菜都带酸味，如具有代表性的酸菜煮猪肉，汤菜俱佳，肥而不腻。在调味品方面大量使用芥末、白酒、牛油等，很喜欢用啤酒来调味，别具特色。

4. 区域特色明显

德国烹饪的地区文化比较明显，北部食物来自波罗的海，菜式有浓厚的斯堪的纳维亚半岛的风格；中部山川河流资源充沛，菜式较为丰富且分量大；南部受邻邦如土耳其、奥地利、西班牙及意大利的影响，口味较为清淡。

（二）德国特色美食

1. 脆皮猪肘

脆皮猪肘（Schweinshaxe）是德国巴伐利亚州传统美食之一，它皮脆肉嫩，呈金黄色，脆而不干的外皮最具嚼劲，要和饱满入味的猪肉共同咀嚼。因为脆皮猪肘是很油腻的菜肴，一般要配上酸白菜和扮演主食角色的奶油土豆泥，酸白菜能降低菜肴的油腻感，让每一口都能保持鲜嫩的美味，因此酸白菜与德国猪肘可谓形影不离。吃脆皮猪肘时最重要的是再喝上一杯地道的德国巴伐利亚啤酒，因为酒精有化解脂肪的能力，多喝啤酒可以帮助消化。

2. 香肠、火腿

德国食品最有名的是香肠及火腿，香肠种类起码有1500种以上，制作原料除多用猪肉外，还有牛肉、蔬菜、牛奶和洋葱末，甚至于猪和牛的内脏、舌头等，另外再加入盐、胡椒及豆蔻等香料。德国近乎一半的肉类是以香肠的形式消耗的。德国香肠的吃法繁多，不仅可直接水煮、油煎或烧烤，同时也可以做成沙拉、汤、热食，甚至生吃。大多数的香肠是以地区命名，表示添加了该地区特有的调味香料，同时也都有最能显现出香肠的风味，如图林根的烤香肠、纽伦堡香肠和法兰克福香肠。最出名的咖喱香肠来自柏林，香肠被切成细薄片，抹上调味番茄酱，再撒上薄薄一层咖喱粉，又香又鲜。德国的火腿一般分为腌制、煮制、熏制，最有名的"黑森林火腿"可以切得跟纸一样薄，味道奇香无比。

六、土耳其烹饪

土耳其烹饪艺术起源于故乡中亚，继突厥人进入安纳托利亚之后又吸收了地中海文化。数百年中经过苏丹宫廷的精加工和丰富，口味追求朴素自然的传统一直保留至今。在宫廷烹饪之外，安纳托利亚地区也形成了自己的烹饪特色。作为世界三大菜系之一，土耳其烹饪影响遍及欧洲、亚洲、中东和非洲。

（一）土耳其烹饪特点

1. 重视食材新鲜和健康

土耳其人以面为主食，喜欢吃各种形式的大饼和面包。肉类、蔬菜和豆类是土耳其烹饪的主要原料，而肉类以牛、羊、鸡为主。喜用番茄、青椒、酸奶和香料，菜肴味道浓烈鲜香。土耳其国内种植着各种各样的水果、蔬菜，又由于土耳其三面环海，盛产多种鱼类。所以土耳其菜全部使用新鲜的原料制成。

2. 讲究菜肴的原汁原味

土耳其菜在烹饪时使用沙司和香料，但绝不会喧宾夺主，影响主料的自然口味。土耳其菜讲究原汁原味并以黄油、橄榄油、盐、洋葱、大蒜、香料和醋等作料加以突出。肉、鱼、菜必须新鲜，体现菜肴的原汁原味。调料爱用橄榄油、玉米油、蒜、糖、胡椒等。

3. 制作方法变幻无穷

土耳其主要烹调方法是炖、煮、烤，肉、鱼、菜、面制作方法变幻无穷。例如，欧洲不常吃的茄子是土耳其的主菜，制作方式不下40种。

（二）土耳其特色美食

1. 卡八

在土耳其，各种烤肉料理都称作"卡八"，最有名的叫"多纳卡八"，就是回旋式烤肉的意思。还有一种俗称土耳其汉堡的"考夫特"肉饼，肉汁也香。土耳其烤肉是利用十余种调料对牛、羊、鸡等清真肉类进行浸泡腌制后，采用旋转式烤肉机电加热烤熟后从烤肉柱上一片片削下，佐以沙拉菜、配料装入特制的面饼中食用。土耳其烤肉最大特点是现场制作，可视性极强，边转边削边吃。

2. 萨拉特

土耳其是肉食者的天堂，蔬菜也鲜美，代表性的季节沙拉"萨拉特"，用的都是新鲜的蔬菜，如红薯、小黄瓜等，再淋上土耳其自产的优质橄榄油，清脆爽口；土耳其的番茄特别好吃，多汁又软硬适度，吃多少个都不腻，是土耳其的首选蔬果。

3. 派德

"派德"是土耳其人的主食，是一种面饼。有的像山东大饼一样韧劲十足；有切成丁字块、呈深褐色的碎派德；有刚出炉时膨胀得像小山，撕开后就平扁下来的膨派德；还有家庭小吃，犹如小比萨但没有乳酪的"起马勒派德"。派德是土耳其人吃梅泽、卡八的主食。

● 世界非物质文化遗产——土耳其小麦粥

2011年，土耳其小麦粥入选人类非物质文化遗产代表作名录。小麦粥是土耳其婚礼、宗教节日等重要场合不可或缺的一道传统仪式菜。小麦必须提前一天在祈祷中清洗完毕，然后放到大石臼中，随着当地传统音乐的伴奏声进行研磨。

烹饪小麦粥通常在户外进行。婚礼或节日当天，由男女共同合作将铁壳麦、肉骨块、洋葱、香料、水和油添加到锅中煮一天一夜。到第二天中午时分，村寨里最强壮的年轻人用木槌敲打小麦粥，在人群的欢呼和特殊音乐声中，小麦粥被分给人们共同享用。这种饮食与表演相结合的方式，通过教授学徒而代代相传，已经成为当地人日常生活不可缺少的一部分。

联合国教科文组织认为，土耳其小麦粥通过代代相传加强了人们对社区的归属感，强调分享的理念，有助于推动文化多样性。

第三节　亚洲烹饪

亚洲位于东半球的东北部，东临太平洋，南濒印度洋，北达北冰洋。亚洲烹饪历来以其独特深厚的文化底蕴被世人所称道。有着世界之冠称号、源远流长、内涵丰富的中国烹饪；包容性、科学性与严肃性为一体，以"东洋料理"闻名世界的日本烹饪；与宗教有着不解之缘的印度烹饪；以及近年来大力推动"韩餐世界化战略"的韩国烹饪……它们异彩纷呈，共同构筑了底蕴深厚的亚洲烹饪体系，使其在世界烹坛独树一帜。

一、日本烹饪

在古代，日本烹饪文化受中国的影响很深，曾引进众多的"华食"。1868年明治维新以后，资本主义迅速发展，烹饪文化中又充实进欧美的"洋食"的成分。到了20世纪，日本则将"华食""洋食"与大和民族的"和食"巧妙融合，形成卓尔不群的"东洋料理"。

（一）日本料理的种类

日本料理以地域可分为关东、关西料理，关东料理以东京料理为代表，口味较重些，尤以四喜饭闻名。关西料理以京都料理、大阪料理（又称浪花料理）为代表，较关东料理的影响大。原料取自濑户内海，其海产品味道鲜美肥嫩，尤以炸天妇罗著称。根据日本菜点的自身特色、形成过程、历史背景等，又可分为三类料理：本膳料理、怀石料理和会席料理。

1. 本膳料理

本膳料理起源于室町时代（约14世纪），以传统的文化、习惯为基础，是正统的日本料理体系，也是其他传统日本饮食形式与做法的范本。本膳料理一般分三菜一汤、五菜二汤、七菜三汤等形式，其中以五菜二汤最为常见。烹调时注重色、香、味的调和，也会做成一定图案以示吉利。在吃本膳料理的时候，每个人面前都要放上小桌，菜和汤鱼贯入场。古时候，本膳料理在日本上层社会中颇为流行，至江户时期，它一方面变得极为奢侈豪华，另一方面也在一般平民中通过办红白喜事而逐渐推广开来，现在本膳料理的形式越来越趋于简化了。

2. 怀石料理

在各类日本传统料理中，怀石料理的品质、价格、地位均属最高等级。怀石料理，最早是从日本京都的寺庙中传出来，有一批修行中的僧人，在戒规下清心少食，吃得十分简单清淡，但却有些饥饿难耐，于是想到将温暖的石头抱在怀中，以抵挡些许饥饿感，因此有了"怀石"的名称。后来发展为少吃一些起到"温石"的效果，演变到后来，怀石料理将最初简单清淡、追求食物原味精髓的精神传了下来，发展出一套精致讲究的用餐规矩，从器皿到摆盘都充满禅意及气氛。怀石料理讲究环境的幽静、料理的简单和雅致，最不可少的菜式为一汤三菜，汤即日本独有的酱汤，三菜即生鱼片、煮炖菜和烧烤菜。

3. 会席料理

会席料理是一种不拘泥于形式的丰盛的宴席菜式，也称宴会料理。随着日本普通市民社会活动的发展，产生了料理店，形成了会席料理。它以简化了的本膳、怀石料理为基础，也包括各种乡土料理。现在日本饭店里供应的宴席料理大多属于此类。

（二）日本烹饪的特点

1. 食材新鲜、季节性强，以海味和蔬菜为主

日本烹饪强调食材的新鲜度，什么季节要有什么季节的蔬菜和鱼。其中蔬菜以各种芋头、小

茄子、萝卜、豆角等为主。鱼类的季节性也很强，人们可以在不同的季节吃到不同种类的鲜鱼，例如春季吃鲷鱼，初夏吃松鱼，盛夏吃鳗鱼，初秋吃鲭花鱼，秋吃刀鱼，深秋吃鲑鱼，冬天吃鲥鱼和海豚。肉类以牛肉为主，其次是鸡肉和猪肉，但猪肉较少用。另外，使用蘑菇的品种比较多。

2. 注重"五色五味五法"

日本烹调注重五色（春绿、夏朱、秋白、冬玄、配黄），要求色彩和线条搭配，有"眼睛菜"之誉；注重五味（春苦、夏酸、秋滋、冬甜、调涩），要求单纯和明净；注重筵席和路，菜谱和席谱规范，如同药典一般；重五法（生、烧、炸、煮、蒸），强调用视觉与触觉去感知食物。

3. 菜品讲究拼摆与盛装

日本菜的拼摆独具一格，多喜欢摆成山、川、船、岛等形状，有高有低，层次分明。一份拼摆得法的日餐菜点，犹如一件艺术佳作。日菜的刀法和切出的形状与中餐、西餐不同。日菜的加工多采用带棱角、直线条的刀法，尽量保持食品原有的形状和色泽，同时还要根据不同的季节使用不同的原料。用不同季节的树叶、松枝或鲜花点缀，既丰富了色彩，又加强了季节感。同时，拼摆的数量一般用单数，多采用三种、五种、七种，各种菜点要摆成三角形，颜色注意红、黄、绿、白、黑协调，口味注意酸、甜、咸、辣、苦的搭配。

（三）日本特色美食

1. 寿司

寿司是日本料理中独具特色的一种食品，日本人常说"有鱼的地方就有寿司"。所谓寿司是指在拌过醋的饭内加进生鱼片及其他材料的食物。寿司的种类以制作方式来分，可分为将醋饭与生鱼片、海鲜或其他材料一起巧手捏塑而成的"握寿司"、包卷成筒形再切片的"卷寿司"、以木盒层叠压制而成的"押寿司"、以及直接将生鱼与其他材料铺于白饭上的"散寿司"。值得一提的是，制乡土寿司是日本冠婚葬祭等活动不可缺少的组成部分，它包括捏制、模具压制和散制等。日本的乡土寿司都要使用当地盛产的海产品，在家庭内制作，由于这种寿司充满乡土气息，所以被喻为"家乡的美味"。

2. 刺身

刺身是日本料理的著名菜式。刺身，就是将新鲜的鱼、贝肉或牛肉等，依照适当的刀法切成，享用时佐以酱油与山葵泥（日语音"瓦沙比"，即芥末）调和的一种生食料理。以前，日本北海道渔民在供应生鱼片时，由于去皮后的鱼片不易辨清种类，故经常会取一些鱼皮，再用竹签刺在鱼片上，以方便大家识别。这刺在鱼片上的竹签和鱼皮，当初被称作"刺身"，后来虽然不用这种方法了，但"刺身"这个叫法仍被保留下来。刺身有以下五个特点：

一是以漂亮的造型、新鲜的原料、柔嫩鲜美的口感以及带有刺激性的调味料，强烈地吸引着人们的注意力。

二是最常用的材料是鱼，而且是最新鲜的鱼。常见的有金枪鱼、鲷鱼、比目鱼、鲣鱼、三文鱼、鲈鱼、鲻鱼等海鱼；也有鲤鱼、鲫鱼等淡水鱼。在古代，鲤鱼曾经是做刺身的上品原料，而现在，刺身已经不限于鱼类原料了，像螺蛤类，包括螺肉、牡蛎肉和鲜贝，虾和蟹，海参和海胆，章鱼、鱿鱼、墨鱼、鲸鱼，还有鸡肉、鹿肉和马肉，都可以成为制作刺身的原料。在日本，吃刺身还讲究季节性。春吃北极贝、象拔蚌、海胆（春至夏初）；夏吃鱿鱼、鲫鱼、池鱼、鲣鱼、池鱼王、剑鱼（夏末秋初）、三文鱼（夏至冬初）；秋吃花鲢（秋及冬季）、鲣鱼；冬吃八爪鱼、赤贝、带子、甜虾、鲫鱼、章红鱼、油甘鱼、金枪鱼、剑鱼（有些鱼我们国家还没有）。

三是刺身的作料主要有酱油、山葵泥或山葵膏（浅绿色，类似芥末），还有醋、姜末、萝卜泥和酒（一种"煎酒"）。在食用动物性原料刺身时，前两者是必备的，其余则可视地区不同以及各人的爱好加以增减。酒和醋在古代几乎是必需的，有的地方在食用鲣鱼时使用一种调入芥末或芥子泥的酱油。在食用鲤鱼、鲫鱼、鲇鱼时放入芥子泥、醋和日本黄酱（味噌），甚至还有辣椒末。

四是刺身的器皿用浅盘，漆器、瓷器、竹编或陶器均可，形状有方形、圆形、船形、五角形、仿古形等。刺身造型多以山、川、船、岛为图案，并以三、五、七单数摆列。根据器皿质地形状的不同，以及批切、摆放的不同形式，可以有不同的命名。讲究的，要求一菜一器，甚至按季节和菜式的变化去选用盛器。

五是刺身并不一定都是完全的生食，有些刺身料理也需要稍作加热处理，例如蒸煮：大型的海螃蟹就取此法；炭火烘烤：将鲔鱼腹肉经炭火略为烘烤（鱼腹油脂经过烘烤而散发出香味），再浸入冰中，取出切片而成；热水浸烫：生鲜鱼肉以热水略烫以后，浸入冰水中急速冷却，取出切片，即会表面熟、内部生，这样的口感与味道，自然是另一种感觉。

日本的刺身料理，通常出现在套餐中或是桌菜里，同时也可以作为下酒菜、配菜或是单点的特色菜。在中餐里，一般可视为冷菜的一部分，因此上菜时可与冷菜一起上桌。因为原料是生的，外形很好看，故饭店一般都会在冷菜的边上单独划出一间玻璃房，以让厨师在里面现场批切装盘制作，这也成了许多中餐馆的一道风景线。

3. 天妇罗

天妇罗是在油炸前先调味、挂糊，然后用油炸熟，并可以直接食用的油炸食品。先用面粉、鸡蛋与水和成浆，将新鲜的鱼虾和时令蔬菜裹上浆放入油锅炸成金黄色，吃时蘸酱油和萝卜泥调成的汁，鲜嫩美味，香而不腻。

知识链接

● 日本"和食"正式列入世界非物质文化遗产名录

据日本《每日新闻》报道，联合国教科文组织2013年12月4日宣布"和食——日本人的传统饮食文化"正式列入联合国非物质文化遗产名录。这是日本第22项被列入非物质文化遗产的项目。

日本政府提出和食申遗的理念是，"和食"体现了日本人"尊重自然"的精神，是与饮食相关的"社会习俗"。具体内容是：日本料理保持食材的新鲜和原味，注重多样性；追求营养均衡，是健康的饮食方式；体现了自然之美以及节气的变化；并且与传统节日活动紧密相关；作为饮食文化体现了日本特有的价值观、生活方式以及社会传统等。

日本政府2013年3月向联合国教科文组织提出推荐，2013年10月联合国教科文组织的辅助机构通过了前期审查。

"非物质文化遗产"包括艺术技能、节日、传统工艺等，与"世界遗产"与"世界记忆遗产"并称为世界三大遗产项目。目前已经被收录的与饮食相关的"非物质文化遗产"有法国料理、地中海料理、墨西哥传统料理以及土耳其小麦粥。但在申请中，都不是以单纯的"料理"，而是与当地的传统风俗习惯等相结合进行评估的。

二、韩国烹饪

韩国位于朝鲜半岛南部，北部与朝鲜接壤，东部濒临东海，与日本隔海相望。韩国人的祖先本来是活跃在中亚的游牧民族，后来他们渐渐向东迁移，最后定居于东北亚和韩半岛。中国古代把他们称为东夷貊族，由于他们是游牧民族，所以长久以来形成了消费家畜肉类的饮食文化。大约1000多年前，新罗和百济在韩半岛兴起，由于新罗和百济把佛教奉为国教，所以在他们统一的很长一段时间内食肉被禁止，食肉文化也渐渐的销声匿迹。后来到了高丽时期，虽然佛教依旧盛行，但随着游牧民族蒙古的侵入，吃肉的风俗又恢复了，韩国古老的烤肉文化也自然的再次复活。和蒙古的关系建立后，在当时的首都开城，出现了一种称作雪下觅的饮食，也就是今天的烤牛肉片。后来发明了一种即时烤肉的特殊装置，即在饼铛上钻洞，用饼铛下面的火来烤肉。朝鲜时代，奠定了儒家文化的统治地位，以孝为根本侍奉祖先，注重家长制的饮食生活，形成了像现在一样的韩国传统的饮食生活体系。从此可知，韩国的烹饪是自然背景与社会、文化环境相融合发展起来的。

近年来，韩国大力推动"韩餐世界化战略"，以推动韩餐跻身世界五大料理（中国料理、法国料理、意大利料理、日本料理和泰国料理）之列。2013年，韩国越冬泡菜文化入选联合国教科文组织人类非物质文化遗产。韩国烹饪在其漫长的发展过程中，形成了自己固有的民族特色。

（一）韩国烹饪特点

1. 善于使用各种调料

在药食同源的饮食观念下，韩国人将生姜、桂皮、艾蒿、五味子、枸杞子、沙参、桔梗、木瓜、石榴、柚子、人参等药材广泛用于饮食的烹调上。因此有参鸡汤、艾糕、沙参凉拌菜等各种食物，也有生姜茶、人参茶、木瓜茶、柚子茶、枸杞子茶、决明子茶等多种饮料。调料和香料在韩国也称为药念。韩国菜中使用的基本调料有盐、酱油、辣椒酱、黄酱、醋和糖等，人们一直认为葱、蒜、生姜、辣椒、香油、芝麻、芥末、胡椒等香料有着药性，所以经常使用。韩国菜与其他国家的饮食菜肴相比，烹制任何一道菜都至少要放五六种作料，因而颇具特色。大蒜、辣椒是不可缺少的调味品，还加入其他香辛佐料。佐料在韩国用汉字记作"药念"，即蕴含着"配上各种佐料的菜肴，就像补药一样有益健康"之意。"辣"是韩国料理的主要口味，韩国菜入口醇香，辣味后劲十足，会让你着实地把汗出透。

2. 烹调方法多以烧烤为主

韩国饮食的烹调方法多以烧烤为主，口味比较清淡，少油腻，蔬菜以生食为主，用凉拌的方式做成。韩国料理中各式各样的小菜也很特别，味辣、微酸、不咸，如泡菜、酸黄瓜、麻辣桔梗、酱腌小青椒和紫苏叶……配上以肉为主的烧烤，倒是荤素相济，相得益彰。韩国人还离不开辣酱，泡菜里有，烤肉上有，面条里有，海鲜上有，生菜黄瓜蘸辣酱就是一道菜。煎饼是把蘑菇、角瓜、明太鱼、海蛎子、青椒、腌渍过的肉等，放入面粉和鸡蛋搅拌后，煎制成的类似煎糕的食品，吃时可配酱汁、小菜，既是主食又可下酒。

3. 善于制汤

汤是韩国人饮食中的重要组成部分，是就餐时所不可缺少的，种类很多，主要有大酱汤、狗肉汤等。韩国人习惯吃饭时先喝口汤或先将汤匙放汤里蘸一下，称"蘸调匙"，韩食中的汤用蔬菜、山菜、鱼肉、大酱、咸盐、味素等各种材料制作。用酱油调咸淡的称清汤，用大酱调咸淡的称大酱汤；先清炖，然后再调咸淡的称清炖汤。

（二）韩国特色美食

1. 冷面

冷面是韩国特有的食物，韩国冷面主要有"带汤冷面"和"干拌冷面"两种。"面"有以荞麦为原料制成的平壤式冷面，也有以马铃薯为原料制成的咸兴式冷面。面上加的配料大多以肉类、生鱼片、蔬菜或水煮蛋为主。带汤的冷面是将面泡在放凉的牛肉清汤里，放入切得很薄的牛肉和腌制的青菜一起食用；干拌冷面是放一些腌制的青菜和很辣的辣椒酱一起跟面凉拌着吃。

2. 拌饭

韩国拌饭是韩国料理中的又一特色，其中"石锅拌饭"是韩国独有的食谱。"石锅拌饭"是把黄豆芽等蔬菜、肉类、鸡蛋（生鸡蛋）和各种佐料放在白米饭上，然后盛在滚烫的石锅内，再加上韩国辣椒酱，搅拌后食用，其不但味道鲜美，而且形式独特，由于石锅很烫，锅底会留下一层锅巴，因为有多种材料的混合，锅巴更是好吃无比。

3. 米糕

糯米糕在韩国传统饮食中可称得上是节日食品的台柱子，吃米糕在韩国几乎是和吃谷物的历史一样长。韩国人在生日、回家、孩子的百天和周岁、结婚、祭祀，制造糕饼祈求平安。春节或中秋节等节日也制作节日糕饼，节日送礼不能缺了米糕，尤其送娘家礼中不能缺，据说米糕里还含有诚心、爱心和孝心的含义。搬家的时候，还有做米糕分给邻居的习俗。

4. 韩国烧烤

韩国烧烤主要以牛肉为主，牛里脊、牛排、牛舌、牛腰，还有海鲜、生鱼片等都是韩国烧烤的美味，尤以烤牛里脊和烤牛排最有名。韩国烧烤分两种烤法：一种是将事先煨好的肉放在铁条钉成的平板上，下面用柴烤；一种是在厚铁锅里煎。不管何种方式，肉料都会事先抹上油。刷油是为了在烤制时肉与烤盘不会粘连。最后加些葱丝，蘸些麻油和韩国酱料，再用生菜将熟肉包起来吃，味道醇香扑鼻，肉质鲜美爽嫩。

知识链接

● 韩国越冬泡菜

越冬泡菜文化，又称腌制越冬泡菜文化，是韩国传统饮食文化。韩国政府于2013年3月正式向联合国教科文组织提出了"越冬泡菜文化"人类非物质文化遗产的申请。2013年12月5日，联合国教科文组织保护非物质文化遗产政府间委员会第八次会议在阿塞拜疆巴库通过决议，正式将韩国"腌制越冬泡菜文化"列入教科文组织人类非物质文化遗产名录。

"韩国人腌制越冬泡菜的文化代代相传，发扬了邻里共享的精神，增强了人与人之间的纽带感、认同感和归属感。腌制越冬泡菜文化被列入非物质文化遗产名录后，韩国国内外具有类似饮食习惯的群体之间的对话将更为活跃。"联合国教科文组织在宣布评选结果时给出了这样的评论。

泡菜看起来不起眼，但在入选世界非物质文化遗产的"食文化"中，却是将共享性和全民性体现得最为彻底的一项。泡菜是韩国家庭餐桌上必备的菜肴，国民对泡菜的喜爱几乎到了迷恋的地步。在"泡菜王国"韩国，有超过300种泡菜，其中最常见的是辣白菜泡菜、白菜块泡菜与萝卜块泡菜。韩国泡菜的制作方法各不相同，每家每户都会添加不同的调料与辅助食材。因此，对韩国人来讲，泡菜有"妈妈的味道"。

韩国文化财厅强调，腌制越冬泡菜是韩国全体国民在日常生活中共同传承的文化，几乎所有韩国家庭都会在入冬时腌制大量泡菜，供整个冬天食用。腌制泡菜流程复杂，择菜、洗菜、切菜都需要人手，在腌制泡菜时，邻里间相互帮忙、合作完成，从而形成了互助、交流与分享的文化氛围。

三、泰国烹饪

泰国位于东南亚中南半岛中部，它的西部与北部和缅甸和安达曼海接壤，东北边是老挝，东南是柬埔寨，南边狭长的半岛与马来西亚相连。泰国是临海的热带国家，土地肥沃，不仅栽种出丰富的稻米和蔬菜，更孕育出品种繁多的水果，因三面环海，海鲜产品丰富，为世界第一产虾大国，海味成为泰餐一大特色。

自17世纪以来，烹饪方法一直受到葡萄牙、荷兰、法国的影响。在17世纪后期，葡萄牙传教士在南美洲习惯了红辣椒的味道，于是在泰国菜中引入了红辣椒。但泰国对外来烹饪文化的吸收不是全盘照搬，而是采取"变通"的办法为我所用。例如，用椰浆代替奶，用香茅草、南姜等代替刺激性或味道偏重的调料。

（一）泰国烹饪的特点

1. 使用海鲜、蔬菜较多

泰国是一个临海的热带国家，绿色蔬菜、海鲜、水果极其丰富。因此泰国菜用料主要以海鲜（鱼、虾、蟹）、水果、蔬菜为主。

2. 调料独特

泰国菜的特点是酸辣，开胃，其调料很独特，有很多调料是东南亚甚至是泰国特有的。最常用的调料有泰国朝天椒、泰国柠檬、咖喱酱、柠檬草、虾酱、鱼酱、柠檬叶、香茅草等。泰国朝天椒是一种虽小但极辣的辣椒；泰国柠檬是一种东南亚特有的调味水果，味道和个体都有别于美国柠檬口味的略甜，而泰国柠檬个小、味酸、香味浓郁，往往使闻过它香味的人终生难忘，它主要用来做泰国菜的调料，泰国人几乎在每一道菜都会挤上柠檬汁，使每一道菜都散发出浓郁的水果清香，带有典型的东南亚味道；鱼露是一种典型的泰国南部调料，是像酱油一样的调味品，用一些小鱼、小虾发酵而成；咖喱酱是以椰乳作为基本调味料。泰国文化深受印度和中国文化的影响，有人说泰国文化的父亲是印度，从泰国菜中咖喱酱的影响便可以感受到。

3. 三种主要烹饪技法

由于深受中国、印度、印度尼西亚、马来西亚，甚至远至葡萄牙的厨艺影响，泰国菜的做法独树一帜，吃起来别有风味。主要有以下三种。

炒：用新鲜的蔬菜，佐以泰式调料，可以炒出一道道口感极其新鲜的炒菜。主要代表作有米粉（用虾、猪肉、蛋及甜酸酱合炒的米粉）、泰国咖喱鸡、椰汁鸡（鸡汁加柠檬与椰奶）、辣牛肉沙拉。

"YAM"：一种泰式菜的做法，目前找不出可替代的中文翻译，做法有点像做汤，又有点像做凉拌菜。什么东西都可以做成"YAM"。泰国地处热带，因此孕育了不少有名的"YAM"，比较著名的是一种叫做"SOMYAM"的辣味木瓜沙拉，这种沙拉综合了木瓜丝、虾米、柠檬汁、鱼酱、大蒜和随意掺杂的碎辣椒。

炖：泰国炎热的天气，孕育了丰富的汤文化。最有名的是味道鲜美、酸辣刺激的泰国柠檬虾汤（冬阴功汤）。

（二）泰国特色美食

1. 冬阴功汤

冬阴功汤（TOMYAMKUNG）是最著名的泰国菜之一，即是酸辣虾汤。汤的材料包括甘草、柠檬、冬葱、胡椒、鱼露等，再配上各种海鲜，味道酸、辣、醇、鲜，令人胃口大开，回味无穷。

2. 咖喱饭

泰国民族风味"咖喱饭"是用大米，肉片（或鱼片）和青菜调以辣酱油做成的。

3. 虾头油炒饭

是炒饭中的极品，选用肥美的大头虾拆肉，虾头的虾膏带着精华的虾油包裹着松软的米粒，就连饭都带上了虾的鲜味。

四、印度烹饪

印度位于亚洲南部，是个民族、宗教众多、文化各异的国家，是"世界上保存最完好的人种、宗教、语言博物馆"。印度的烹饪在世界上独具特色，也许没有一个国家的烹饪像印度那样，具有如此明显的宗教色彩，如此深刻的文化意蕴。

印度集中了世界上最多的宗教，其中对印度烹饪影响最大的是印度教和伊斯兰教。外来文化带来了不同的烹饪风格。随着时间的推移，当地传统的饮食文化和移民带入的饮食文化，在保持各自特征的情况下，通过相互交融，达到了相得益彰的效果。尽管各个地方都有自己的饮食特色，但由于受印度教的影响，印度大多数人是素食主义者。虽然也有不少印度教徒吃肉，但烹饪素食菜肴才是他们的拿手戏。这通过印度人对豆类，蔬菜，腌菜，酸辣调味品花样繁多的烹调技巧以及酸奶的多种制作方法上得到了充分的体现。

印度穆斯林的烹饪传统是在16世纪莫卧尔帝国建立后发展起来的。在以后的200年间，莫卧尔食品日臻完美。现今印度的穆斯林仍保持着吃莫卧尔饭（印度炒饭）的传统。

（一）印度烹饪特点

1. 食材选择比较单一

印度人在食材的选择上，通常只是鸡肉、羊肉、海鲜和各类蔬菜。蔬菜主要有花菜、圆白菜、西红柿、黄瓜、豆角、土豆、洋葱、冬瓜等。特别爱吃土豆（马铃薯），认为是菜中佳品，不吃菇类、笋类及木耳。

由于宗教的原因，虔诚的印度教徒绝对不吃牛肉，因为他们把牛奉为神牛。穆斯林不吃猪肉，但食牛肉。在印度，由于印度教徒占人口的多数（82%），牛肉成为禁忌。印度教徒和穆斯林都吃羊肉。虔诚的印度教徒和佛教徒是素食主义者，不沾荤腥，耆那教徒更是严格食素，连鸡蛋也不吃，但可以喝牛奶，吃乳酪和黄油。印度的素食者大约占人口的一半，因此可以毫不夸张地说，印度是素食王国，素食文化是印度烹饪中最基本的特色之一。

2. 调料使用多，咖喱是主角

印度菜所放调料之多，恐怕是世界之最，每道菜都不下10种。如咖喱、辣椒、黑胡椒、豆蔻、丁香、生姜、大蒜、茴香、肉桂等，其中用得最普遍、最多的还是咖喱粉。印度烹饪也可以称为咖喱文化，印度人对咖喱粉可谓情有独钟，几乎每道菜都用，每个经营印度饭菜的餐馆都飘着一股咖喱味。印度咖喱可分重味和淡味两种，黄咖喱、红咖喱和玛莎拉咖喱属重味，绿咖喱、白咖喱属淡味。一般来说，白咖喱与羊肉、绿咖喱与豆腐、玛莎拉咖喱与海鲜、黄咖喱与羊骨、红咖喱与鸡是比较好的搭配。

3. 讲究原汁入味，嗜好酸辣

烹调方法以烧、煮、烩、炸、炒为常见，在口味上嗜好酸辣，成菜汤宽，重油重色。

印度菜的制作非常讲究原汁入味，燉杜里鸡的做法是把鸡腿、鸡块蘸满香料，放在炉子里用炭火烧烤而成，出炉时味鲜肉嫩，十分可口；咖喱羊肉，先以蒜头和芥子油将羊肉嫩煎后再煮，混入豆蔻及乳酪，使羊肉味道浓郁；"咖喱鱼头"由新鲜的鱼头在咖喱、香料、柠檬草、椰奶、辣椒等汤里炖煮，肉汤俱鲜；玛莎拉大虾则是把鲜虾用黄姜粉以及玛莎拉咖喱腌制除腥，再加入香料爆香快炒，沥汁后起锅，肉质弹性特佳。印度盛菜的器具多为芭蕉叶、香蕉叶等植物叶子，很漂亮。红酒和啤酒是吃印度菜的上佳选择，这两种酒都比较清口，与味道浓烈的印度菜刚好搭配。

（二）印度特色美食

1. 印度飞饼

"印度飞饼"是享誉印度的一道名小吃，在印度称之为"加巴地"，更应称作是一件绝妙的手工艺品。它是用调和好的面团在空中用"飞"的绝技做成，外层金黄酥脆，内层柔软白嫩，具有美味可口、浓郁香酥的特点。

2. 燉杜里鸡

印度最驰名的一道菜是"燉杜里鸡"，其名声犹如北京烤鸭。做法是把鸡腿、鸡块蘸满香料，放在炉子里用炭火烧烤而成。炉炭火烹调法是印度特有的烹饪方式，烤鸡出炉时味鲜肉嫩，十分可口。

五、越南烹饪

越南位于中南半岛的东部，由于古代受中国文化影响加上受法国殖民多年，在烹饪上融入了中西方各自的精华，在长期发展、演变和积累的过程中又形成了自己的风格和特色。

（一）越南烹饪特点

1. 以植物性食物为主

越南盛产大米，人们日常的主食是粳米，有的民族以食糯米为主（如傣族）。副食品有各种蔬菜、肉、禽、蛋、鱼等。肉所占的比重很小，猪肉、牛肉、鱼肉和鸡肉是主要肉食原料。对越南人来说，蔬菜和水果是生活中不可缺少，天天都要吃的东西。越南蔬菜和水果极为丰富，多种多样，一年四季不断。

2. 喜欢青菜生吃

越南人爱将鲜绿欲滴的各种青菜生吃，这是越南的传统吃法。青菜主要有洗净的空心菜、生菜、绿豆芽，还有各种香菜，如芫荽、薄荷等。生吃的青菜要蘸作料，主要是鱼露、酸醋和鲜柠檬汁。越南地处热带，气候炎热，青菜生吃有生津降火的作用，且有助于消化和营养吸收。

3. 烹调方法简单

越南烹调方法以蒸煮、烧烤、焗焖、凉拌为主，热油锅炒较少。越南盛行以生菜包裹油炸及烧烤的食物，他们认为这样能中和燥热，吃起来也非常清淡爽口。油炸或烧烤菜肴，多会配上新鲜生菜、薄荷菜、九层塔（罗勒）、小黄瓜等可生吃的菜一同食用，以达到"去油下火"的功效。菜肴以生酸辣和清淡为特色，重清爽、原味，只放少许香料，鱼露、香花菜和青柠檬等是其中必不可少的作料。

4. 调料特殊

越南菜非常注重色、香、味，鱼露、葱油、炸干葱和花生碎粒是烹调时用于调香的四大金刚。鱼露的鲜香、葱油的浓香、炸干葱的焦香和花生碎粒的清香为越南菜增色不少。而香料的使用更是越南菜的重中之重，与印度香料最大的区别在于，越南的香料都是用新鲜的植物来做的。香茅，是越南菜里最常用到的一种调味的作料，带有一股浓郁的花香；柠檬草、罗勒、薄荷、芹菜给越南菜增色不少；洋葱、青葱、欧芹又为越南菜带来异国情调。

（二）越南特色美食

1. 春卷

越南春卷是一款地道的越南民间小食，它是用米纸包裹木耳、粉丝、猪肉、虾米、芋头等各种馅料，用油炸过，色泽金黄，入口极其松脆。上菜时：小碟里是蘸料鱼露，小盘中装炸得金黄酥脆的春卷，小篮子里装的是生菜叶和薄荷叶。吃的时候用生菜加香花菜卷包炸好的春卷再蘸上鱼露，入口后满口的薄荷香气和鱼露的清鲜及酸辣，只一口就可降服味蕾。

2. 蒸粉包扎肉

在中式料理中，经常会以薄面皮包肉类、蔬菜等。越南是用米做成的皮，来包肉类、海鲜、蔬菜等。扎肉是在法国香肠的启发之下土洋结合的产物，用香蕉叶把调好味道的猪肉碎扎起来蒸熟即可。这道菜是用"米皮"包裹木耳、粉丝、猪肉、虾肉、芋头等，外观微微透明，隐约可见其中丰富的馅料；清爽不油腻，不但色香味兼备，而且手艺细致精巧，颇具文化色彩。

3. 牛河粉

越南河粉是越南出了名的庶民料理。牛河粉的做法是，以牛腩、牛骨、花椒、八角、香茅、香叶、白胡椒粒等煲出牛肉清汤。在牛骨汤底里加入生熟牛肉、牛筋丸、牛柏叶、河粉等，上桌时还会附上番芫茜、金不换、芽菜、辣椒、青柠、辣椒酱、海鲜酱等配料。吃牛河粉前先喝一口汤，感受一下汤底的原味。再将配料芽菜、金不换及番芫荽掐断放进汤内，挤点青柠檬汁后，味道才得以散发出来。辣椒酱和海鲜酱，是用来蘸牛肉吃的。牛肉嫩滑，河粉细腻，汤清开胃。

4. 越式蔗虾

在越南扬名已久，它的做法是用新鲜的虾肉剁碎后加调料搅成胶状，裹在去了皮的甘蔗外面，然后放在炭火上烤熟。外皮金黄酥脆，虾肉鲜嫩，同时又吸取了甘蔗的清甜，吃起来别有一番滋味。此菜的正宗食法是：上碟后抽出甘蔗，将虾肉连同小黄瓜、番茄包裹在生菜里，蘸自调的鱼露或酸辣酱吃，既香口又不腻，最后将甘蔗咀嚼吮汁以降火。

5. 越式酸辣汤

以鲜鱼为汤底，加入虾膏、蟹膏，再配以番茄、菠萝、越南酸梅、辣椒加以清炖，再加入酸菜叶、芫茜叶增香，最后洒上少许法国红酒，味道酸甜醒胃，鲜香无比，除了当汤喝外，也可泡米粉或饭来吃。

第四节　美洲烹饪

美洲位于西半球，东临太平洋，西濒大西洋，西北隔白令海峡与非洲相望，东北隔丹麦海峡遥望欧洲，南隔德雷克海峡与南极洲相望。从地理上可分为南、北两个大陆。从人文与政治上来区分，习惯上分为包括了美国、加拿大两国的北美洲，以及包含了中美洲与南美洲的拉丁美洲。

美洲烹饪就是一个大熔炉。从阿根廷的潘帕斯大草原到美国平原，本土的配料和菜肴都已经被移民进行了改进。其中，以美国为代表的特色烹饪遍及美洲大陆，尤其是席卷世界的肯德基炸鸡，已在全世界形成了独特的快餐文化，虽然关于其健康的是与非还没有一个最终的定论，但它快捷、便利的美食理念却深入人心。还有菜肴口味很重的墨西哥烹饪，以及以烤肉的芳华征服了全世界胃口的巴西烹饪等。可以说，极具特色的美洲烹饪正在随着世界一体化的进程一道影响着世界烹饪的总格局。

一、美国烹饪

美国烹饪技术，与意大利和法国相比，虽然历史并不长，但风格独特。美国烹饪之所以能在西方饮食中占有一席之地，与美国独特的地理气候和人文风俗有密切关系。

美国位于北美洲南部，东临大西洋，西濒太平洋，北接加拿大，南靠墨西哥及墨西哥湾。土地辽阔，充沛的雨量，肥沃的土壤，众多的河流湖泊，是美国烹饪形成与发展的物质基础。除此之外，美国烹饪的形成与发展，还得益于美国是一个典型的移民国家。自从哥伦布1492年发现美洲大陆后，欧洲的一些国家就开始不断向北美移民，在此开拓殖民地。在开发当地经济的同时，他们也把原居住地的生活习惯、烹调技艺等带到了美国，所以美国菜可称得上是东西交汇、南北合流。但由于其中大部分居民都是英国人，且到了17世纪和18世纪后期，美国受英国统治，所以英式文化在这里占统治地位。现在，大部分的美国人是英国移民的后裔，美国烹饪也主要是在英国烹饪的基础上发展而来的，另外又融合了印第安人及法、意、德等国家的烹饪精华，兼收并蓄，形成了自己的独特风格。

（一）美国烹饪的特点

1. 用料朴实，工艺快捷

美国烹饪用料朴实、简单，口味清淡，突出自然，在烹调方法上，以拌、煮、蒸、烤、铁扒等为主。在调味上，美国沙司的种类比法国要少得多。快餐在美国十分普及，其中有以麦当劳为代表的汉堡包餐厅、以肯德基为代表的炸鸡餐厅，此外还有出售比萨、三明治和热狗的快餐店。供应的快餐食品有汉堡包、烤牛肉、煎牛排、火腿、三明治、肯德基、面包、热狗、油炸土豆片、烘馅饼等。

2. 菜点风格多样，融会贯通

美国是个开放的国度，其烹饪也呈现多元化态势，有的来源于法国，比如普罗旺斯式鸡沙拉，这道菜，吸收了法国普罗旺斯地区善于使用香料的特点，但以美国人最喜爱的生拌形式（即沙拉）表现出来；而秋葵浓汤，是移居于美国路易斯安那州的法国移民所创造，如今，已经成为美国著名汤菜之一了；脆皮奶酪通心粉，主要原料和做法来源于意大利，而奶酪却使用了产于美国的切德奶酪。此外，其他国家移民带来的各种烹调方法，也被移植而最终成为美国菜肴的一员。印度人发明的咖喱粉，在美国烹饪中被制作成咖喱烤鸡；西班牙人最为拿手的米饭做法，也被美国烹饪吸收，制作出了葡萄干米饭、蘑菇烩饭、什锦炒米饭等；还有受到南美影响而创造出了各种辣味菜式，如辣味烤肉饼、辣椒牛肉酱、炖辣味蚕豆等。

在沙拉的烹调和使用上，突破了欧洲烹饪中沙拉多在宴席中做辅助角色的传统，而将沙拉大胆地使用在各种场合，作为开胃菜、甜菜、辅助菜甚至主菜。在这种开放思维的引导下，美国为世界创造出了五彩缤纷的各式沙拉菜肴，其中不乏经典之作。例如由美国著名大饭店华尔道夫酒店（Waldorf hotel）创造的华尔道夫沙拉以及因美国著名女演员乔治·亚理斯（George arliss）曾在演出中成功扮演了绿色女神而命名的绿色女神沙拉等。

3. 注重营养

饮食不当容易引起各种慢性疾病，近年，人们越来越注重自身的健康。美国烹饪适应着这种趋势，在烹调中大量使用果品和蔬菜，尤其是新鲜水果，以达到更多的摄取维生素等营养素的目的。以苹果为例，用苹果创作的美国特色菜肴，就有二三十种之多，例如苹果炖鸡、苹果泥、苹果蛋糕、苹果饺子、炸苹果片、苹果霜、烤苹果、糖粉苹果条、苹果千层酥、苹果馅饼、糖蜜苹果馅饼、苹果沙司等。同时，今天的美国菜还推崇选择低糖、低脂肪的原料。

（二）美国特色美食

1. 肯塔基炸鸡

一位名叫哈伦·桑德斯的美国人，原在肯塔基州开设了一家"可宾餐馆"。1955年，因一条新建高速公路正好要越经餐馆所在地，餐馆只得被拆除，于是这位已65岁的老板只能暂在近邻公路边的一辆破旧卡车内栖身，并依靠每月105美元的社会保险金过日子。由于桑德斯有一手烧菜的好本领，后来他想出一个主意：到其他许多家餐馆去传授用他独特配料烧炸鸡的技艺。从此时开始，他把这种日后被人誉为"吃了不肯放手"的美味佳肴定名"肯塔基炸鸡"。

以炸鸡为主配套的快餐一经推出便风靡全国。后来桑德斯则因年事已高，乃决定以200万美元外加优厚年俸为条件将"肯塔基炸鸡"的名称与快餐经营权全部转让给他人，现在该炸鸡已席卷全世界，形成了连锁的肯德基快餐店，迷倒了无数的炸鸡爱好者。

2. 布法罗鸡翅

布法罗鸡翅的发源地是纽约布法罗的锚酒吧（Anchor Bar）。这家酒吧于1935年开业，地处商业区的边缘，由弗兰克（Frank）和特蕾莎（Teresa）开创经营。然而，直到1964年10月的一个星期五晚上，特蕾莎第一次将酒吧里的辣点心混了一起，沮丧中，她抓起一些存储着的鸡翅，把它们剁成更方便拿着吃的两半，然后将它们扔进锅里炸一下，最后再在上面涂上黄油胡椒汁。这种味道浓郁的调味汁正好可以在午夜唤醒人们的味觉。

3. 烤火鸡

在美国，每年11月的最后一个星期四是感恩节。感恩节是美国人民独创的一个古老节日，也是美国人合家欢聚的日子。感恩节的晚宴，是美国人最重视的一餐。上至总统，下至庶民，火鸡是必备的"珍品"。因此，感恩节也被称为"火鸡节"。烤火鸡是感恩节的传统主菜，通常是把火鸡肚子里塞上各种调料和拌好的食品，然后整只烤出，由主人用刀切成薄片分给大家。

4. 阿拉斯加鳕鱼柳

阿拉斯加鳕鱼含有丰富的优质蛋白质和多不饱和脂肪酸，是理想的高蛋白、低胆固醇食品。它们以新鲜、味美和高品质而闻名于世，得到世界各国美食家的青睐。将鳕鱼切成块状，然后用调料和其他作料涂抹在鳕鱼块上，放入锅内炸至色泽金黄即可食用。

二、墨西哥烹饪

墨西哥的烹饪源远流长，有着4000年的历史。当1519年西班牙殖民者首次到达墨西哥时，他们发现了一个奇特而灿烂的世界，而最不寻常的是印第安人的食物。阿兹特克的妇女奉献出香喷喷的玉米薄饼，首都特诺奇蒂特兰（今墨西哥城）居民擅长烹制各种野味，常以龟、蛇、野鸡、斑鸠、鹌鹑、蜥蜴、松鼠等入菜。在阿兹特克国王宫廷里可见到当时世界最讲究的烹饪之一。

由于西班牙统治墨西哥长达300多年，所以墨西哥的烹饪技术也受到西班牙、葡萄牙、法国等欧洲国家烹饪的影响。可以说，现代墨西哥烹饪是印第安烹饪与以西班牙为主的欧洲烹饪的融合，但前者的成分大于后者。

（一）墨西哥烹饪特点

1. 食材以玉米、辣椒和豆类为主

玉米是墨西哥人的面包，把玉米比作墨西哥文化的精髓一点不过分。玉米是墨西哥人的先民印第安人培育出来的，墨西哥国宴也是一盘盘玉米美食，包括面包、饼干、冰淇淋、糖、酒，一律以玉米为主料制成，令人大开眼界。至今用玉米做成的美食还是墨西哥人领先，人们可以用玉米制作出各种各样的食物。

除了玉米，墨西哥人每顿还离不开辣椒，辣椒成了墨西哥人不可缺少的食品。墨西哥盛产辣椒，出产的辣椒估计有过百款之多，颜色由火红到深褐色，各不相同；至于辛辣度方面，体形越细，辣度越高，选择时可以此为标准。正宗的墨西哥菜，材料多以辣椒和番茄主打，味道有甜、辣和酸等，而酱汁九成以上是辣椒和番茄调制而成。墨西哥人爱把番茄、香菜、洋葱和辣椒切成碎块，卷在玉米饼里吃，甚至在吃水果时也要撒上辣椒粉。

和玉米一样，豆类食品也是墨西哥饮食中很重要的原料。墨西哥人很喜欢吃豆子，也发明了许多豆类食品的做法，比如辣豆烧牛肉、凉拌青豆等。另外，墨西哥有仙人掌国的美称，当地人喜食仙人掌，他们把它与菠萝、西瓜并列，当做一种水果食用，并用它配制成各种家常菜肴。

2. 有特色的酱料

墨西哥菜式以辣闻名，食物的烹调方法以烤、烧为主，而酱料的配搭更是烹调墨西哥菜中重要的一环。酱料是墨西哥美食里最有特色的，多是用墨西哥特有的热带雨林里的各色蔬果做成的。其中鳄梨酱比较特殊，是由鳄梨加上100多种原料混制而成的。墨西哥人更喜欢把辣椒和各种蔬菜一起制成酱料。墨西哥最著名的酱料，也是当地人最爱吃的有两种——萨尔萨和莫莱酱料。

（二）墨西哥特色美食

1. 墨西哥托底拉汤

托底拉汤是墨西哥很传统地道的汤，喝上一口，极其浓烈的酸味和大蒜味会让人倍感刺激，味道浓香萦绕于舌。食材有洋葱、番茄、大蒜、墨西哥碎薄片、玉米粒、牛油果。其做法是鸡汤加番茄、洋葱、大蒜、墨西哥碎薄片一起煲熟后，出汤底，食用时，先在空碗里放入墨西哥碎薄片和玉米粒，再将汤倒入，最后加入牛油果。

2. Taco饼（墨西哥玉米饼）

数百年来，玉米一直是墨西哥食品中的主角。而以玉米为原料制成的Taco饼也是墨西哥最基本、也最有特色的食品。这是一种用玉米煎制的薄饼，煎好后形成一种荷包状，硬硬的，脆脆的，

吃的时候，顾客可根据自己的喜好加入炭烤的鸡肉条或是牛肉酱，然后再加入番茄、生菜丝、玉米饼起司等配料，看上去颜色格外丰富，就好似一件艺术品一般。包好以后，放入嘴中一咬，外面脆生生的，而里面却有香、辣、酸、甜各味俱全，刚柔相济、多味混杂，真叫人"爱不释口"。

3. 香辣牛扒

通常在餐馆里吃的牛扒，多数人是不加任何调料的，有时顶多加一点盐。不过墨西哥的牛扒却不一样，你可以看见它是先用辣椒、盐等调料腌制好的，煎好后，即使不浇汁也非常够味。值得一提的是，人们通常认为新西兰的牛肉是上品，其实墨西哥的牛肉与新西兰的牛肉也不相上下，滑嫩清香。

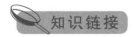

● 传统墨西哥饮食：链条彰显全民共享性

"传统墨西哥饮食是一种文化模式，包含农业、仪式、古老技艺、烹饪技术以及自古传承下来的习俗和礼仪。囊括从种植、丰收到制作、享用的过程，整个链条彰显了传统饮食的全民共享性。"联合国教科文组织如此描述了墨西哥传统饮食。2010年，墨西哥传统饮食与法国大餐一同进入代表作名录。

墨西哥以玉米、豆类和辣椒为主要食材的饮食世界闻名，其古老的烹饪方法和与饮食相关的传统习俗同样独具特色。蒙特雷的烤山羊肉、瓦哈卡的特拉尤达、米却肯的碎肉、普埃布拉的莫雷酱、遍布全国的鹰嘴豆汤和特拉尔佩尼奥汤、随处可见的酱汁和玉米饼……丰富多彩的菜品背后，独具特色的烹饪文化更加引人关注。据介绍，在墨西哥，大都是女性掌勺，她们围在一个大烤盘周围，一边交谈，一边准备食物。这是墨西哥传统烹饪的最大特点，在该国不少地区得到了很好地传承。

墨西哥在对传统饮食文化进行传承保护方面的成绩也是其入选的重要原因之一。政府和民间均对食文化非常重视，通过调查、研究和推出培训等一系列活动，推动古老食文化的传承。

三、巴西烹饪

巴西联邦共和国是拉丁美洲最大的国家，因为是欧、亚、非移民荟萃之地，其烹饪方式、饮食习惯深受移民国影响，所以各地习惯不一，极具地方特点。巴西南部土地肥沃，牧场很多，烤肉就成为当地最常用的大菜。东北地区人们主食是木薯粉和黑豆，其他地区的主食是面、大米和豆类等。蔬菜的消费量，以东南部和南部地区居多。巴西的烹饪就是葡萄牙、非洲和美洲本土配料和烹调技巧的美妙结合。

（一）巴西烹饪特点

1. 烹饪原料种类多

巴西人以大米为主食，黑豆也是当地重要食品，用做黑豆饭。由于巴西畜牧业较发达，所以食品中肉类较多，常食牛羊肉、猪肉、鸡肉和各种水产品，喜欢番茄、白菜、黄瓜、辣椒、土豆、洋葱等各种蔬菜。

2. 菜肴口味重

巴西菜口味很重，巴伊亚的料理以麻辣出名。大多数巴西人都爱吃红辣椒Pimenta，放多了的话可能辣得令人吃不消，放得适量的话，可能辣得非常过瘾。不过辣椒酱多半另外备置，随客人喜好自行取用。大多数餐厅供应独家调制的辣椒酱，有时还小心翼翼的谨防调制秘方为人所悉。

巴西人喜爱麻辣味道，对中国的川菜最为推崇。调料喜用棕榈油、胡椒粉、辣椒粉等，对清蒸、滑炒、炸、烤、烧等烹调方法的菜肴偏爱，大多数人都爱吃红辣椒。

（二）巴西特色美食

1. 巴西豆饭

巴西豆饭（feijoada）堪称巴西的国菜，是将黑豆与各式各样的烟熏干肉，以小火炖煮而成。起初做这道菜时，用的尽是厨房切下不要的材料，因为那是给奴隶吃的，而今猪尾巴、猪耳朵、猪脚等都成了慢熬煨煮的材料。在里约热内卢，周末午餐吃"feijoada"已成了当地人的习惯，全餐Completa包括米饭、切得细碎的甘蓝Coure、奶油树薯粉（farofa）和切片的柳橙。据说巴西人一般在周末做这道菜，因为吃完后没法上班。巴西豆饭又称为公斤饭，因为它不是按份卖，而是称重付款。寒冷的冬夜煮一锅巴西豆饭，香气萦绕，温暖在心。

2. 巴西烤肉

巴西烤烧发源于巴西最南端的南里奥格兰德州（RioGrandedoSul），相传当地以放牧为生的高卓人经常聚集在篝火旁，烘烤大块的牛肉分而食之，这种烧烤方法传播开来，成为巴西独特的美食。烤牛肉是巴西上层宴客的一品国菜，也是民间最受欢迎的一道菜。烤牛肉不加调料，只在牛肉表面撒点食盐，以免丧失原质香味；炭火一烤，表层油脂渗出，外面焦黄，里面鲜嫩，有一种特有的香味。

知识链接

● 地中海饮食的健康理念

联合国教科文组织于2010年11月将地中海饮食文化列入了西班牙、希腊、意大利和摩洛哥联合拥有的非物质文化遗产，肯定了它不仅是这些国家重要的历史和文化产物，也是对世界文明的巨大贡献。而在2013年12月联合国教科文组织保护非物质文化遗产政府间委员会第八次会议上，地中海饮食文化又新加入了葡萄牙、克罗地亚和塞浦路斯。

地中海饮食不仅为人们提供了健康合理的饮食结构，它同时也包含了多姿多彩的饮食文化，这其中浓缩了地中海地区从餐桌到种植、收割、渔牧、储存、加工、烹饪直到进食的方方面面的技巧、知识和实践。同时，它也是当地人民习俗和节日庆典中离不开的重要内容。许多歌曲、谚语、神话、传说也都源自于此。

地中海饮食深深扎根于当地的特色文化和多种多样的营养健康的食物特产，传承发扬了当地人民的勤劳和智慧。妇女在这个过程中尤其起到了重要的作用。她们精湛的烹饪技巧，勤奋的耕收劳作，对宗教礼仪的广博知识为这种独特的饮食文化增添了亮丽的色彩。

联合国教科文组织在审核分析地中海美食的时候注意到了以下几点——地中海美食包罗万象，涵盖了烹饪知识、餐桌礼仪、与丰收有关的象征，包含了渔业文化和畜牧文化，还包含了食品的制作、加工及储藏，最为重要的是分享美食的传统。大家都坐在一起共同用餐，这是来自地中海国家的文化传统。餐厅是重要的社交场合，家庭成员聚集起来，其乐融融。

地中海的美食传统一代一代地传承下去，流传至今，成为了一种提倡健康饮食的文化形式，这份美食文化的源远流长以及它对健康的益处也是其入选的原因。

第五节　大洋洲烹饪

大洋洲也是一个由各地移民所形成的洲，位于太平洋西南部和南部、赤道南北的广大海域，是世界上面积最小、人口最少（除没有国家固定居民的南极洲）的一个洲。其草原面积辽阔，畜产品供应可观，渔业资源丰富，是沙丁鱼、金枪鱼等的重要产地，这为她美食的开发与发展奠定了重要的物质基础。但大洋洲经济发展差异显著，澳大利亚和新西兰经济发达，其他国家则经济落后，所以大洋洲的烹饪文化基本上是以这两个国家为主体的。澳大利亚的佳肴美酒、传统与现代并存的新西兰烹饪，已将大洋洲的饮食文化日益彰显开来。

一、澳大利亚烹饪

澳大利亚位于南太平洋和印度洋之间，由澳大利亚大陆和塔斯马尼亚等岛屿组成。其四面临海，东南隔塔斯曼海与新西兰为邻，北部隔帝汶海和托雷斯海峡与东帝汶、印度尼西亚和巴布亚新几内亚相望。

澳大利亚是典型的移民国家，被社会学家喻为"民族的拼盘"。自英国移民踏上这片美丽的土地之日起，已先后有来自全球120个国家、140个民族的移民来到这里谋生和发展。多民族形成的多元文化成为澳大利亚社会的一个显著特征。因此，澳大利亚成为一个荟萃多国烹饪文化于一身的国家。

（一）烹饪特点

1. 食材多样，钟情海鲜

澳大利亚食材丰富多样，肉、蛋、禽、海鲜、蔬菜和四季时令水果应有尽有，几乎全部是自产自销，很少依赖进口，而且品质优良，其中牛肉、海鲜、水果还远销世界各地。澳大利亚是全世界最大的岛屿，邻近的太平洋和印度洋海域，为澳大利亚提供源源不绝新鲜优质的海鲜，种类应有尽有，包括龙虾、生蚝、鲜虾、鲍鱼、带子、吞拿鱼、三文鱼、太阳鱼、鲈鱼、鳕鱼、河鲈和肺鱼等。在澳大利亚，海鲜美食不仅仅是一道道靓丽的菜肴，更成为文化、生活、自然风情的一道亮丽风景线。

2. 善于烹调，口味清淡

澳大利亚人也精于烹饪，只是不能像我们中国人那样擅长调和百味来适应各种不同口味的食客。澳大利亚菜相对而言比较清淡，味道一般不会太咸，甜酸的较多，忌用辣椒，但常使用葱、姜、胡椒和番茄酱等。在烹饪中对菜肴的色彩特别讲究，即使是最普通的煎、炒、蒸、炸、熘、炖、煮，也很重视菜肴的色彩，成菜五彩缤纷、香气扑鼻。

（二）特色美食

1. 澳大利亚龙虾沙律

将澳大利亚龙虾治净，以上汤煨熟，放凉切片备用；鲜果用柠檬汁拌好，装在盘中间，撒上龙虾碎肉，浇上沙律酱，盘周围排放龙虾片即成。上桌食用时视个人口味再淋上鲜果汁。沙律酸中带有鲜果味，爽甜开胃。

2. 澳大利亚青豆啤酒汤

锅中放入牛油，将洋葱丝、腌肉碎粒爆香，随即加入青豆炒香，再加入适量上汤、鲜奶、香叶及薄荷叶共煮15分钟，取出放凉至常温时，放入搅拌机中打成汤状。然后取汤加热，放入适量啤酒，其上再放甜忌廉点缀即成。

3. 澳大利亚芝士焗生蚝

澳大利亚鲜生蚝洗净、去泥肠。净蚝肉用牛油、洋葱块，白酒及适量精盐烩熟备用。土豆泥装在盘中垫底，放上洗净的生蚝壳，把蚝肉酿入壳内，然后淋上用烩生蚝的汁加芝士粉、甜忌廉和荷兰汁调成的味汁，撒上芝士粉，再焗至金黄色即成。此菜蚝甜嫩鲜香，芝士粉香酥脆，口味浓郁雅致。

4. 袋鼠扒

袋鼠是澳大利亚特产，袋鼠扒是澳大利亚菜的"专利"。袋鼠肉的纤维比牛肉粗，所以用袋鼠肉作菜更有"嚼头"。袋鼠扒和牛肉扒的作法没有太大区别，口感也差不多，只是袋鼠扒的肉味更营养价值更高。

二、新西兰烹饪

新西兰是一个被太平洋包围的岛国，土地肥沃富饶，草原和森林遍布全国。充足的阳光、丰厚的降雨量，造就了这个国家首屈一指的畜牧业、奶品业和种植业，再加上大量的移民，这一切使得新西兰的美食不仅新鲜而丰富，调制也别具风格。

新西兰作为英联邦的属国，饮食方面很长时间被牛排、薯片、卷心菜、鱼和熏肉所占据，千篇一律的烤肉和水煮蔬菜，以及就餐后的布丁，直到现在也仍旧是酒吧和乡村的主要食物。但移民国的特点赋予了新西兰烹饪的新变化，亚洲及各地移民带来的调料和烹饪技术，已使新西兰烹饪融汇了其他国家的烹饪技术，创造出利用当地食材烹饪出的美味佳肴。

（一）烹饪特点

1. 食材新鲜独特

新西兰的羊和牛总数比当地的人口还多，牛肉和羊肉的质量在世界上也是名列前茅。在英国和欧盟签订合作协议以前，新西兰是牛羊肉和乳制品最大的出口国。新西兰人特别喜爱吃羊肉，且羊肉风味多种多样。一岁左右的小羊味道清淡，十分受当地人欢迎。羔羊肉或羊肉常被用来做烤羊排，几乎没有羊膻味，肉质柔软，因而成为新西兰最普遍的菜肴之一。羊肉还常以香草腌渍，再炭烤或嫩煎，佐以酱汁，搭配芋泥或薯条，风味独特。

新西兰连绵的森林和原野，生存着大量的珍禽异兽。野鹿肉和野猪肉、野鸭全年都有货源。美国餐馆85%的鹿肉来自新西兰。对于其他国家的人来说，吃鹿肉是难得尝到的野味，可这在新西兰却是很平常的美食。野鹿肉烹调方式跟羊肉和牛肉相近。新西兰的鹿肉，肉质柔软且味道鲜美，当地人经常做成肉排，味道较山猪肉更为清淡。现在大部分鹿肉输送到德国，赚取外汇。海岸边的野鸭肥胖，也是新西兰的美味食材。

2. 点心种类较多

新西兰的点心种类较多，酥皮肉卷、馅饼、甜点等都是人们喜爱的食品。奶酪及用奶酪做成的糕点品种也多。

（二）特色美食

1. 新西兰生蚝

新西兰生蚝肉营养丰富，含蛋白质高，且有人体必需的 8 种氨基酸，又含能促进儿童智力的微量元素锌，故有"益智海味"之称。其蚝肉晶莹透亮，鲜活饱满，既有海水微涩的咸味，还带着草木的清香、岩礁的微腥，口感清脆。新西兰独有的粉红色生蚝，被奉为世界顶级餐厅的极品。

2. 奶油蛋白酥

奶油蛋白酥是新西兰的国粹甜点。把蛋白和鲜奶油放在一起搅打，然后烘焙，吃的时候在顶部配上奶油和奇异果、西番莲或啤梨等水果块，别有风味。

3. Hangi

新西兰土著居民毛利人的"彩色杭伊"即Hangi，是在地上挖一个洞，将食物放在特制的大锅里猛火煮两个小时，除了盐以外，不加入任何调味品，力保食物的原汁原味。"杭伊"的食材十分丰富，有五香酱肉、酿馅猪肚、麦卢卡树蜂蜜卤鸡肉、整乳羊、土豆和各种蔬菜。打开盖子的时候，锅中的香气扑面而来。

第六节 非洲烹饪

非洲位于亚洲的西南面，欧洲的南面，北面临大西洋和地中海，为世界第二大洲。现有56个国家和地区，按照地理方位，把非洲分为北非、西非、中非、东非和南非五部分。

对多数人来说，非洲是一个谜、一个梦、一个常常引人无限遐想的地方。那里有浓密茂盛的热带雨林，有世界上最广袤的撒哈拉沙漠，有古朴粗犷的风俗民情，还有具有浓郁风情的美食。由于历史的因素，非洲的菜式在保留传统的烹制方法外，也吸纳很多法国菜式，另外也接受了来自意大利和中东阿拉伯国家的许多影响。茹毛饮血在今日的非洲已甚少出现，传统色彩浓郁的非洲饮食正在逐步走出非洲，迈向世界。

一、埃及烹饪

埃及是中东人口最多的国家，也是非洲人口第二大国，位于北非东部，领土包括苏伊士运河以东、亚洲西南端的西奈半岛。埃及是古代四大文明古国之一，曾经是世界上最早的国家。在经济、科技领域方面长期处于非洲领先态势。

（一）烹饪特点

1. 食材特点

埃及烹饪广泛使用大米、黄豆、羊肉、山羊肉、家禽和鸡蛋，大量食用奶酪（山羊奶酪）以及酸制品，也喜欢用蔬菜作菜肴，在沿海区域流行鱼肴。由于埃及的国教为伊斯兰教，所以埃及人禁食猪肉。

2. 烹调特点

埃及烹饪以烧烤煮拌为主，多用盐、胡椒、辣椒、咖喱粉、孜然、柠檬汁调味，口感偏重。埃及有两种风格的烹饪：在富贵家庭流行法国烹饪和意大利烹饪，在贫困家庭则以阿拉伯烹饪为主。多种菜肴成分中都加有葱、蒜和辣椒。

（二）特色美食

1. 电烤羊肉

在埃及的街头小吃店和大型招待会上，常竖立着一种U形柱状电烤炉，中间有一长金属棍，新鲜的羊肉裹叠在棍上，形成一个厚厚的肉柱。金属棍缓缓地不停转动着，油水不时下滴，吱吱作响，厨师站在一旁，用锋利的长刀把外层烤熟的羊肉一片片削下，放入盘内。另一盘内盛放着已切口的小圆饼。厨师将羊肉塞入饼内，再放进一些切细了的洋葱、西红柿等，浇上调料，便成为快餐夹肉饼。温热的饼和鲜嫩的瘦羊肉，十分清香可口。据说这种烤法源于古代战场上无锅烤肉，战士们用战刀挑着肉烧烤的传统。

2. 酥嫩全羊

烤全羊是埃及的一道大菜，是在婚庆喜筵和款待嘉宾时推出的最名贵的珍馐。制作方法是用香料把宰杀洗净的小羊羔周身涂抹一遍，放入调料中浸渍，将大米、松子、杏仁等塞满羊肚，然后放进制作的大烤箱内烤数小时。熟后，取出整羊，使其趴卧于大盘的中央，再把肚内的米饭和果仁掏出，置于四周。四溢的芳香、脆嫩的羊肉，令人垂涎欲滴。

3. 大饼欧希

埃及人称大饼为"欧希"，意为"生活、生命"。它由面粉加盐和水发酵后烘成，呈扁圆形。主食面包呈长条状。追溯埃及制作大饼的历史已有数千年之久，居民一日三餐不可无大饼或主食面包。

4. 考谢利

"考谢利"是埃及特有的，从尼罗河三角洲南部到卢克索都有这种小吃。吃的时候，根据个人喜好加入适量由醋和辣酱制成的调料。加入调料之后，"考谢利"就成了辣味的了。一般加一勺调料，但这也因人而异。也可以让人加上一些炸圆葱和豌豆等。

5. 锦葵汤

埃及尼罗河两岸，有时田野长得一片碧绿，它就是锦葵科植物之一种：锦葵。这种花非常美丽，既可供观赏，也是一种很好的食用植物。埃及人对锦葵汤津津乐道，十分喜爱。在阿拉伯语里，锦葵汤称作"穆鲁黑子"，它的做法是：把它的叶子洗净晒干，然后把叶子粉碎，与羊肉、鸡、大米等一起煮汤。煮好的锦葵汤，浓绿黏糊，味道鲜美。

二、南非烹饪

南非位于非洲大陆的最南端，东、西、南三面濒临印度洋和大西洋，地处两大洋间的航运要冲。南非是个充满冒险、梦幻的地方，有浓密茂盛的热带雨林，有古朴粗犷的风俗民情，还有独一无二的非洲美食。

南非的烹饪，来源于很多民族，是各种文化和传统的综合，反映了这个"彩虹国家"的文化多元性。

（一）烹饪特点

1. 多样融合的烹饪艺术

南非的烹饪本来有其本土的模式。随着欧洲移民、马来族奴隶及印度人的到来，又吸纳了东南亚、中东和欧陆菜的特点，形成了多样融合的烹饪艺术，尤以芳香浓郁的咖喱料理、慢炖拼盘、传统佳肴及本土烧烤最为脍炙人口。

2. 两大烹饪流派

在南非当地，烹饪其实被划分为两大流派：一种是非常豪放的土著烹饪，来自当地，如祖鲁族、茨瓦纳族的传统烹饪；而另一种就是来自英国人等殖民迁徙时引入的味道，更多地偏向西方烹饪。

（二）特色美食

1. 岬羽鼬

岬羽鼬，又称冈鳗，在南半球的其他地区也被称为鳕鱼或石鳕鱼，是一种白色的海鱼，鱼肉质结实，可以制成较大的鱼片，适合各种烹饪方法。在炙烤后涂上柠檬油即成为难得的美味。

2. 玉米粥

玉米一直是非洲人的饮食基础。非洲人或把它们用火烤，或碾成细粉，以烹制他们所喜爱的玉米粥。在早餐时喝玉米粥，佐以酸奶、糖或蘸有番茄和洋葱汁的肉。

3. Soeaties

将羊肉或猪肉切成四方块形，肉内放入杏果，接着把肉插于木棍上，在户外生火慢烤；肉烤熟后，佐以玉米粥。

4. Braalvleis烤肉

以boevvwors为主（典型的大香肠，内有猪肉和牛肉，加入各种香料包括豆蔻、茴香、丁香、大蒜等，加以调味），同样于户外生火，一起和羊排、牛排置于烤肉架上慢烤，搭配浓稠的玉米粥和特殊的洋葱酱，堪称人间美味。

■ 思考题

1. 烹饪世界有哪三大体系？各有什么特点？
2. 简述欧洲各国的烹饪特点及特色美食。
3. 简述亚洲各国的烹饪特点及特色美食。
4. 简述美洲各国的烹饪特点及特色美食。
5. 简述大洋洲各国的烹饪特点及特色美食。
6. 简述非洲各国的烹饪特点及特色美食。
7. 目前被联合国教科文组织审核评定的世界烹饪非物质文化遗产项目有哪些？

第十章
中国烹饪走向世界

■ 学习目标

（1）了解中国古代各民族各地区烹饪交流的历史。

（2）知道中国烹饪在国外的影响和国外烹饪在我国的发展状况。

（3）理解中西烹饪的主要差异。

（4）弄清中国烹饪的优势和面临的挑战。

（5）掌握中国烹饪走向世界的意义。

■ 核心概念

烹饪交流、烹饪比较、烹饪现代化

■ 内容提要

中外烹饪交流，中西烹饪比较，中国烹饪走向世界。

第一节　中外烹饪交流

从古至今，中外烹饪的交流从来没有停止过。中国烹饪"拿来主义"的兼收并蓄，使外来烹饪如道道流水，潺潺流进中国，成为中国烹饪的有机组成部分，汇成中国烹饪的汪洋大海。同时，中国烹饪"送去主义"的外向开放，使它如"润物细无声"的春雨洒遍世界，使世界不断认识和欣赏中国烹饪。正是这种精神，展示出中国烹饪无穷的魅力。

一、中国古代各民族各地区的烹饪交流

我国是一个统一的、多民族的国家，不管历史上王朝如何兴衰更替，也不管内部和外部民族冲突如何剧烈，民族之间、地区之间的烹饪交流却从来没有中断过。通过交流，大大丰富了各民族各地区人们的饮食生活，形成了互相依存的关系，起到了相互促进的作用。

（一）先秦时期

早在遥远的古代，创造了辉煌草原文化的匈奴等北方游牧民族就和中原华夏民族有着密切的经济文化交往。匈奴人过着"逐水草迁徙"的游牧生活，食畜肉，饮"湩（dòng）酪"，但也吃粮食，这些粮食大都来自中原地区。生活在祖国东北部的古老民族东胡，也和匈奴一样是游牧民族。早在商代，东胡祖先就与商王朝有过朝献纳贡的关系，至春秋战国时期，燕国的"鱼盐枣栗"素为东胡等东北少数民族所向往。史书上说，"乌桓东胡俗能作白酒，而不知曲糵，常仰中国（指中原地区）"。在匈奴以北，生活在今贝加尔湖一带的丁零族，在匈奴西部、居于今甘肃河西走廊地区的月氏族和乌孙，均食肉饮酪，"与匈奴同俗"，都同中原地区汉族有着密切的饮食交流。

（二）汉晋南北朝时期

汉代，张骞"凿空"西域，为各民族间的经济文化交流创造了有利条件。西域的苜蓿、葡萄、石榴、核桃、蚕豆、黄瓜、芝麻、葱、蒜、香菜（芫荽）、胡萝卜等特产，以及大宛、龟兹的葡萄酒，先后传入内地，大大丰富了内地汉族地区的饮食生活。

魏晋南北朝，出现了我国历史上第二次民族大融合的盛况，各民族在烹饪方面相互学习。一方面，北方游牧民族的甜乳、酸乳、干酪、漉（lù）酪和酥等食品相继传入中原；另一方面，汉族的精美肴馔和烹调术，又为这些兄弟民族所喜食和引进。特别是北魏孝文帝实行鲜卑汉化措施以后，匈奴、鲜卑和乌桓等兄弟民族将先进的汉族烹饪技术，应用于本民族传统食品烹制当中，使这些食品在保持民族风味的同时，更加精美。如寒具（馓子）、环饼、粉饼、拨饼、肉粥等，本为汉族的古老食品，在和兄弟民族的交流中，也为鲜卑等民族所嗜食。同样，鲜卑等游牧民族的乳酪和肉食品，也逐渐为不少汉族人士所喜食。

（三）唐宋时期

唐朝与吐蕃（今西藏）也有密切的饮食联系。西藏地方史料记载，唐太宗"给与（吐蕃）多种烹饪食物、各种饮料，……公主到了康地的白马乡，垦田种植，安设水磨……公（文成公主）使乳变奶酪，从乳取酥油，制成甜食品。"后来，唐朝使者到达吐蕃，见当地"馔味酒器"已"略与汉同"。唐代饮茶之风也传入吐蕃，独具藏族风味的酥油茶，便是在这基础上产生的。

宋、辽、西夏、金，是我国继南北朝、五代之后的第三次民族大交融时期。北宋与契丹族的辽国、党项羌族的西夏，南宋与女真族的金国，都有烹饪文化往来。如契丹族本是鲜卑族的一支，他们进入中原以后，宋辽之间往来频繁，在汉族先进的饮食文化影响下，契丹人的食品日益丰富和精美起来。汉族的岁时节令在契丹境内一如宋地，节令食品中的年糕、煎饼、粽子、花糕等也如宋式。难怪到了元代，蒙古族统治者把契丹和华北的汉人统统叫作"汉人"。契丹除了与汉族有烹饪交流外，还与祖国西北部的回鹘（hú）、东北部的渤海、女真等兄弟民族有着烹饪交流。辽上京建有"回鹘营"，"包黄味如栗"的"回鹘豆"（即豌豆），从回鹘传至契丹地区。在汉族饮食逐渐为党项羌人、契丹人和女真人吸收的同时，这些兄弟民族的不少食品也在中原汉族地区广为流传。例如，北宋京城汴梁，就有乳炊羊炖、入炉羊、签盘兔、炒兔、乳酪茶在市面出售。在南宋京城临安，汉族食店贺家所卖酪面，每份五百贯，"以新样油饼两枚夹而食之"。茶酒店的灌肺羊、乳饼、乳糕等也为当时临安人所常食，而灌肺羊直至今日仍在新疆维吾尔族人民中间流行。

（四）元、明、清时期

公元1279年，忽必烈完成统一中国的大业，更有利于各民族间的饮食交流。中原和沿海汉族地区先进的烹调术传到了少数民族地区，少数民族特有的食汤和菜肴也传到了内地。岭北蒙古地区的风味饮食醍醐（tí hú）、麆沆（zhù hàng）、野驼蹄、鹿唇、驼乳糜（驼奶粥）、天鹅炙（烤天鹅）、紫玉浆（可能是紫羊的奶汁）、玄玉浆（马奶子）传入内地后，在元代被誉为"八珍"。居于河西走廊原河西回鹘（hú）人的名菜"河西肺""河西米粥"，居于今吐鲁番地区畏兀儿（今维吾尔族）人的茶饭"搠（shuò）罗脱因"，回回人的食品"秃秃麻失"（手撒面）和"舍儿别"（果子露），居于阿尔山一带的瓦刺人的食品"脑瓦刺"，辽代遗传下来的契丹族食品"炒汤"，以及乳酪和土酪等均传入汉族地区。而汉族南北各地的烧鸭子（今烤鸭）、芙蓉鸡和饺子、包子、面条、馒头等菜点，也为蒙古等兄弟民族所喜食。

明代，汉族和女真、穆斯林、维吾尔等兄弟民族的烹饪交流空前活跃。例如，明代北京的节令食品中，正月的冷片羊肉、乳饼、奶皮、乳窝卷、炙羊肉、羊双肠；四月的白煮猪肉、包儿饭；十月的酥糕、牛乳、奶窝；十二月的烩羊头、清蒸牛乳白等，均是穆斯林、维吾尔、女真等兄弟民族的风味菜肴加以汉法烹制而成的。这些菜名面前，已没有标明民族属性的文字，说明已经成为各民族共同的食品。

清朝建立以后，汉族佳肴美点满族化、回族化和满、蒙、回等兄弟民族食品的汉族化，是各民族烹饪交流的一个特点。奶皮元宵、奶子粽、奶子月饼、奶皮花糕、蒙古果子、蒙古肉饼、回疆烤包子、东坡羊肉等是汉族食品满族化、蒙古族化、维吾尔族化和回族化的生动体现，反映了满、蒙、维、回等兄弟民族为使汉族食品适合本民族的饮食习惯所做的改进。满族小食萨其玛、排叉；穆斯林小吃豌豆黄；清真菜塔斯蜜（今写作它似蜜）；壮族传统名食荷叶包饭等又发展为清代各大城市酒楼、饽饽铺和饮食店的名菜、名点而在民族大家族中广为流传。汉族古老的食品白斩鸡、酿豆腐、馓子麻花、饺子等又成为壮族、回族和东乡族人民的节日佳肴。

二、中国烹饪在国外

中国烹饪自古以来便与海外进行着各种交流活动。这是中国烹饪发展中的重要篇章之一。

（一）烹饪器具的外传

在很长时间中，中国烹饪在国外所以声名远扬，并非出自烹调技术和美食的传递，而是由于那些输出海外名目众多的锅灶、釜镬。这些物质文化的实体又是烹饪技术高超及饮食文化发达的生动体现。那时中国的烹饪技术虽无如此广阔的影响，然而中国式的烹饪器皿却从海上走遍了整个旧大陆。

早在商代晚期，中国的烹饪器具由于丁零等边区民族的大迁徙而向外传播，早已超越现在的国境线，到达西伯利亚的外贝加尔湖地区，在那里从地下发掘到的陶鼎和陶鬲就有30余件，其他各类陶器也都远布在中国的西北和东南边境以外。汉代，中国的移民由印度支那半岛转向马六甲海峡，中国式的烹饪器也被带到了马来亚。鼎，这种极古的烹饪器，在中世纪转成"锅""炉"。宋代八大出口货物中，优质铁器占了一席，其中的相当数量便是铁铸锅灶。南宋末年，中国铁鼎已是畅销阿拉伯、菲律宾、爪哇等近邻国家的大宗货。到14世纪，又远销地中海，在大西洋滨摩洛哥的丹吉尔成为极受欢迎的货色。中国的烹饪文化也随之漂洋过海传遍了世界各地。

除了烹饪器具之外，华美的中国食器，也对中国烹饪在海外的影响起到了重要作用。18世纪，中国大量烧制专为外销欧洲的"中国外销瓷"，据最保守的估计，100年内至少在6千万件以上。在19世纪末，中国社会急剧"西化"过程中，中国式烹调却在西欧和美国开了花，许多中国式餐馆在西方正式开张。西方人在欣赏了中国华美的食器之后，便迫切想品尝盛在这些食器中的美味佳肴。各国饮食界都邀请中国名厨前去传艺、献技，或派人来我国求学。中国烹饪已是世界饮食文化宝库中一颗光辉灿烂的明珠。

（二）烹饪技术和美食的外传

先秦时期，我国与域外各国的交往是有的，但史料记载较少，往往都带有"天方夜谭"式的神话色彩。秦统一中国以后，特别是到西汉文、景、武帝时期，大汉帝国国力强盛，与外国的文化交流活动逐渐多了起来。

汉武帝时期，朝廷曾派张骞多次出使西域各国，后来班超再次出使西域，还有江都王刘建之女细君远嫁乌孙国王等友好活动，在中国与中亚，西亚各国之间，开辟了一条"丝绸之路"，中国文明迅速向外传播，西域文明也流向中原。东汉建武年间，汉光武帝刘秀派伏波将军马援南征，到达交趾（今越南）一带。当时，大批的汉朝官兵在交趾等地筑城居住，将中国农历五月初五端午节吃粽子等食俗带到了交趾等地。所以，至今越南和东南亚各国仍然保留着吃粽子的习俗。

从世界范围来看，受中华饮食文化影响较大的莫过于日本。早在4世纪，就有一些中国人经过朝鲜移居日本，其中就有不少烹调厨师。至唐代，鉴真大师又把中国的佛学、医学、酿造、烹饪等文化艺术带到日本。与此同时，大批日本学问僧和留学僧也来到中国，随着他们的归国，唐代宫廷与民间美味也传至日本，中华先进的饮食文化对日本宫廷与民间的饮食生活产生了广泛的影响。例如，日本宫廷的饮食制度就改效唐制，不少宫廷宴会也改用中国的烹饪方法，并时常派人来华学习和研究中式烹调。

唐代以后，中国的许多菜点在日本流行开来，如中国的环饼（即馓子），是一种用面经油炸做成的类似麻花的食品，传至日本后，被称为"万加利"。再如粽子，传到日本后，日本人称之为"茅卷"，现在日本特色的粽子，如御所粽、道喜粽、葛粽、饴粽等，都是在中式粽子的基础上发展起来的，据日本学者木宫泰彦所著的《日中文化交流史》记载：唐宋以来，传到日本的中国风味饮食有胡麻豆腐、隐元豆腐、唐豆腐、馒头等。

知识链接

- 日本馒头的创制者——林净因

　　林净因是日本馒头的创制者。六百年来，每年四月十九日，日本食品企业界人士都要聚集在今奈良林神社，隆重地举行一年一度的朝拜馒头始祖林净因的仪式，这使他成为一个家喻户晓的名人。这位日本妇孺皆知的馒头创始人，原是我国北宋著名隐逸诗人林逋的后裔，元代浙江人。

值得一提的是，明清时期中日两国的烹饪交流也很频繁。日本人羽仓用九在日本天保甲寅年撰写了一本饮食专著，叫《养小录》。日本的铁研学人对此书的评价很高："简堂翁（即羽仓用九）食单一篇，凤炙麟脯，珍膳罗列，加以烹炼，字字有味，披而读之，食指累动，馋涎横流，作过郇厨想。盖翁既能以笔代舌，为此奇文，遂能使人以目代腹，一览属餍。乃谓之食中董狐，文中易牙，亦谁为不可也"。其推崇备至，无以复加。但是如果把这本书与乾隆年间刊刻的顾仲《养小录》和袁枚《随园食单》对照一下就会发现，不仅在书名上相同，而且在行文结构、用语方面都有明显的相近之处，但此书的内容却是地道的日本特产，即有人说，这是"中国瓶装日本酒"。就全书的结构而言，按四季列菜单，有"宜春单""宜夏单""宜秋单""宜冬单"，其体裁与《随园食单》如出一辙；其烹饪，如"油炸""耳食"等也如《随园食单》。应该说，这部日本的饮食著作深受中国古老烹饪文化的熏陶，同时也表明，中日两国不仅在食馔上有密切关系，而且在烹饪理论方面也有交流。

（三）中国厨师的劳务输出

20世纪50年代以前，中国人到海外以厨艺谋生，受尽当地的歧视与刁难。1953年，北京全聚德烤鸭师田文宽的烤鸭在莫斯科掀起北京烤鸭热，从此揭开了中国厨师在海外扬眉吐气的篇章。

改革开放以来，中国烹饪在中国和在世界都发生了巨变，获得了长足的发展。首先，中国烹饪在世界获得了空前的发展。在美国、英国、德国、法国、日本、爱尔兰、澳大利亚……，新开张的中国餐馆如雨后春笋，增长迅猛，可以这么说，目前世界上经济稍微好一点的地方，没有一处没有中国烹饪和中国餐馆。与此同时，越来越多的中国厨师通过劳务输出到国外打工，到国外创业。

知识链接

● 中国美食走进联合国

国际在线报道（记者 徐蕾莹）：联合国的外交官们有口福了。来自中国的十多位烹饪大师把中国八大菜系的特色菜肴和风味小吃一起带到了纽约联合国总部。到底有哪些菜色走进了联合国，外交官们又是如何看待中国美食的？

当地时间2013年11月12日晚，"中国美食走进联合国"活动在纽约联合国总部拉开帷幕。10多位中国厨师精心准备了烤鸭、琥珀桃仁、菊花酥等多种菜品和小吃，集中展示了川鲁苏粤等不同菜系的特色菜肴。还有烹饪大师现场展示了制作龙须面和食品雕刻技艺。

联合国秘书长潘基文、第68届联大主席阿什、副秘书长吴红波，连同多位联合国高级官员以及各国常驻联合国使节近400人出席了活动。

潘基文在致辞中愉快地回忆起多次中国之行，每次去中国都能品尝到完全不同的美食，可见中国美食的丰富多样。他还风趣地表示，羡慕东道主中国常驻联合国代表刘结一大使，因为他带来了众多优秀的中国厨师。

"如果你有一个中国厨师，那就是天堂（一般的生活）。所以我羡慕刘大使，他有那么多优秀的中国厨师。"

中国美食不仅是精美的菜品，更是一种文化，是中华民族悠久历史文化的重要组成部分。刘结一大使也向现场嘉宾做了简要介绍。

"中国的饮食文化深深植根于中国的哲学之中。在烹饪食物时，厨师会精选当季新鲜食材，从色香味等各方面去呈现。所以从根本上来说，它反映的是人与自然之间的和谐关系。"

潘基文还把中国厨师的精湛技艺和外交官的工作做了类比，他们不仅要选出好的食材，还需要特别注意火候。

"简而言之，外交官的工作也是一样。不论你在联合国要提出一个什么样的好点子，如果每个代表都能掌握火候，不冷也不热，我们就可以形成更好的决议。因此我希望我们可以从中国智慧、中国美食当中学到一些东西。"

三、外国烹饪在中国

（一）古代外国烹饪的引进

国外烹饪历史悠久，它是伴随着我国人民和西方各民族人民的交往而传入我国的。但国外烹饪到底于何时传入我国，至今还未有定论。据史料记载，早在汉代，波斯古国和西亚各地的灿烂文化通过"丝绸之路"传到中国，其中就包括着膳食。汉明帝时佛教传入中国，到齐梁时期，南朝四百八十寺，寺院遍布全国，西南亚饮食进一步传入我国，华夏始有香积之厨。

早在公元7世纪中叶，从陆路来到长安的阿拉伯、波斯穆斯林商人，他们在经商的同时，自然而然地带来了许多阿拉伯、波斯地区的清真菜点及其烹饪方法，如回族的烧饼据说就是唐代传入的，在民间早就有西域回回在长安卖大饼之传说。这些回族先民按照他们原来的饮食烹饪方法在长安等地长期生活。从海路来到广州、泉州等地的回族先民也同样带进了许多清真面点和菜点。如唐代就盛行"油香"，相传是从古波斯的布哈拉和亦思法罕城传入中国的。据《一切经音义》说："此油饼本是胡食，中国效之。"西北回族聚居区的糕点"哈鲁瓦"，原为阿拉伯地区的一种甜食（"哈鲁瓦"为波斯语的"甜"字），后从唐朝长安流传至今。

宋代，有一道清真菜叫"冻波斯姜豉"。相传，这道菜是回族先民从波斯传入中国的，先在沿海一带后传到内地。元代，回回民族形成后，回族饮食更是丰富多彩，这一时期的回族饮食，一是品种花样多，大街小巷及市场上都有回族饮食摊点。二是具有回回民族的饮食特点，既保留继承了阿拉伯、波斯地区的一些清真菜点，又吸收了中国菜点、面点的一些制作方法，二者结合，为回族所用。如"饦饦馍"就是当时回族人民在阿拉伯烤饼和中国烤饼的基础上，吸收、创造的一种食品。

元朝，意大利著名学者马可·波罗（公元1254—1324年）在我国居住数十年，也给成吉思汗的子孙带来了意大利人民的佳肴美馔。明代三保太监郑和在公元1405—1433年的28年间，率众7次下西洋，游历了37个国家，由太平洋而达大西洋彼岸，这在航海史上确是一件了不起的大事。这件事对于促进中外文化交流包括烹饪交流无疑是有益的。明代基督教传入中国，明天启二年（公元1622年）来华的德国传教士汤若望在京居住期间，曾用"以蜜面和以鸡卵"制作的"西洋饼"款待中国人，使食者皆"诧为殊味"，于是效法流传开来。印度的笼蒸"婆罗门轻高面"，枣子和面做成的狮子形的"木蜜金毛面"等，也在元明时期传入。

到清代初期，随着涌入我国商人、传教士等外国人的增多，中国宫廷、王府官吏与洋人交往频繁，逐步对西餐感兴趣，有时也吃起西餐来了。如清代乾隆年间（公元1736—1796年）的袁枚曾在粤东杨中丞家中食过"西洋饼"。但当时，我国的西餐行业还没有形成。

（二）近代西方烹饪在中国的发展

1840年鸦片战争以后，西方列强用武力打开了中国门户，争相划分势力范围，他们同清政府签订一系列不平等条约，使来华的西方人与日俱增，从而把西方饮食的烹饪技艺带入中国。外国的领事馆、教堂、兵营、商店等，一切有外国人的地方都有自制西式菜肴和糕点。起初，只是自制自食，有时用来招待客人，显然，这些西式美食的享受者，仍限于外国人和官吏贵族。当时曾有诗云："海外珍奇费客猜，西洋风味一家开。外朋座上无多少，红顶花翎日日来。"

随着时间的推移，到清代光绪年间，在外国人较多的上海、北京、天津、广州、哈尔滨等地，社会上出现了以营利为目的专门经营西餐的"番菜馆"和咖啡厅、面包房等，从此我国有了西餐行业。据清末史料记载，最早的"番菜馆"是出现在上海福州路的"一品香"。之后相继开业的有"江南春""一家春""海天春""万年春""吉祥春"；北京在这期间也开设了"醉琼林""裕珍园"；哈尔滨则有"马迭尔"餐厅等。

1900年八国联军入侵北京后，北京成了外国人的乐园，西餐也随之在北京安营扎寨。首先是两个法国人于1900年创办了北京饭店，在此前后，西班牙人创办了三星饭店，德国人开设了宝珠饭店，俄国人开设了石根牛奶厂，希腊人开设了正昌面包房。另外，当时的宫廷王府等也都设有番菜房。

辛亥革命以后，我国处于军阀混战的半殖民地半封建社会，各饭店、酒楼、西餐馆等成为军政头目、洋人、买办、豪门贵族交际享乐的场所，每日宾客如云，西餐业在这种形势刺激下很快的发展起来。在上海，20世纪20年代又出现了礼查饭店、汇中饭店、大华饭店等几家大型西式饭店。进入20世纪30年代，又有国际饭店、华懋饭店、上海大厦、成都饭店等大饭店相继开业。与此同时，社会上的西餐馆也随之增加，"大西洋""沙利文"等都是这时出现的。此外，其他城市也出现了西餐馆，如天津的"维克多利""起士林"及广州的"哥伦布"餐厅等。这些大型饭店所经营的西餐大都自成体系，但不外乎英、法、意、俄、德、美式菜肴，有的社会餐馆也经营带有中国味的番菜及家庭式西餐。随着这些西餐饭店的开业，在中国上层官僚、商人，以及知识分子中，掀起了一股吃西餐的热潮。享用西餐，似乎成为上层社会追求西方文化和物质文明的一种标记。例如，退出清王朝帝位的末代皇帝溥仪对西餐的享用达到了如痴如狂的地步。据《溥仪档案》记载，1922年夏天整整一个7月份，溥仪每天都吃番菜，而且天天不重样，有冷食有热食，有甜有咸，有煮得极烂的山豆泥子，也有鲜嫩的花叶生菜；有烤牛排、猪排，也有新鲜的水果、咖啡等。为了配合洋厨师做西餐，溥仪的番菜膳房一次就添置了冰淇淋桶2个，银餐刀、叉、勺各20把，咖啡壶3把，银盘、银套碗等20件。江西景德镇为溥仪特制了一套白的紫龙纹饰的西餐具，包括汤盘，大、中、小号盘等40多种，至今还保存在故宫内。

在这一阶段，将国外烹饪系统地传授给中国厨师及家庭主妇的外国人，最著名的是美国传教士高丕第（T. P. Crawford）夫人（M. F. Crawford）。高夫人生于美国亚拉巴马州，1852年随高丕第到上海传教，1910年在中国去世，历时58年。高氏夫妇来华后，逐渐穿儒服，习汉语。她在办学之余，撰写《造洋饭书》（Foreign Cookery），并于1866年首次在上海出版（现存广东省中山图书馆的为1909年美华书馆本）。此书内容丰富，情节清楚具体，书的开头有篇"厨房条例"，详细地强调了入厨房须知和注重卫生等内容，以下是各类西餐菜点食谱，计17类，267个品种或半成品，外加4项洗涤法，大部分品种都列出用料和制作方法。此外，书后还附有英文索引。该书大致能反映出西餐早期传入中国时的基本风貌和特点。

在以《造洋饭书》为代表的国外烹饪书得到广泛传播的同时，不少熟悉国外烹饪的中国知识分子利用他们特有的文化条件，编撰了许多介绍国外烹饪的书籍，这说明国外烹饪在中国的传播发生重大变化，中国人开始唱主角。1917年4月，由中国人撰写的《烹饪一斑》一书中首次专列"西洋餐制法"，介绍了咖喱饭、牛排和汤等13种西餐的制法。此外，李公耳的《西餐烹饪秘诀》、王言纶的《家事实习宝鉴》、梁桂琴的《治家全书》等，都是这一时期由中国人自己普及国外烹饪知识的代表性著作。在中国饮食文化史上，19世纪中叶至20世纪三四十年代，是国外烹饪大规模传入时期，其中20世纪二三十年代，西餐在我国传播最快，达到了全盛时期。

（三）现当代外国烹饪在中国

解放前夕，由于连年战乱，国外烹饪在我国的传播和发展受到限制，西餐业已濒临绝境，从业人员所剩无几。新中国诞生后，随着我国国际地位的提高，世界各地与我国的友好往来日益频繁，国外烹饪在我国进一步发展，并陆续建起了一些经营西餐的餐厅、饭店，如北京的北京饭店、和平饭店、友谊饭店、新侨饭店、莫斯科餐厅等都设有西餐厅，由于我国与前苏联为首的东欧国家交往密切，所以20世纪50年代和60年代我国的西餐以俄式菜发展较快。到1966年，西餐在我国城市餐饮市场已占有一定地位，几乎所有的中等以上城市，甚至在沿海地区的县城都有数量不等的西餐馆，或是中式餐馆兼有西餐经营。

由于十年动乱，使经济发展停滞，生活水平下降，我国餐饮市场经历了严重的萎缩阶段，西式餐饮衰退更厉害，有的关闭，有的转行，勉强维持经营的，也很难保持特色。但西餐在中国始终没有消失过。

20世纪80年代后，随着中国对外开放政策的实施，中国经济的快速发展和旅游业的崛起，全国各地特别是沿海各城市兴建不少合资饭店和宾馆，如世界著名的凯宾斯基、希尔顿、假日饭店。这些宾馆和饭店的西餐厅大都聘用外国厨师，而且部分烹饪原料和设备从国外进口。以经营法式西餐为主，英式、美式、意式、俄式等全面发展的格局，从而适应了西方各国人来华投资旅游的需求。与此同时，原来的老西餐店也不断更新换代，我国又相继派出厨师去国外学习，因此我国的西餐也相继有了新的发展和提高。

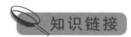

知识链接

- **中国烹饪协会应邀参加"秘鲁美食之夜"活动**

2014年5月22日，由秘鲁驻华大使馆举办的"秘鲁美食之夜"活动在北京隆重登场，中国烹饪协会受邀参加了此次活动。此次"秘鲁美食之夜"活动是秘鲁驻华大使馆举办的2014秘鲁春季文化艺术节"Yachay Raymi"系列文化宣传活动之一，主办方特别邀请了秘鲁名厨制作数十道秘鲁特色美食，请来自中外各界的嘉宾品尝。

秘鲁驻华大使贡萨洛·古铁雷斯出席了活动，并在开幕式上发表了热情洋溢的欢迎讲话，他对于秘中关系的发展历程进行了回顾，并向来宾们介绍了秘鲁美食与中国美食的历史渊源。大使先生介绍说，19世纪中叶数万中国劳工由于生活所迫来到遥远的秘鲁谋生，他们起初在秘鲁从事农业劳作，为秘鲁社会做出了非凡的贡献。有不少勤劳智慧的中国劳工发挥自己的聪明才智，利用烹饪自己最熟悉的中国菜做为谋生的手段，由此，中华饮食文化在秘鲁大地扎根。经过一百多年的发展，中华饮食文化也与秘鲁当地饮食文化相融合，形成了独具特色的秘鲁中餐文化。秘鲁的中餐馆也打上了深深的中国烙印，被当地人称为"Chifa"（汉语"吃饭"变音）。

参加此次活动还有被秘鲁总统奉为"国家品牌大使"、从事美食烹饪长达半世纪的秘鲁名厨玛丽莎·秋福，她在活动开幕式上讲述了自己的从业历程和对生命与美食的感悟。年高七旬却仍作为秘鲁国宴承办人的她说，秘鲁美食的精华就在于对美味的追求，对生活之喜悦的欢庆。她认为，秘鲁的食文化也体现了这个南美民族对于生命的热爱，乐于享受生活之美的精神。此次秋福大师来北京参加了"2014年度世界美食美酒图书奖"的领奖活动，她的自传体作品《庆祝生活》获得世界美食美酒图书娱乐类大奖，书中附有多份独家秘鲁美食菜谱。世界美食美酒图书大奖由法国人爱德华·君度设立于1995年，每年由世界美食美酒评奖会从世界范围内评出年度书籍，并授予奖项。获奖书籍可获许可，使用"世界最佳"的称号。2014年年度最佳图书奖由记叙哥伦比亚北部少数民族烹饪法的书籍《向世界献上帕伦克烹饪》获得。

第二节　中外烹饪比较

一、中西烹饪差异

中国与西方的烹饪技术有很大差异，具体表现在物质层面、行为层面和精神层面。

（一）物质层面的差异

1. 烹饪原料

中国自春秋战国以后，种植业成为农业结构占绝对优势的经济结构，人们的食物来源主要依靠种植业，烹饪中谷物占主要原料，很少的情况下才烹制肉食。东周时期，只有70岁的老人和官高禄厚的人才能吃到肉，被人们冠以"肉食者"。这一局面一直持续到封建社会瓦解。历史上，西方烹饪中肉的比重要大于中国烹饪，并随着时间的推移而显得越来越明显。到明清时期，当中国人纷纷引进高产作物如玉米、红薯、土豆以解决粮食紧缺时，西方烹饪中肉食的比重大大超过谷物类，谷物则主要用来饲喂家畜，以转化成肉奶蛋等高质量的食物。

中西烹饪原料的种类也有着较大的差别。中国是一个杂食民族的国家，林语堂先生在《中国人的饮食》中谈到："凡是地球上能吃的东西我们都吃。出于爱好，我们吃螃蟹；由于必要，我们又常吃草根……我们的人口太多，而饥荒又过于普遍，不得不吃可以到手的任何东西"，中国烹饪原料极其广泛。而欧洲一些国家和地区是直接由游牧民族发展而来的，没有太长的农业文明史，烹饪原料选用比较单一。有人统计中国人的食用植物达600种之多，是西方人的6倍。

2. 烹饪产品

由于烹饪原料结构不同，中西烹饪产品的结构也有着较大的差别。中国烹饪成品结构是由饭和菜相结合的"饭菜结构"。其中饭是主食，菜则是副食，包括蔬菜和肉，主要是蔬菜。西方烹饪没有中国那种"饭菜结构"，他们的烹饪成品是肉奶蛋佐以面包或蔬菜，没有严格的主副食之分。

3. 烹饪器具

在刀具上，中国烹饪几乎是以一把厨刀显功夫。动植物各种原料，丁、条、丝、片各种形状，皆通过各种刀技表现出来。中餐厨刀与西餐厨刀相比，大小、形状、重量不同。中餐厨刀的运用，还包括双刀同时运用，如剁法。中餐厨刀体现出更有力度、更灵动、富于变化，更利于向原料加工的精细化方向发展，也适应了筷食的需要。西餐常用的刀具有十多种，各具功能，各司其职，"单独行事"，并以用途命名。如制作沙拉用沙拉刀，剔骨有剔骨刀，加工生蚝，有专门的生蚝刀，蔬果削皮也有专门的削皮刀。

在锅具上，从城市到农村，从汉族到各少数民族，中国烹饪使用的都是锅底为凸圆形的炒锅。西式烹饪则通常选用煎盘烹饪。

（二）行为层面的差异

1. 烹饪工序

中国烹饪多将烹与调合为一体，而西方烹饪多将烹与调分属前后两道工序。在中国烹饪中，虽有整鱼、整鸡或整羊等，但原料成形基本上是以丝、丁、片、块、条等为主。上火前，它们是独立的个体形式，但放到圆底锅翻炒后，便按照厨师的构想进行交合，出餐后，装入盘的是一个色、香、味、形俱佳的整体。在西式烹饪中，除少数汤菜是以多种荤素原料集一锅而熬制之外，正菜中鱼就是鱼，鸡就是鸡，彼此虽共处一盘之中，但却"各自为政"，互不干扰。只待食至腹中，方能调和一起。

2. 烹饪方法

在中国，烹饪的方法多种多样，有炒、炸、焖、熘、爆、煎、烩、煮、蒸、烤、腌、冻、拔丝等，做出的菜肴让人眼花缭乱。西餐的烹饪方法主要是烧、煎、烤、炸、焖等几种。

在锅具的使用上，中餐烹饪时，左手持锅翻炒，右手持勺翻拌，"协同作战"，加调料也在锅的运动中完成，食物原料、调料在锅内通过颠翻、翻拌混合、融合，达到菜肴"和美"的目的。中餐炒锅柄短、锅底深。柄短，易于控制；底深，锅内原料量大有汁，增加了翻锅的难度。但如能掌握得当，大翻锅、侧翻锅、颠炒小翻锅，左手晃锅、右手淋芡，协调默契，一气呵成，在短时间内完成操作。厨师需要长期的烹调实践才能达到整体协调的烹调效果，进而形成和谐的操作美感。西餐烹饪时，盘与原料形成相对独立的关系，在加热过程中，盘通常在灶面上滑动，煎盘也很少离开灶面，盘中原料通过锅铲翻动，不需要与锅进行互动，调料用匙加入，不需要与锅配合翻动。

中国烹饪特别强调随意性，而在西方，烹饪的全过程都严格按照科学规范行事。中国烹饪为了追求色、香、味、形之美之奇，在刀工、火候等方面具有特强的技艺性，其中绝大部分技艺为机械所不能代替，有的技艺也为科学所不能解释，甚至有些为绝技、绝招。西方烹饪具有显著的技术性，例如天平、量筒、温度计等工具非常普遍，属于技术型的加工方法。它可以借助机械而大批量的快速生产，烹饪的全过程比较科学规范，调料的添加量精确到克，烹调的时间精确到秒，厨师好像化学实验室的实验员。

3. 盛装方式

通常情况下，中国烹饪是将每道菜盛装在一个容器内上桌，食客围坐在餐桌旁各取所需，餐桌上的任何一种饭菜都属于每一个食客，每个人都根据各自具体的主观感受选择客观的食品。西餐通常是按照每桌就餐人数的多少，分份烹制或烹制后一人一份上桌，每个食客只能吃各自的那一份饭菜。

（三）精神层面的差异

精神层面上的差异主要是烹饪观念的差异。烹饪观念是人们在烹饪过程中所形成的观念，它深受自然环境和社会环境的影响，尤其深受哲学的影响。不同的哲学思想及由此形成的文化精神和思维方式对不同烹饪观念的形成具有重大作用。

1. "天人合一"与"天人相分"

中西文化的根本差异，在于对"人与自然"的关系问题上的看法，中国文化重视人与自然、人与社会的和谐统一。这种"天人合一"的"中坚思想"，贯穿整个中国思想史，成为中华文化发展的基础性缘由和深层次根源。而"天人相分"作为西方传统文化的"中坚思想"，贯穿整个西方思想史，遍涉各种哲学倾向与派别，成为西方文化发展的基因和根由。因此可以说，"天人合一"与"天人相分"的区别，是中西文化中最根本、最核心的差异。

2. 体验性烹饪观和理智性烹饪观

本于"天人合一"思想，主体只能在与客体的交融共存中体会它的存在，感受它的生命，领悟它的精神。反映在烹饪上，中国人的烹饪既是一种体验，又是一种享受。中国人在烹饪时，注重的不是食物的营养而是食物的口感和进餐的精神享受，整个烹饪活动体现出强烈的体验性和感受性，其中主要是对"美味"的追求。这种极力追求"美味"的强烈体验性的烹饪是非理性的，它对营养科学只是一种经验性的模糊把握，而无理性的分析和逻辑的判断。

在"天人相分"思想指导下的西方烹饪则充满理智性，讲求科学性。这是一种重认识、重功利、求真的烹饪观。他们强调所烹饪的食物营养价值，注重食物中蛋白质、脂肪、热量和维生素等的含量，在烹饪上反映出一种强烈的实用性与功利性。

3. 注重调和与强调个性

"天人合一"的思想不但要求人与自然的统一，还要求人与人、人与社会之间的和谐一致，反映在烹饪上就是注重调和，重视菜肴的整体风格，强调通过对不同烹饪原料的烹饪调制，使食物的本味、加热以后的熟味、加上配料和辅料的味以及调料的调和之味，交织融合协调在一起，使之互相补充，互相渗透，水乳交融，你中有我，我中有你，创造出新的综合性的美味，达到中国人认为的烹饪之美的最佳境界"和"，以满足人的生理与心理的双重需要。但是，这样调制出来的成品，整体虽然光彩焕然，但个性全被淹没，这与中国文化注重群体认同、贬抑个性、讲平均、重中和的中庸之道是相通的。

西方"天人相分"的观念，在烹饪上表现为个性突出，注重个体特色，强调通过对食物原料的制作加工，保持和突出各种原料的个性，创造出西方人心目中烹饪的最佳境界"独"，同时满足人的生理需要。和中国人进餐用筷子不同，西方人用刀叉。刀叉和筷子，不仅仅带来了进食习惯的差异，更重要的是影响了东西方人的思想观念。刀叉必然带来分餐制，西方人到了餐桌前，直截了当，你吃你的我吃我的。这种"个人主义"的行为，在人际关系上既体现了个性独立，又表现了对他人烹饪行为的尊重。

● 剑桥分析食材化学成分，探索东西方美食差异

欧美地区和亚洲地区的菜肴味道迥异。英国剑桥大学研究人员分析数万份菜谱所用食材的化学成分，探索东西方烹饪艺术的差别，发现西餐多用风味相近的食材，而亚洲地区美食则尽量避免这一点。

1. 析风味

烹饪讲究食材搭配早已有之，一名好厨师烹饪菜肴时定会考虑各种食材的味道，一些西餐大厨敢于将看起来完全不搭的白巧克力和鱼子酱配在一起，源于这两种食材含有一些味道相同的化学成分。

剑桥大学的塞巴斯蒂安·阿纳特带领研究小组，分析了世界各地烹饪常用的381种食材中1021种风味化合物，用这些化合物构图，查看各种食材有多少风味相同的化合物。

随后，研究人员查看"美食网"、"菜谱大全"和韩国菜谱网站"菜单盘"三家著名烹饪网站上56498道菜谱，对比北美、西欧、南欧、拉丁美洲和东亚地区美食，看有不同地域文化背景的人烹饪时如何搭配各种风味的食材。

2. 东西异

研究人员在《自然》杂志上发表论文写道："西方烹饪喜欢使用有许多相同味道的食材，但东亚地区的烹饪趋向避免使用同样味道的原材料。"

研究人员发现，北美和西欧的菜谱更多地将相同风味食材搭配在一起，譬如常见搭配帕尔玛干酪与番茄，这两种食材有诸多相同风味化合物。

包括黄油、牛乳、鸡蛋、猪肉在内的13种主要烹饪材料出现在北美地区74.4%的菜肴中。以香草蛋饼为例，所用材料包括牛乳、黄油、香草、鸡蛋、蔗糖和小麦粉，其中黄油与牛奶一半以上化合物风味相同，黄油与鸡蛋、鸡蛋与牛乳、鸡蛋与香草、黄油与香草等都含有相同风味化合物。

南欧和东亚地区的菜谱倾向于避免相同风味的食材，尤其是东亚地区，喜欢截然不同风味的原材料，譬如芝麻油和大蒜。两种食材相同风味越多，东亚居民烹饪时将它们搭配在一起的可能性越低。

3. 新思路

一些风味具有浓郁地方特色，譬如南欧美食中的罗勒和东亚菜肴中的酱油。

研究人员告诉英国《每日邮报》记者，食材搭配的差异可以解释世界各地的美食为何味道差别如此之大，"这为人们理解食物开辟了新思路"。

研究人员认为，如果说东亚美食之所以美味在于避免风味相近的食材搭配在一起，那么如果使用风味相近的食材，用同样的烹饪手法，或许能创造出另一类美食。

二、中日烹饪差异

众所周知，中日文化有着很深厚的渊源，饮食文化作为中国基本的文化，对日本来说，有着特殊的影响。然而，大和民族是一个富有创造思维的民族，特定的地缘环境，有限的自然资源，促使他们不断创新，进而独树一帜，产生了具有民族特色的日本料理。以下就中国与日本的烹饪做一个简单比较。

（一）烹饪原料

中国以陆地居多，而日本是一个典型的围海而生的国家，中国的海岸线虽然很长，在近海的地区也会有大量的海洋类菜式，但中国的主食是谷物，北方主食为面食、米饭等，而南方为米饭。烹饪原料也多为陆生的动植物，当然也有江海湖泊的鱼类。而在日本，烹饪原料多为大米、鱼介、海藻等，日本每人每年平均可以吃掉70千克左右的鱼类。日本料理中最负盛名的菜肴当属生鱼片。

（二）烹饪方法

中国菜分为多种菜系，伴有很多加工技法，一般饮食专家归纳为"中国烹饪法二十八字诀"，即煎炒烹炸、爆烤熘扒、蒸烧煮炖、炝拌烩焖、煨煸酱熏、酿煿糟涮、风卤贴淋。这是日本料理所望尘莫及的。日本人喜爱"あさっりした味"（清淡的口味），生食或把食物放入水中煮食为多，所以日本料理被称为"煮たき文化"。这种做法也许与日本水源充足、木材丰富有关。除此之外，日本料理的烹制方法还有"焼く"（烧、烤）、"揚げる"（炸）等有限几种。

有人说，中国料理是火功文化，日本料理是刀功文化。日本人的饮食品味以生、冷、清淡为主，在获得新鲜的鱼介之后尽量不加工，仅蘸佐料直接食用，对于一些必须以火烹煮的食物才采用热食的方式，比如说拉面。中国人强调食物一般都要煮熟才能吃。

第三节　中国烹饪的振兴之路

一、中国烹饪的优势

当代中国烹饪的发展，已进入一个新的历史时期，世界范围内科学技术的进步，经济文化交流的日益频繁，尤其是中国自身的伟大变革，给中国烹饪的发展提供了前所未有的条件和契机。中国烹饪有它独特的民族文化特征，与世界各国、各民族的饮食烹饪相比较，更有自己的优势。

（一）悠久的文化传统

中国不仅是世界上的文明古国之一，而且是世界上唯一文明传统未曾中断的国家。中国烹饪历史悠久，如果将直接用火熟食的历史计算在内，中国的烹饪文化至少可追溯到50万年前。中国烹饪文化从产生之后，虽然经历了数十个王朝的兴亡更替，却一脉相承地传播下来。

中国烹饪文化涉及领域广阔，内涵博大精深，层面丰富多彩，也为世界其他烹饪文化所不及。从物质文化方面讲，如烹饪原料的无所不取、烹饪工具的复杂繁多、工艺技巧的丰富多样、风味流派的众多纷繁，不但自成系统，而且规模庞然。从精神文化方面讲，烹饪理论概括的领域全面，涉及的学科非常广泛，包容的思想观念相当广阔，各自可成为一个大千世界。

（二）良好的社会环境

新中国成立后，特别是改革开放以来，党和国家比以往任何时候都更加重视烹饪事业。如政府主管部门制定了发展烹饪事业的相关政策，颁布了中（西）式烹调师、中（西）式面点师、厨政管理师等国家职业标准，实行了国家职业资格证书制度，为烹饪工作者评定技术等级；烹饪教育事业得到快速发展，兴办了各级各类烹饪学校，初步形成了比较完备的烹饪教育体系；烹饪理论研究不断深入，出版了大批烹饪方面的杂志、报纸、书籍；烹饪从业人员的工作环境不断改善，福利待遇不断提高，经济地位、社会地位发生明显变化，从全国人大代表到地方各级人民代表大会代表和政协委员，都有厨师的代表，有卓越贡献的厨师还获得了各种荣誉称号；成立了各种层次、类型的烹饪行业组织，开展烹饪竞赛，派遣专家、厨师到国外讲学、表演、服务，进行各种形式的中外烹饪交流等。良好的社会环境，为中国烹饪的可持续发展提供了保障。

（三）广阔的市场需求

中国烹饪源远流长，一直受到国内及世界上很多国家人民的喜爱，有着巨大的市场。在国内，自从改革开放以来，随着国家经济实力不断增长，人民生活水平显著提高，餐饮市场异常活跃，饭店、餐馆林立，食摊、夜市兴旺，星罗棋布的餐饮网点，既满足了消费者追求营养、安全、时尚、健康的消费观念，也满足了消费者追求新、奇、特的消费心理。在国外，有数千万侨胞分布在世界各地，通过世代的文化交流，中餐馆在全球各地开花，中国烹饪在世界各国受到普遍欢迎，并已经成为联系中外友谊的桥梁和纽带。

二、中国烹饪面临的挑战

虽然中国烹饪有文化优势、社会优势、市场优势，但是面对21世纪世界各国烹饪的大发展，东西方饮食文化的大交流，世界餐饮市场的大竞争，中国烹饪仍面临严峻的挑战。

（一）餐饮需求旺盛，变化快

随着居民收入的不断提高，居民消费观念、生活方式的变化和休闲时间的增多，餐饮消费的要求也不断提升。人们不仅对烹饪产品的口感、花样、营养成分以及风味特色等方面要求的更高，而且更加注重饮食的健康、营养、时尚、安全等。同时，随着感性消费时代的到来，顾客的心理需求越来越强烈，在享受服务的进程中更希望获得心理上的尊重。市场变化很快，顾客需求变化也很快，这就需要烹饪工作者刻苦钻研烹饪技艺，深入挖掘烹饪文化内涵，不断开拓创新，才能跟上顾客需求的变化，餐饮企业才能获得比较好的经济效益和社会效益。

（二）国外烹饪不断冲击

近几十年来，许多国外的烹饪涌入我国餐饮市场。外国文化与中国传统文化的碰撞，吸引了更多年轻人开始关注、喜欢西餐、韩餐、日餐等外国餐饮。年轻活力的消费群体是外国餐饮在全国各大城市遍地开花的坚实基础，外国文化的渗透为外国烹饪进入中国市场提供了有力的后备力量。引进的电影、电视剧中，外国烹饪的身影无处不在。虽然外国烹饪及其产品在亲情友情和文化传统、风土人情、饮食习惯等方面与中国烹饪无法比拟，但其有着资金、人才、技术、设备、管理、营销等方面的优势。国外许多快餐食品如炸鸡、汉堡包、比萨饼等原来都是地方传统烹饪成品，他们后来采用统一配方，大批量生产，品质稳定、经济实惠，在餐馆的经营管理上不断改进，所以在餐饮市场上很有竞争力。随着社会的发展，人们的工作、生活节奏进一步加快以及人际交往的需要，国外烹饪将越来越多地走进老百姓的日常生活中，对中国的传统烹饪形成了挑战。

（三）高素质烹饪专业人才匮乏

在影响中国烹饪可持续发展与繁荣的诸多因素中，人才问题一直是一个瓶颈因素。虽然我国通过开办烹饪中高等职业教育，为餐饮业培养了一大批烹饪专业技术人才。但目前烹饪工作者的整体素质仍然偏低，高素质人才匮乏。究其原因是多方面的：一是受传统观念影响，人们对烹饪这一职业还存在偏见或误解，许多人不愿意从事烹饪工作；二是烹饪职业给人的印象是准入门槛低，技术性要求不高，具体到对人的素质要求也相对较低；三是传统烹饪传、帮、带的人才培养模式，在一定程度上制约了从业人员素质的全面提升；四是烹饪工作劳动强度大、压力大，再加上一些企业人力资源管理观念滞后，缺少吸引和留住人才的环境；五是一些烹饪专业院校的人才培养模式落后，课程设置与社会实际需求脱轨，师资力量薄弱，毕业生与市场所需要的人才相去甚远，不能满足餐饮业发展的需要。

三、中国烹饪走向世界

21世纪，随着经济全球化，全球信息化，地球成为"地球村"，中国烹饪应大踏步地走向世界。一方面，我们要努力向世界进一步传播中国烹饪文化，让世界人民更多地认识中国烹饪文化；另一方面，我们也要进一步认识世界烹饪文化，使中国烹饪和世界烹饪在新的世纪中，达到新的交融、新的发展。

（一）加速中国烹饪设备的现代化

中国烹饪要走向世界，首先要实现中国烹饪设备器具的现代化，缩短与世界先进水平的差距。与发达国家相比，我国的炊具整整落后了10～20年。这主要表现在：一是设备配套性差，自动化程度低；二是设计落后，缺乏优化设计和可靠性设计；三是技术鉴定无统一标准，标准化、通用化、系列化水平低；四是材料落后，使用效能和环保质量难以达到要求。烹饪设备现代化，有利于改善劳动环境，提高工作效率和安全卫生标准。中国烹饪传统的手工工具，虽然在一定时期内还将占据主导地位，但其中一些落后的工具必须得到改造或淘汰。

（二）推动传统烹饪工艺的科学化

中国烹饪历来带有很大的"模糊性"，所谓"千个师傅千个法"。记录烹饪工艺的"菜谱"也往往不规范，常常是"各拉各的弦，各吹各的调"。特别是一些名菜名点的工艺标准，说法甚多，不知究竟以谁为"典范"。这直接影响烹饪工艺的继承和发展，不利于营养检测和成本核算。法国、日本的烹调技法和筵宴编排都相当严谨。他们编写菜谱和席谱就和审定"药典"一样认真。每道菜用什么原料和调料，各用多少，是什么品种；每道菜如何制作，有几道工序，技术要领怎样，质量指标如何，都记得相当详尽和准确，与现代食品工业的规范要求比较接近。这样，每种菜和每种筵宴都有"样板"可依，"规则"可循，在标准化方面下了真功夫，值得借鉴。当然，由于各种原因，中国烹饪的标准化、科学化有很大难度。不过，只要努力，有些预备性工作还是可以开展的。如可以生产主、辅、调、配四料配套的小包装原料，生产某一味型的标准剂料，使用自动测温炉具，准确注明菜品营养成分等。特别是各地应当集中力量，精选出一批知名度高的风味名菜点，采用规范方法制作，并准确地整理出版。有了这些"权威菜"开路，烹饪工艺的标准化、科学化工作就可以出现新局面。

（三）注重烹饪学术理论研究

理论是行动的指南，它源于实践，又高于实践。中国烹饪要走向世界，必须要加强学术理论研究。既要挖掘发扬中国传统烹饪文化的精粹，又要学习创新现代烹饪文化的内涵。广大烹饪工作者要解放思想，放眼世界，用科学的态度和创造性的方法，努力开拓中国烹饪理论研究的新局面。

（四）继承传统，开拓创新

中国烹饪在走向世界的过程中，必须要保持自身的基本特色。中国烹饪之所以为世界各国人民所欢迎，就是因为它具有浓烈鲜明的民族特色。但也要积极主动地适应不同国家和地区不同层次人们的口味、饮食心理、习惯等需要。如果墨守成规，一成不变，其结果必然是走投无路，四面碰壁；如果不能保持自己民族的基本特色，缺乏相对的稳定性，其结果必然是失去根本而萎缩灭亡。中国烹饪必须在批判继承民族传统文化的基础上，面向现代化，面向世界，面向未来。

（五）多渠道培养烹饪技术人才

人才是中国烹饪走向世界的基础。大力发展烹饪教育，加快烹饪人力资源开发，是提升中国烹饪国际竞争力的重要途径。在新形势下，各级各类烹饪教育培训机构要以中国特色社会主义理论为指导，落实科学发展观和党的群众路线，把加快烹饪教育发展与繁荣餐饮经济、促进就业、提高人民饮食生活水平紧密结合起来，增强紧迫感和使命感；坚持以就业为导向，进一步深化烹饪教育教学改革，特别是要加强烹饪专业学生实践能力和职业技能的培养，大力推行工学结合、校企合作的培养模式，并把德育工作放在首位，采取强有力措施，全面推进素质教育，力求在烹饪教育方面早出人才，多出人才，出好人才。

（六）加强合作，扩大交流

中国烹饪"走出去"是国家"走出去"战略的重要组成部分，也是我国餐饮业发展的必由之路。政府部门和行业组织要积极引导和支持有实力的中餐企业抱团联合开发国际市场；积极参与各国孔子学院推广中餐文化的活动，推动中餐文化进入联合国总部，进入联合国教科文组织的活动，力争使中国烹饪早日进入世界非物质文化遗产名录；继续加强与世界厨师联合会的联系，逐步确立中餐在世界厨师联合会中的地位与话语权，为中国烹饪走向国际市场创造宽松的环境与条件。

■ 思考题

1. 中国古代各民族各地区烹饪交流的历史是怎样的？
2. 中外烹饪交流的途径有哪些？
3. 中国烹饪在国外有何影响？
4. 中西烹饪主要差异有哪些？
5. 中国烹饪有哪些优势，面临哪些挑战？
6. 中国烹饪如何走向世界？

主要参考文献

［1］蓝芹. 世界美食［M］. 成都：四川科学技术出版社，2013.

［2］张有林. 食品科学概论［M］. 北京：科学出版社，2012.

［3］庞杰，刘湘洪. 食品文化简论［M］. 北京：中国轻工业出版社，2012.

［4］茅建民. 烹饪职业素养与职业指导［M］. 北京：科学出版社，2012.

［5］戴桂宝，王圣果. 烹饪学［M］. 杭州：浙江大学出版社，2011.

［6］杜莉. 中国烹饪概论［M］. 北京：中国轻工业出版社，2011.

［7］陈光新. 烹饪概论（第3版）［M］. 北京：高等教育出版社，2010.

［8］郭亚东，王美萍. 烹饪学［M］. 北京：北京师范大学出版社，2010.

［9］王子辉. 饮食探幽［M］. 济南：山东画报出版社. 2010.

［10］刘晓芬. 论饮食文化的非物质性［J］. 社会科学辑刊，2010（3）.

［11］马健鹰，薛蕴. 烹饪学概论［M］. 北京：中国纺织出版社，2008.

［12］高海薇. 西餐烹饪技术［M］. 北京：中国纺织出版，2008.

［13］高瑞芬. 汉语菜点命名研究［D］. 内蒙古大学，2007.

［14］李晓英，凌强. 中国烹饪概论［M］. 北京：旅游教育出版社，2007.

［15］邵万宽. 中国烹饪概论［M］. 北京：旅游教育出版社，2007.

［16］张海林. 中国烹饪学基础纲要［M］. 郑州：中州古籍出版社，2006.

［17］钱瑞娟. 国外的饮食文化［M］. 北京：中国社会出版社，2006.

［18］赵红群. 世界饮食文化［M］. 北京：时事出版社，2006.

［19］王小敏，贾人卫. 中国烹饪概论［M］. 北京：旅游教育出版社，2005.

［20］李志刚，烹饪学概论［M］. 北京：中国财政经济出版社，2001.

［21］李曦，中国烹饪概论［M］. 北京：旅游教育出版社，2000.

［22］任百尊. 中国食经［M］. 上海：上海文化出版社，1999.

［23］朱益虎. 高级厨师培训教材［M］. 南京：江苏科学技术出版社，1998.

［24］熊四智，唐文. 中国烹饪概论［M］. 北京：中国商业出版社，1998.

［25］李刚. 烹饪刀工述要［M］. 北京：高等教育出版社，1998.

［26］陶文台. 中国烹饪概论［M］. 北京：中国商业出版社，1998.

［27］朱益虎. 高级厨师培训教材［M］. 南京：江苏科学技术出版社. 1998.

［28］季鸿崑. 烹饪学是食品科学的一个分支［J］. 中国烹饪，1997（11）.

［29］万玉梅. 从宴会看烹饪科学的归属和性质［J］. 中国烹饪，1997（6）.

［30］瞿弦音. 烹饪概论［M］. 北京：高等教育出版社，1995.

［31］季鸿崑. 烹饪学基本原理. 上海：上海科学技术出版社，1993.

［32］陈耀昆. 中国烹饪概论［M］. 北京：中国商业出版社，1992.

［33］本书编委会. 中国烹饪百科全书［M］. 北京：中国大百科全书出版社，1992.

［34］高启东. 中国烹调大全［M］. 哈尔滨：黑龙江科学技术出版社，1990.

［35］陶文台. 中国烹饪概论［M］. 北京：中国商业出版社，1988.

［36］熊四智. 中国烹饪学概论［M］. 北京：中国商业出版社，1988.

［37］陶振刚，张廉明. 中国烹饪文献提要［M］. 北京：中国商业出版社，1986.

［38］郑奇，崔生发. 从系统论看烹饪学的学科归属和性质［J］. 中国烹饪，1987（4）.

［39］陶文台. 中国烹饪史略［M］. 南京：江苏科学技术出版社，1983.